0~5세 언어 발달
엄마가 알아야 할 모든 것

옹알이에서 소통까지, 언어 지능 깨우는
엄마표 언어 육아

0~5세 언어 발달
엄마가 알아야 할 모든 것

정진옥 지음

KOREA.COM

차
례

Chapter 1 ───────────────○

0~1세 구구구, 옹알옹알, 첫 낱말을 하기까지

Chapter 4

만3~4세 문법구조를 깨달아요,
아이 말이 정교해져요

Chapter 5

만 4~5세 이야기가 생겨요, 말에 내용이 담겨요

아이의 언어 발달,
그 긴 여정이 행복했으면 좋겠습니다

<u>언어 치료사로서 많은 아이를 만나 온 제가</u> 첫 아이를 낳았을 때, '드디어 내가 내 능력으로 내 아이를 키우는구나' 하고 감개무량했습니다. 그러나 포부도 잠시, 현실은 달랐습니다. 아이의 말을 기록할 틈도 없이, 언어 자극을 계획할 여유도 없이, 아이는 자라고 저는 바삐 쫓아갈 뿐이었습니다.

둘째는 또 달랐습니다. 실전의 경험이 무색할 만큼 첫째와는 전혀 다른 아이가 태어났습니다. 매 순간 혼돈이고 좌절이었습니다. 지식과 경험 다 소용없고 엄마의 직감으로 버티던 시간도 있었습니다. 걱정되고 불안했습니다. 내 탓 같고 내 책임 같았습니다. 버거웠습니다. 나를 힘들게 하는 둘째가 밉고 둘째에게 온 힘을 다하지 못하게 하는 첫째도 얄미웠습니다.

여기저기에 조언을 구하고 육아서를 읽고 참고 자료도 뒤적였습니다. 아는 것이 때론 힘이 아닌 독이 되기도 했습니다. 그런데 어느 날 첫째가 말했습니다.

"엄마, 동생이 말하는 게 너무 귀여워."

"어?"

"누나를 '은나'라고 하잖아, 근데 이렇게 말하는 게 왠지 어울려, 엄청 신기해."

"어…."

저는 왜 몰랐을까요? 왜 몰라봤을까요?

그저 우리 아이를 잘 보면 되는데… 내가 아는 이론과 규칙, 다른 아이들의 평균과 이상에 아이를 맞추려고만 하고 있었습니다. 내가 무엇을 잘못했고 어떻게 해야 하는지만 찾고 있었습니다. 내 아이가 어떤 아이인지는 미처 다 보지도 못했으면서 말입니다.

부모의 시각이 바뀌면 아이가 잘 보입니다. 마음이 편안해집니다. 아이와의 시간이 행복합니다. 아이의 마음에 주목하고 아이가 필요로 하는 말을 건넬 수 있습니다. 나만의 요령이 생기고 믿음이 쌓입니다.

부모들이 내 아이를 바로 볼 수 있는 힘을 가지면 좋겠습니다. 모든 아이들은 다 다릅니다. 같은 부모와 같은 환경에서 자라는 형제자매도 서로 다릅니다. 같은 이론과 방식이 통하지 않습니다. 그래서 이 책에서는 차마 '이렇게만 하세요', '이거 하나면 됩니다'라고 단정 짓지 못했습니다. 이 책을 읽어 나가면서 내 아이에게 맞는 상황, 놀이, 대화가 각기 떠올려지기를 바랐습니다.

연령별로 가질 수 있는 궁금증, 걱정거리들을 모았습니다. 우리 아이가 지금 보이고 있는 특성을 중심으로 살펴보아도 됩니다. 그런데 솔직히 각 장의 결론은 대부분 '우리 아이는 잘못되지 않았다', '부모가 아이의 눈을 보고 마음을 읽고 말을 건네주면 된다'로 끝납니다. 참 쉽죠? 알고 보면 별것 아닌데, 지나고 보면 참 빠른데, 돌아보면 참 사랑스러운 순간인데 지금은 그저 힘들고 어렵고 시간이 더디 갑니다. 그래서 또 매일 마음을 중무장하며 잠든 아이가 깨기를 기다리고 있는지도 모릅니다.

저는 오늘도 아이와 행복했습니다. 물론 '버럭'한 순간도 있지만 아이도 엄마가 힘들고 실수할 수 있다는 것을 이제 압니다. 부모 자식 간에도 예의가 필요합니다. 왜 나는 치료실에서는 한없이 인내하고 너그러운데, 집에만 오면 작은 것에도 바르르할까 고민했습니다. 나는 엄마지만 아이는 내 소유, 내 아바타가 아닙니다. 존중받아야 할 하나의 인격체입니다. 비록 손이 많이 가고 한없이 애틋하게 만들다가도 순식간에 내 마음을 너덜너덜하게 만들기도 하는 그런 존재지만요.

엄마가 우선 행복하면 좋겠습니다. '아이를 위해 내가 희생한다', '아이 때문에 내가 이 모양이다'라고 생각하지 않으면 좋겠습니다. 또는 '일하는 엄마를 만나 아이가 애쓴다', '엄마 때문에 아이가 더 잘 자라지 못하는 건 아닐까'라고 생각하지 않으면 좋겠습니다. 직장맘이라 아이에게 미안한 마음이 가득해도 저녁이 되면 아이를 몰아칩니다. 전업맘이라 종일 아이와 씨름하느라 지친 마음에 아이에게서 벗어나 내 것을 찾고 싶은 생각이 가득하기도 합니다. 하지만 아이와 함께하는 시간 속에서 엄마도 힘을 얻고 의미를 찾으며 행복하면 좋겠습니다. 아이에게 죄책감을 갖거나 내 모든 것을 바치는 것이 아니라, 아이와 함께 자라고 생활하는 방법을 찾는 것이 행복이라고 말하고 싶습니다.

아이의 언어 발달, 그 긴 여정에 부모와 아이의 마음이 눈빛이 손길이 언어로 전해지고 표현되기를 바랍니다. 오늘도 아이와 치열하게 행복한 시간을 보내는 모든 아이와 부모를 응원합니다.

—정진옥

Chapter 1

0~1세
구구구, 옹알옹알, 첫 낱말을 하기까지

①

아이 언어,
어떻게 가르쳐야 하나요?

- "아이가 말이 늦네요. 어떻게 가르쳐야 하나요?"
- "계속 가르쳐 주는데도 왜 언어가 늘지 않을까요?"

생각해 봅니다. '나는 어렸을 때 어떻게 말을 배웠을까?' 글쎄요….
기억의 한계인지는 모르겠지만, 뭔가를 '배웠다' 싶었던 건 아마도
글자부터가 아닐까 싶습니다.

저희 엄마에게 물어 보았습니다. "엄마는 말을 어떻게 가르쳤어?"
"가르치긴 뭘 가르쳐? 만날 하는 게 말인데, 때가 되면 다 하는 거지."

언어는 '가르치는 것'이 아닙니다. 심지어 언어가 늦되거나 언어
의 어느 한 영역에 어려움이 있어서 언어치료실을 방문한 경우에도
"이건 가위야, 따라 해 봐. 가! 위! 뭐라고 했지? 자, 다시 해 보자"라

든지 "물건을 달라고 할 때는 '주세요'라고 하는 거야, 그럼 상황별로 연습해 보자" 하는 식의 가르침은 없습니다.

언어 능력, 타고나지만 저절로 발휘되지는 않는다

아이들은 태어나는 순간, 엄밀히 말하면 태어나기 전부터 언어 능력의 기본을 갖추고 있습니다. 이제 막 세상에 나온 아이는 주변의 도움 없이는 아무것도 할 수 없기 때문이지요. 그래서 주변의 자극에 반사적으로 반응하고 자기에게 도움을 줄 사람을 본능적으로 찾아냅니다. 그리고 이 사람과의 소통을 준비합니다. 부르면 쳐다보고 눈을 맞추며 사랑스러운 미소를 보냅니다. 어느 때는 양육자가 먼저 웃고 말해 주기를 바라는 듯 기다리기도 합니다. 곧이어 웃거나 바동대거나 소리를 내기도 하고, 기분이나 상황에 따라 울음, 표정, 발성도 점차 다양해집니다.

부모 또한 아이의 매력에 푹 빠집니다. 무뚝뚝한 엄마 아빠조차도 "누가↘누가 이렇게 울어?", "아구구, 배고팠어요↗?", "맘마 먹~자, 냠~냠"과 같은 말투(모성어motherese)를 사용합니다. 짧고 반복되는 말, 다양한 높낮이, 생생한 표정은 소리를 더욱 풍부하게 만듭니다. 부모와 아이의 주고받기가 시작되고 서로가 내는 소리의 의미(언어)를 알게 되며 의미에 따라 다른 소리(말)가 점점 발달하게 됩니다.

다른 언어, 문화를 막론하고 아이들이 처음에 내는 소리(초기 옹알이)

는 비슷합니다. 3개월 된 한국 아이도 미국 아이도 "아~ 음~ 아크~"
하고 옹알이를 합니다. 그리고 대부분 생후 1년 안에 단어(예: "엄마",
"맘마")를 말하기 시작합니다. 문법적인 지식을 체계적으로 학습하지
않아도 문장을 만들어 내고 만 5~6세가 되면 모국어를 어른 수준으
로 익히게 됩니다. 이러한 점에 주목하여 언어학자들은 인간의 뇌는
선천적으로 언어를 익히도록 이미 프로그래밍programming화 되어
있다고 하였습니다. 그리고 이러한 장치는 자연스러운 의사소통 환
경에서 무의식적으로 작동이 됩니다.

언어학자 촘스키Chomsky는 아이가 선천적으로 언어 습득 장치
Language Acquisition Device를 가지고 태어나며, 이를 통해 주변의 언
어를 분석하고 처리하며 발달해 갈 수 있다고 하였습니다. 실제로
아이들은 문장을 말하기 시작할 때 한 번도 들어보지 못한 새로운
문장이나 표현을 말하기도 합니다(예: 새이가/새가, 포도 먹어 아니야/포도
안 먹어). 체계적으로 다 배우지 않아도 뜻에 따라 문장 구조를 변화
시키기도 합니다(예: 우유 좋아 → 우유 안 좋아, 우유 좋아하지 않아).

언어학자 레네버그Lenneberg는 인간은 언어 발달을 위한 능력을
갖고 태어나는데 특히 생물학적 능력에 있어, 언어를 담당하는 뇌의
영역이 그 발달 시간표에 따라 자극이 되었을 때 언어를 잘 습득할
수 있다고 하였습니다. 이렇게 언어 습득에는 배우지 않아도 터득할
수 있는 '결정적 시기'가 존재하는데, 만 2세에서 대략 12~13세까지
가 가장 민감하고 유연한 시기라는 것입니다.

중요한 것은 이러한 능력이 알아서 발휘되지 않는다는 것입니다.

극단적인 예로, 늑대소년 이야기는 유명합니다. 11세까지 야생에서 자라며 아무런 언어 자극을 받지 못했던 늑대소년 빅터는 타고난 언어 능력을 전혀 쓸 수가 없었습니다. 즉, 언어 능력은 학습learning이 아니고 습득acquisition되는 것입니다. 다른 사람으로부터 배우는 것이 아니라 본인 스스로 자연스럽게 익히는 것이지요.

그래서 언어 능력을 키우는 데는 잘 차려진 세팅setting보다 자연스러운 의사소통 상황, 다양한 대화 상황이 효과적입니다. 얼마나 빨리 발달해 가는가보다 얼마나 편안하게 받아들이고 자유롭게 적용해 나가는지가 중요합니다. 아이의 언어 능력 또한 다른 발달 과정인 신체, 운동, 인지, 정서 발달 등과 조화를 이루며 발달합니다.

그런데 아이가 선천적으로 가지고 태어난 언어 능력의 힘은 유효 기간이 짧습니다. 아이마다 언어 능력이 드러나는 속도도 조금씩 다릅니다. 비슷해 보이던 아이들도 어느새 차이가 나기 시작합니다. 위층 아이는 아직 옹알옹알 옹알이가 한창인데 아래층 아이는 "엄마, 압바"를 말합니다. 앞집 아이는 예쁜 말로 종알거려서 사랑받는데, 뒷집 아이는 떼쟁이로 매일 시끄럽습니다. 말귀가 밝아서 기대했는데 말문이 트이는 데는 한창 뜸을 들여 부모의 애를 태우기도 합니다. 어떤 아이는 말을 잘하고 어떤 아이는 글자를 빨리 읽습니다. 아이가 가지고 태어난 그 힘, 약발이 벌써 떨어진 걸까요?

좋은 언어 환경을 마련해 주는 세 가지 방법

아이에게 내재된 힘을 극대화시켜 지속적으로 언어 능력을 발달시키려면 '좋은' 언어 환경을 마련해 주어야 합니다. 아이의 언어 능력을 키워 주기 위해 부모는 다음의 세 가지를 언제나 기억해야 합니다.

소통해야 합니다

상호작용은 언어 이전에 눈맞춤, 감정 교류, 공동관심(joint attention, 어떤 사물이나 사건에 대한 주의를 타인과 공유하는 상호작용)부터 시작됩니다. 눈을 맞추고 표정을 따라 하고 자기 차례를 기다려 '오~' 소리를 내는 것, 그것이 바로 의사소통의 시작입니다. 소통은 아이의 전 연령에서 항상 중요한 요소입니다. 소통하려는 욕구가 없다면 말도 필요가 없을 것입니다. 사춘기 자녀가 방문을 닫고 들어가는 순간, 대화는 단절됩니다. 말보다 먼저 아이의 눈과 마음을 보아 주세요.

아이에게 주도권을 넘겨도 됩니다

아이의 의도를 따라가세요. 아이가 내는 소리를 따라 하고 놀이에 끼어드는 것만으로도 충분합니다. 부모가 먼저 나서서 아이가 할 말을 해 주고, 먼저 행동해 보이고, 먼저 시도해 보이지 않아도 됩니다. 아이가 하는 말, 하는 행동, 하고자 하는 마음을 인정해 주고 지지해 주는 것이 먼저입니다.

언어 자극은 충분하고 적절해야 합니다

엄마의 수다스러움이 아이의 어휘력을 증가시킬 수도 있지만 준비되지 않은 아이에게는 소음입니다. 아이와 충분히 소통하고 있고, 아이의 의도를 파악하였다면 그 다음 아이에게 전할 말을 꺼내기 바랍니다. 어떤 말을 어떻게 해야 할지 아직 어렵다면 2장에서 다루는 아이의 언어 감각 발달 부분을 참고하면 됩니다. 아이의 눈높이에서 아이의 언어로 다양한 대화하기가 모든 단계의 핵심입니다.

일반적으로 연령대마다 이루어야 하는 핵심 과제는 있습니다. 내 아이도 그 단계대로 열심히 자라는 중입니다. 내 아이의 속도를 알고 지금 아이가 하고 싶은 놀이 속에서 해당 시기에 필요한 언어 자극을 풍부하고 다양하게 준다면 우리 아이의 언어는 잘 발달될 것입니다. 무엇을 가르칠까, 어떻게 해 줄까 애써 고민할 필요 없습니다. 방향과 속도의 핵심 열쇠는 내 아이가 쥐고 있습니다.

 늑대소년 빅터 이야기

1798년 프랑스 남부 마을 아베롱Aveyron에서 한 아이가 발견되었다. 그 당시 11~12세로 추정되는 아이는 어떤 이유인지는 모르지만 줄곧 야생에서 살았던 것으로 보였다. 옷도 입지 않았고 가끔씩 기괴한 소리를 지르고 대소변도 가리지 못하고 도토리나 감자만 먹었다.

아이에게 빅터Victor라는 이름이 지어졌고, 의사 장 이타르Jean Itard 박사에게 체계적인 교육과 훈련을 받은 끝에 아이는 옷을 입고 머리를 빗는 등 인간의 규칙 일부를 익힐 수 있었다. 교육의 최종 목표는 언어였으나 30년의 교육과 인간 생활 적응에도 불구하고 그가 할 줄 아는 말은 두세 개의 단어와 단음 정도였다고 한다.

아이의 언어 감각은
어떻게 발달하나요?

아이가 태어난 후 1년간의 발달 과정은 일생 중 매우 혁신적이고 급진적이며 유기적입니다. 사람은 뇌 속에 1,000억 개의 신경세포 neuron를 가지고 태어납니다. 이후에 외부의 자극을 통하여 각 신경 세포들이 깨어나고(활성화), 신경세포들을 이어주는 연결 고리들(시냅스synapse)이 만들어지면서 뇌 네트워크network가 형성됩니다. 이 것이 두뇌 발달 과정입니다. 반대로 자극을 받지 않은, 즉 쓰임새가 없다고 여겨지는 부분은 그 능력을 잃고 퇴화되거나 다른 영역으로 흡수됩니다. 언어 능력 역시 다른 발달을 토대로 하거나 혹은 관련을 맺으며 발달합니다. 발달 초기인 영유아기에 오감을 동원하는 자극을 주고 놀이를 해 주었을 때 언어 발달이 촉진되는 이유입니다.

언어와 관련된 주요 감각 기관은 이렇게 발달합니다.

	청각기관(듣기)	시각기관(보기)	조음기관(말하기)
출생	• 사람의 목소리를 구분함 • 익숙한 소리에 반응함 →울다가도 부모 목소리, 태 중의 혈류 소리와 비슷한 '쉬 ~', 심박동 소리 등에 반응함	• 명암을 구별함 →형태만 어렴풋이 인식함	• 성대, 후두 조절 능력 부족 →생리적인 발성(재채기, 트림), 울음이 주를 이룸
1개월	• 말소리의 최소단위(음소)를 구별함 →소리들이 다름을 앎	• 초점을 맞춤 →눈빛이 약간 초롱초롱 해짐	• 음성 기능은 미숙하지만 자발적으로 제어하기 시작 →울음소리가 다양해짐
3개월	• 남녀 목소리 차이를 앎 →아빠, 엄마 목소리를 구분함	• 2개월부터 사물, 색깔을 알아봄 • 시선 이동이 가능해짐 →눈맞춤 가능	• 공명을 일으키는 후두, 입 안, 코 안 등을 조절하기 시작 →옹알이 시작
5개월	• 목소리 크기, 높낮이를 변별함 • 주변 소리에 관심을 가짐 →노래를 좋아함, 큰 소리가 나면 놀람	• 사물을 보는 시간이 길어짐 →관심 있는 대상을 쳐다봄	
7개월	• 음원을 찾으려 함 →소리가 나면 두리번거리거 나 쳐다봄	• 6개월부터 멀리 있는 것, 작은 것도 볼 수 있음 →얼굴 인식(낯가림), 사물 인지	• 구강 조절과 탐색이 활발해짐 →입술소리를 포함한 다양 한 옹알이(예: 부~, 아다)
9개월	• 주위 소리 탐색, 짧지만 집중이 가능함 • 익숙한 말소리에 관심 가짐 →알아듣는 듯한 말이 생김 (예: 안 돼!, 짝짜꿍)		
12개월	• 소음과 말소리를 구분하는 능력이 좀 더 발달함 →단어를 이해함	• 시력 발달(약 0.2 정도)	• 조음기관(입술, 혀, 입천장 등)의 협응이 발달함 →단어를 표현함

청력이 가장 먼저 그리고 가장 세분화하면서 발달합니다. 듣기가 발달하면서 아이는 주변 대상에 관심을 가지게 되고 시각 발달, 운동 발달과 함께 사물 조작, 인지 발달, 언어 발달로 이어집니다. 말소리에 대한 이해는 부모와의 상호작용을 더욱 활발하게 하고 언어 이

해를 촉진합니다. 그리고 어느새 조음기관의 발달과 함께 표현 능력
도 더해지게 됩니다. 조음기관은 청각기관이나 시각기관보다 조금
늦게 발달하여 정확하게 발음하기까지는 6~7년이 걸리기도 합니다.

이처럼 언어 발달은 유기적으로 이루어지며 인지 발달, 정서 발달,
사회성 발달로도 연결됩니다.

아이의 발달 과정을 알아야 하는 이유

아이의 발달 순서에 맞게 적절한 자극을 줄 수 있습니다

부드러운 목소리, 다소 느린 말의 속도, 다채로운 억양, 반복적이
고 리듬이 있는 말은 적어도 6~7개월까지는 매우 중요합니다.

"아궁! 아궁! 아구 좋아! 아구 좋아~!"

"톡톡 톡톡 트림 나와라 나와라~."

"아이 시／원＼해~, 슈~~ 슈~~~ 물이다."

"맘마~ 맘마 왔네~, 맘마 먹／자~, 아이 맛있어, 냠냠."

"코~ 코~ 코야코야."

"잘 자라 우리 아기 잘도 잔다 우리 아기 ♪"

친숙한 엄마 아빠의 목소리에 반복적이고 리듬감 있는 말투로 아
이에게 말을 걸면 아이는 눈을 맞추고 입 모양에 주목하며 말을 따
라 하려는 듯 입을 씰룩대기도 할 것입니다. 소리와 행동을 연관시
켜 말소리에 더 집중하려 할 수도 있습니다.

아이가 사물을 보고 잡으려고 하는 6개월 이후가 되면, 다양한 촉감과 크기의 놀잇감을 만지고 물고 빨게 하고 다양한 소리를 들려줄 수 있습니다. 좋아하는 장난감 소리를 듣고 반가워하게 될 것입니다. 간단한 인과 관계를 터득하여 사물을 조작하고 사물을 부르는 이름이 있다는 것도 알게 될 것입니다.

그래서 엄마가 얼굴을 가렸다가 "까꿍" 하며 나타나는 까꿍 놀이를 이 시기에 가장 재미있어합니다. 책은 물고 빨고 만지며 감각을 익히는 용도로 쓰이기 때문에 헝겊책을 사 주는 것이 좋습니다. 공을 데굴데굴 굴리며 엄마가 말로 "또르르~~~~" 모양 흉내를 내면 말소리와 공이 굴러가는 모습이 딱 맞는 걸 보고 재미있어합니다. 아이의 "바바바" 옹알이를 따라 하던 아빠가 갑자기 "바다다", "빠빠빠" 하면 아이는 소리가 달라진 것을 단박에 알아차리고 무슨 말인지 생각할지도 모릅니다. 영특한 아이는 "빠빠빠"를 따라 하려 하겠지요.

그러면서 부모도 육아의 달인이 되어갈 것입니다.

무엇을 못한다고 불안하거나 조바심을 내지 않게 됩니다

신생아가 눈빛이 초롱초롱하지 않고 눈맞춤이 되지 않는다고 지레 걱정하지 않게 됩니다. 낯가림하는 아이를 걱정하기보다 오히려 '사람의 생김새를 잘 구분해서 엄마 아빠와 다른 사람을 알아차리는 구나'라고 생각할 수 있습니다. "부~, 아드아드, 암~ㅁ"과 같은 자음성 옹알이가 적으면 투레질이나 숟가락으로 받아먹기와 같은 자극이 부족해 입술이나 혀를 쓰는 움직임이 덜한지 살펴볼 수도 있습니다. 무엇보다 또래와의 비교가 아닌 내 아이의 수준과 기대에 따라 판단하고 결정을 내리게 됩니다.

아이가 돌이 되기 전까지는 엄마의 몸이 무척 힘듭니다. 몸조리하느라, 새롭게 생긴 엄마의 역할에 적응하느라, 엄마가 가장 힘들지 모릅니다. 그러나 아이는 아랑곳하지 않고 하루가 다르게 자랍니다. 덕분에 엄마도 지루하지 않고 때로는 힘든 것도 잊은 채 행복한 시간을 보낼 수 있습니다. 흔히 아이 출산 후 힘든 시기를 '100일의 기적'을 바라며 이겨내기도 합니다. 100일만 지나면 아이가 통잠을 자고 엄마 껌딱지를 벗어날 거라는 기대에 그 힘든 시기를 버티는 것이죠. 이처럼 아이의 발달 과정과 단계를 안다는 것은 엄마에게 지식이고 요령이 됩니다.

생후 3개월, 아이가
엄마 목소리를 알아들을까요?

- "3개월 아이인데 청소기를 돌려도 잘 자요. 소리를 못 듣는 걸까요?"

- "아기에게 말을 걸면 아기가 좋아해요. 그런데 소리를 듣는 건지, 표정을 보고 그러는 건지 모르겠어요."

- "소리가 나면 놀라는데 매번 그렇진 않아요. 소리가 들리는데 가만 히 있기도 하나요? 어떨 때는 작은 소리에도 놀라고, 어떨 때는 큰 소리에도 반응이 없어요."

- "엄마가 부르면 울음을 멈추기는 하는데 쳐다보면 깜짝 놀라요. 엄 마 목소리를 못 알아들어서 그런가요?"

- "100일 된 아가예요. 큰 소리가 나면 깜짝깜짝 놀라기는 하는데, 딸랑이에 관심이 없고 가끔은 불러도 쳐다보지 않아요."

- "잠귀가 밝고 부르면 쳐다보기도 해요. 그런데 어느 때는 텔레비전 을 크게 틀어도 가만히 있고, 핸드폰이 울려도 무반응이에요."

생후 3개월까지는 아이가 누워서 천장을 바라보고 있는 시간이 많습니다. 그러다 무슨 소리가 나면 놀라거나 두리번거립니다. 울다가도 엄마가 "알았어, 알았어, 엄마 간다" 하면 울음소리가 잦아들기도 합니다. 그런데 어떤 아이는 소리에 대한 반응이 적습니다. 옆에서 큰 소리가 나도 잠만 잘 잡니다. 혹, '소리를 듣지 못하는 걸까?' 걱정됩니다.

만약에 난청이 있다면 빨리 발견해야 합니다

아이의 발달은 모두 중요하지만, 그중 청력은 언어를 배우는 데 필수적인 조건입니다. 듣지 못하면 말을 배울 수 없고 말을 할 수도 없습니다. 신생아 난청은 1,000명 중 1~3명 정도에서 발생합니다. 최근에는 난청의 조기 발견율이 높아져서 빠르면 생후 6개월에서 1년 정도부터 보청기 착용, 인공와우 이식 수술과 같은 치료를 시작할 수 있습니다. 그러나 아무리 일찍 개입한다고 해도 듣지 못했던 시간을 보상하기 위해서는 남들보다 몇 배의 노력을 들여야 합니다.

2018년 10월부터 병원에서 태어나는 모든 신생아는 국가건강보험 지원으로 신생아 청각선별검사를 받을 수 있게 되었습니다. 신생아 청각선별검사는 아이가 잠들어 있을 때 15분 정도의 짧은 시간 안에 가능합니다. 청각기관의 발달은 태아기 20주에 완성되는데, 이 시기에 이르면 소리를 들을 수 있는 달팽이관을 포함한 청신경 기능까지 발달이 완성됩니다. 약 25주(임신 5~6개월)가 되면 태아는 외부 소리를 들을 수 있습니다.

그래서 출생 직후에 소리를 듣고 분석하는 기관인 달팽이관의 기능과 외부 소리에 대한 뇌의 반응을 살펴보는 검사를 통해 청력 여부를 확인할 수 있습니다. 검사 결과 한쪽 혹은 양쪽에 청력 이상이 의심되면 재검 권유를 받고, 3개월 이내에 정밀 검사를 받아 청력을 정확히 확인해 보아야 합니다. 정상 소견을 받은 경우에도 검사 오류, 선별 검사에서 걸러지지 않는 경도의 난청, 후천성 난청 등을 고려하여 소리에 대한 아이의 반응을 꾸준히 살펴보는 것이 중요합니다.

소리에 대한 관심과 반응은 시기별로 다릅니다

발달상, 신생아는 소리에 대한 반응이 미흡합니다. 무의식적으로 손을 잡거나 몸을 움츠리는 반사적 행동과 혼동되기도 합니다. 잠을 자는 시간이 많기 때문에, 이렇게 시끄러운데 어떻게 잘 자는지 의심스럽기도 합니다. 그런데 이는 아이가 아직 '반응'하는 방법을 잘 몰라서 그렇습니다. 또는 엄마가 아이가 보내는 반응을 잘 '못 알아봐서' 그렇기도 합니다.

태어나기 전에 들었던 청각 경험은 출생 이후에도 영향을 미칩니다. 소리를 기억한다는 것이지요. 쉬~쉬, 바스락거리는 소리가 아이의 울음을 멈추게 하는 효과가 있는 이유는 이러한 백색 소음이 엄마 뱃속에서 들었던 혈류 소리와 비슷해서입니다. 인큐베이터에 있는 아이에게 엄마의 심장박동 소리를 들려주었더니 생리적으로 안정(심박동수, 호흡)되고 체중도 증가함은 물론, 이후 뇌 발달에도 긍정적인 영향을 미쳤습니다.

캐나다의 한 연구에서는 생후 24시간이 안 된 아이의 뇌가 엄마의 목소리와 낯선 여자의 목소리에 다르게 반응하는 것을 확인하였습니다. 뱃속에 있을 때부터 들어오던 엄마의 목소리에 언어를 담당하는 좌측 뇌가 활성화되면서 엄마의 언어를 인식하려 하는 것입니다. 엄마의 목소리는 아이에게 가장 익숙한 소리이고 편안함을 주어 심장 박동수를 안정시키고 긴장감을 줄여 줍니다. 울다가도 엄마가 달래 주면 울음을 그칩니다. 아이가 젖을 빨 때 엄마가 나지막이 말을 걸어 주면 젖을 더 열심히 빠는 것을 느낄 수 있습니다.

소리에 대한 아이의 반응은
조금씩 더 정확하고 다양해집니다

생후 1개월 때 아이는 말소리와 소음을 구별합니다. 즉, 소음보다 말소리를 더 들으려고 하며, 말소리의 작은 차이(예: 감-밤)도 알게 됩니다. 모국어에 더 강한 반응을 보이고, 많이 듣게 되는 소리를 인식하는 속도가 점점 빨라집니다. 청소기 소리나 전자레인지같이 큰 변동 없는 소리가 지속적으로 나면 소음으로 여겨 크게 관심이 없을 수도 있습니다.

　3개월에는 남녀 목소리의 차이를 아는데, 무엇보다 좋아하는 것은 엄마의 목소리입니다. 게다가 우유를 줄 때, 울음을 달래 주러 올 때 들리는 엄마의 목소리는 반가움 그 자체입니다. 엄마가 말을 걸고 물어봐 주면 옹알이도 더욱 폭발합니다. 아직은 아빠의 존재가 확실하지 않을 수 있으나 아빠의 낮은 목소리 또한 아이의 귀에 잘 전달되는 소리입니다. 가까운 소리는 어디에서 들려오는지 대략 알고 좌우를 살피기도 합니다. 그러나 멀리서 들려오는 소리는 어디에서 오는지, 무엇인지 아직 알지 못합니다. 그래서 큰 소리에 그저 깜짝 놀라는 반응 정도, 작은 소리에 가만히 호기심을 두는 정도에 머무를 수도 있습니다.

　5개월이 되면 목소리 크기와 높낮이의 차이를 알아 선호하는 소리들이 생깁니다. 말소리는 여전히 느리면서 약간 높은 음, 리드미컬 rhythmical한 것을 좋아합니다. 이 시기에는 시력도 발달하고 옹알이도 생기므로 엄마의 표정이나 입 모양에 집중하고 입모양을 따라 하려 시동을 걸지도 모릅니다. 기기 시작하면서 행동반경이 넓어지고, 주변 사물들에 대한 경험이 생기는 7개월 정도에는 소리의 진원지를 찾으려 합니다. 두리번거리고 아는 소리라면 그쪽을 응시하고 기어서 찾으러 갈지도 모릅니다.

　다양한 소리를 들려주면 아이의 청각회로(귀에서 청신경, 청각 인지를 담당하는 뇌 영역부터 언어를 담당하는 뇌 영역까지)가 발달되고, 이 길을 따라 소리에 대한 관심과 소리의 의미가 생겨나게 됩니다. 동시에 신체 발달과 주변의 탐색 경험이 많아지면서 소리에 대해 놀라거나 움찔하는 반사적인 반응에서 나아가 소리를 찾고 기대하고 만들어 가는 능동적인 반응도 증가합니다. 말소리, 그중에서 엄마 목소리에 특화된 아이의 초기 청각 발달은 엄마와의 애착을 높이며 엄마를 통해 언어는 물론 세상을 알아가려는 아이의 기특한 전략입니다.

소리를 '듣는다'는 것과 소리를 '안다'는 것은 다릅니다

아이의 청각기관은 태아기 때부터 발달된 만큼 일찍부터 들을 수 있습니다. 소리를 분석하고 기억할 줄 알며 자주 들리는 소리를 받아들일 준비가 되어 있습니다. 특히 엄마 목소리에 관심이 높다는 것은 이제부터 아이에 대한 엄마의 영향력이 커진다는 것으로도 해석됩니다. 그러기 위해서는 소리가 아이에게 의미 있게 다가가야 합니다. 그렇지 않은 소리는 소음으로 간주되어 관심 밖으로 밀려날 뿐입니다.

여기서 기억할 것은 다음 세 가지입니다.

자주 듣는 소리를 기억합니다

아이가 태어나서 엄마 아빠 목소리에 반응하는 것은 아이가 엄마 뱃속에서 이미 2~3개월 이상 가장 많이 들었던 소리이기 때문입니다. 이후에도 엄마 아빠는 아이와 가장 많이 접하는 사람입니다. 그래서 엄마 아빠가 쓰는 말투, 어휘가 아이의 말이 됩니다. 신생아는 만국어에 모두 반응하지만 점차 자주 듣는 모국어 소리 체계만 언어로서 인식하게 됩니다.

경험의 반복과 오감의 활용은 소리에 대한 기억을 높이고 의미를 주게 됩니다

자주 들어도 큰 의미가 없는 것들은 금방 잊습니다. 아기의 호기심이 세상 모든 소리에 뻗친다면 그것 또한 피곤한 일일 것입니다. 아이는 소리 분석을 통하여 필요한 것과 그렇지 않은 것을 분리해 낼 수 있습니다. "문자 왔숑" 하는 핸드폰 소리는 엄마에게는 반가운 소리인지 모르지만, 그 소리의 의미를 모르는 아이에게는 그냥 스쳐 지나가는 소리입니다. '띠리링' 문 여는 소리도 아빠를 기다렸던 엄마에게는 구세주가 오는 소리지만 아이에게는 그렇지 않습니다. 그러나 '띠리링' 소리가 난 후 문이 열리고 좋아하는 아빠가 온다는 경험이 반복되면 아이 역시 '띠리링' 소리에 반색하며 문 쪽을 쳐다보게 될 것입니다.

아이가 울 때 "엄마 간다~ 엄마다~" 하면서 엄마가 나타나면, "맘마, 맘마 먹고 싶어요~ 맘마 먹어요~" 하면서 맘마를 먹으면, 그 말투, 그 단어가 실제 엄마, 맘마와 연결되기 시작합니다. 딸랑이를 만지고 놀며 좋아하게 되면 딸랑이 소리가 반갑습니다. 북을 칠 수 있고 북을 치면 소리가 난다는 것을 알게 되었다면, 북 소리만 듣고도 아이는 손을 흔들지도 모릅니다. 반면에 아이가 듣는지 확인하기 위해 의미 없이 엄마가 반복해서 부르는 실험은 아이를 소음에 지치게 할 뿐입니다.

차분하고 조용한 환경이 소리에 대한 관심과 집중력을 높입니다

아이는 기본적으로 소리에 관심이 많고, 8개월 정도가 되면 소리와 결과의 근본적인 관계를 알아가기 시작합니다. '둥둥-북', '냠냠-우유'와 같이 사물과의 연관성도 느끼고 '먹자', '어야 가자', '빠이빠이'와 같은 행동과 관계에 대한 이해도 생깁니다.

그러나 아직은 소리를 찾는 데 시간이 걸립니다. 여러 가지 소리가 섞이면 더욱 어렵습니다. 집중하는 시간도 짧습니다. 엄마 아빠가 동시에 말을 걸고 번갈아가며 '이랬어요, 저랬어요' 하면 아이는 누구를 쳐다봐야 할지, 웃어야 할지 울어야 할지, 옹알이를 해야 할지 말아야 할지 어렵습니다. 아이와 말을 주고받을 때는 언제나 주변은 조용하게, 말소리는 아이 귀에 잘 들리게(천천히, 짧게, 간단하게, 리듬 있게, 밝게) 해 주어야 합니다.

아이는 두 가지 자극을 동시에 수용할 여력이 없습니다. 신기한 인형을 보면 눌러 보고 만지며 탐색하는 데 정신이 팔립니다. 옆에서 엄마가 아무리 "뭐야뭐야/ 예쁘다/ 콕콕/ 눈이네, 손이네" 해도 들리지 않습니다. 쪽쪽이나 치발기를 신나게 빨고 있을 때도 소리 자극은 무시되기 일쑤입니다. 현재 집중하는 것을 우선 마치게 한 뒤 말을 걸어 주세요. 노래를 틀어 놓고 말놀이를 하거나, 아이가 소리를 내는데 옆에서 같이 소리를 내는 것 역시 방해가 됩니다. 한 번에 하나씩 주변을 정리하며 아이가 집중하고 있는 것을 자극해 주어야 합니다.

잘 듣는다는 것은 매우 중요합니다. 작은 소리도 잘 들어야 하지만, 필요하고 의미 있는 소리를 잘 들어야 합니다. 어떤 소리를 의미 있게 아이에게 남겨 줄지, 아이에게 어떤 의미와 기억을 심어 줄지 고민할 때입니다. 말을 잘하는 사람은 수려한 말솜씨를 뽐내는 사람이 아니라 남의 말을 잘 듣는 사람입니다. 잘 들을 수 있는 환경과 흥미롭고 의미 있는 소리 경험이 아이의 청각 회로를 발달시켜 나갈 것입니다.

"우리 아기, 엄마 목소리 들렸어요? 응, 엄마야~."

엄마와 아이, 이제 시작입니다.

 우리 아이 이렇다면, 전문가의 도움이 필요해요

-가까이에서 들리는 큰 소리에도 깨거나 돌아보거나 놀라는 반응이 없다.
-소리만으로는 반응이 없다, 소리와 사물이 있을 경우에는 사물에 관심을 둔다.
-울거나 보챌 때 엄마의 목소리만으로는 아무런 효과가 없다.
-소리 나는 장난감이나 사물에 관심이 없고 알아보지 못한다.
-스스로 내는 소리나 옹알이가 전혀 없다.
-중이염이 반복되고 소리에 대한 반응에 일관성이 없다.

→이럴 땐 이비인후과에서 청력 검사가 필요합니다.

눈맞춤이
잘 안 되는 것 같아요

- "아이의 눈빛이 명확하지 않아요."
- "2개월 아이입니다. 수유할 때 저는 아이를 계속 보는데 아이는 멍하기도 하고 눈동자만 가끔 움직이는 것 같아요."
- "60일 아기, 눈맞춤이란 어떤 건가요? 제 눈을 보는 것 같은데 느낌이 별로 안 와요, 괜찮은 걸까요?"
- "아이가 엄마 눈을 피하기도 하나요? 곧 100일인데 가까이 가서 눈을 맞추면 다른 데를 봐요."

사람의 마음을 얻으려면 상대의 무엇을 공략해야 할까요? 바로 눈입니다. 눈빛만으로도 사랑, 즐거움, 호기심, 마음의 교감을 느낄 수 있습니다. 반대로 두려움, 불안, 무서움, 부끄러움을 느끼게 할 수도 있습니다. 영아기 아이들도 '눈맞춤'의 힘을 알고 있습니다. 배냇짓으로 부모의 시선을 잡아두던 아이가 이내 눈을 맞추기 시작합니다. 그리고 미소 짓습니다. 먼저 웃기도 하고 부모가 웃으면 따라 웃기도 합니다. "저를 사랑해 주세요, 보살펴 주세요, 돌봐 주세요"라고 끊임없이 이야기합니다. 눈맞춤은 부모와 아이를 끈끈하게 연결해 주고 사회적 상호작용을 시작, 유지하게 하는 중요한 수단입니다.

천천히 발달하는 시력

시력은 다른 감각기관에 비해 조금 늦게 발달합니다. 출생 직후의 시력은 약 0.05 정도입니다. 앞에서 무언가 왔다 갔다 하는 것만 어렴풋이 아는 정도입니다. 색채가 아닌 명암으로 구별하죠. 눈동자를 움직이는 근육도 아직 미약하여 눈이 돌아가거나 양쪽 눈이 따로따로 움직여서 엄마가 놀랄 때도 있습니다. 무리하게 눈맞춤을 시도하거나 가까이에서 시각적 자극을 줄 필요가 없습니다. 사실 자는 시간이 많고 우유 먹을 때만 잠깐씩 깨어 있는 시기이기도 하므로 많이 안아 주고 친숙한 엄마 아빠의 목소리로 안정을 주는 데 주력할 때입니다.

1개월 정도가 되면 초점을 맞추기 시작하면서 눈빛이 조금 초롱초롱해 보입니다. 약 20cm 앞에 있는 사물은 인식이 가능합니다. 엄마는 아이가 흑백 모빌을 보는 시간이 늘었다고 생각될 것입니다. 수유할 때 가까이 있는 엄마 얼굴을 쳐다볼 때도 있습니다. 그러나 아직은 젖을 빠는 일에 온 힘을 다하려 할 것입니다.

2개월이 되면 자기 손을 보고 노는 시간이 많아집니다. 누군가가 웃으면 따라 웃습니다. 마치 화답하듯이 미소를 보여 주는데 이것을 우리는 사회적 미소social smiling라고 합니다. 눈맞춤은 아직 미약하지만 아이는 미소로써 엄마를 자기편으로 만들어 둡니다. 애착의 시작입니다. 아이가 웃으면 엄마도 웃으며 반응해 주세요. 이때 "아이 좋아~", "엄마야~" 하고 말을 걸어 주면 더욱 좋습니다. 이제 점점 아이도 자주 들리는 엄마의 목소리와 얼굴을 매치해 나갈 것입니다.

3개월부터는 색깔을 알아보고 사물도 보다 뚜렷하게 인식합니다. 전방뿐 아니라 좌우에 있는 사물도 볼 수 있습니다. 시선 이동도 가능하여 대상을 눈으로 좇을 수 있습니다. 목 가누기가 어느 정도 되는 아이라면 고개를 돌려 쳐다봅니다. 뒤집기가 가능하면 초점 책을 번갈아 보며 파닥파닥거릴지도 모릅니다. 본격적인 눈맞춤도 가능합니다.

4~5개월 정도 되면 작은 것이나 움직이는 것도 정확하게 볼 수 있습니다. 얼굴의 표정 변화도 알게 됩니다. 좀 더 친밀한 사람, 낯익은 소리에 선택적으로 미소를 짓는, 선택적 사회적 단계에 이릅니다. 그래서 엄마 아빠도 아이가 엄마 아빠를 보고 웃는다는 것을 느낄 수 있습니다. 부모는 아이와의 눈맞춤을 반갑게 맞이하고 기쁜 마음으로 정서를 공유하며 상호작용을 시작하게 됩니다. 상호작용의 방법은 눈맞춤에서 나아가 웃음, 옹알이, 몸짓으로 다양해집니다.

아이 발달에 중요한 눈맞춤

● 눈맞춤은 아이의 시력이 작은 부분(엄마 얼굴 형태→눈, 코, 입)도 잘 볼 수 있게 되었음을 알려 줍니다(시력 발달).

● 눈맞춤은 애착 대상(엄마)과 감정을 교류하며 정서적 유대감을 강화시킵니다(정서 발달).

● 눈맞춤을 통해 아이와 엄마는 상호작용을 합니다. 나아가 외부를 탐색하고 타인과 상호작용할 힘을 얻습니다(사회성 발달).

눈맞춤으로 아이는 엄마와 사랑을 주고받으며 안정감을 느낍니다. 본인 또한 눈맞춤으로 표정으로 몸짓으로 옹알이로 엄마에게 애정을 표현합니다. 엄마와의 안정된 애착을 바탕으로 아이는 주변을 탐색하기 시작합니다. 엄마 아빠 외에 타인(주변 어른, 또래)과의 관계에도 관심을 갖게 됩니다. 따라서 '눈맞춤' 그 다음 단계를 보아야 합니다.

● "3개월 아이, 눈 맞추며 놀아 주려고 하는데 아이가 눈을 맞추지 않아요. 두리번거리느라 바빠요."
● "5개월 아이, 자기가 필요할 때만 눈맞춤이 돼요."
● "6개월 아이, 불러도 반응이 없고 눈맞춤 시간도 짧아요. 어쩌다 한 번 보는 느낌이에요."

위와 같은 고민에 "당연해요"라고 답할 수도 있습니다.

5개월이 되면 아이는 사물을 지속적으로 볼 수 있게 됩니다. 아직은 움직이고 입체감이 있는 사람의 얼굴이 더 재미있지만, 사물을 보고 잡고 물고 빨고 탐색하면서 관심의 대상이 확장됩니다. 뒤집기, 되집기가 가능하고 손을 뻗거나 쥐는 등의 신체 움직임도 발달하면서 주변 환경과 사물을 인지하기 시작합니다.

6개월 이후에는 작은 것도 잘 볼 수 있어 바닥에 떨어진 장난감 조각, 구슬도 발견합니다. 엄마와의 애착은 더 강해지고 낯선 사람의 얼굴을 구별하므로, 엄마 아빠가 아닌 다른 사람을 경계하게 됩니다(낯가림). 배밀이나 기어 다니기로 기동성이 높아지고, 주변 환경과 사물에 대한 관심과 조작을 통해 인지 발달이 가속화됩니다.

즉, 이 시기의 아이는 매우 바쁩니다. 가만히 누워서 엄마에게 도움의 눈길을 보내고 눈빛으로 애정을 갈구하던 시기를 벗어났습니다. 이때는 든든한 버팀목인 부모를 등에 지고 아이가 주변 환경을 마음껏 살펴야 합니다. 부모가 같이 관심을 가지고 놀아 주면 아이는 날개를 달게 됩니다. 사물 인지가 빨라지고 옹알이도 늘어납니다. 눈맞춤은 보다 의도적이고 기능적이기도 합니다. 아이는 도움이 필요할 때 스스로 눈맞춤을 시도합니다(예: 엄마를 봄으로 엄마를 웃게 함). 아이와 마주보고 놀거나 조용한 환경에서 말을 걸 때, 특히 아이가 원하는 것이 있어서 말을 걸 때(예: 놀고 싶거나 배고플 때)도 눈맞춤이 이루어집니다.

아이는 엄마의 시선을 따라가다가 곧 엄마가 가리키는 것, 엄마가 관심 있는 것도 함께 바라볼 수 있습니다. 이러한 능력은 '공동관심joint attention'이라 하며, 9~12개월에 활발히 발달합니다. 3~6개월 아이는 아직 엄마가 가리키는 것에 대해 엄마와 마주보고 웃으며 그 대상을 공유하기는 어렵습니다. 본인이 좋아하는 것을 엄마도 좋아하기를 바랄 뿐입니다. 놀면서 엄마와 눈빛을 교환하거나, 한 가지 자극에 집중하다가도 엄마를 보며 웃음 지을 수 있기까지는 좀 더 연습이 필요합니다.

눈맞춤을 강화하여 긍정적인 애착 형성하는 방법

아이가 보내는 신호에 즉시, 성의 있게 응답합니다

극단적인 예로, 엄마가 산후우울증이 있어 아이의 신호를 지속적으로 못 알아차렸거나, 아이가 미디어에 노출되어 감정을 교류하는 경험이 적었거나, 시설에서 자랐거나, 양육자의 잦은 교체로 애착을 형성할 대상이 없었던 경우에 반응성 애착장애를 일으킬 수 있습니다. 눈맞춤이 안 되고 혼자 놀며 불러도 쳐다보지 않고 타인에 대한 관심이 적어 흡사 자폐와 비슷합니다(후천적 자폐). 아이가 상호작용을 시도할 때는 언제든 무시되거나 거절되어서는 안 됩니다.

아이가 눈맞춤을 시도할 때는 엄마가 즉각적이고 긍정적으로 반응해 주어야 아이는 안정을 느낍니다. 안정을 느껴야 아이는 자유롭게 정서를 표출하고 조절합니다. 긍정적인 경험은 다음을 기대하게 만듭니다. 엄마의 필요에 의해서 엄마가 눈맞춤을 시도할 때도 아이는 기꺼이 대응할 것입니다.

꼭 눈맞춤이 아니어도 됩니다. 아이가 울 때, 옹알이를 할 때, 손을 내밀거나 뻗을 때도 아이에게 다가가야 합니다. "엄마 보고 싶었어요?", "아고~ 엄마 왔네! 엄마 왔다!", "엄마 여기 있네~!" 하고 아이 얼굴을 보아 주세요. 아이도 안심하고 울음을 그치고 옹알이가 늘어나며 엄마에게 안길 것입니다.

눈맞춤도 의사소통의 한 수단이라는 것을 기억하세요.

아이를 바라볼 때는 부드러운 표정과 목소리가 필수입니다

미국 발달심리학자 에드워드 트로닉Edward Tronick의 무표정 실험은 엄마의 표정과 아이의 정서적 반응에 주목합니다. 실험의 내용은 이러합니다. 아이와 웃으며 잘 놀던 엄마가 갑자기 무표정으로 일관합니다. 아이가 웃어 보이기도 하고 엄마의 시선을 잡으려 애써 보지만 엄마는 무표정, 무반응입니다. 곧 아이는 표정이 일그러지고 날카로운 소리를 내며 몸을 흔들어 댑니다. 2분 후 엄마는 다시 이전처럼 웃으며 아이와 상호작용을 시도합니다. 그러나 아이는 엄마를 경계하며 몸을 돌립니다. 생후 12개월된 아이보다 6개월, 3개월의 어린아이일수록 이전과 같은 정서 상태와 관계를 회복하는 데 시간이 더 걸렸습니다. 무표정한 엄마의 얼굴은 아이에게 불안과 스트레스를 유발한다는 것을 알려 주는 실험입니다.

엄마가 감정의 기복이 심할 경우 아이의 정서는 불안정합니다. 엄마가 없어질까 집착하다가도 정작 엄마가 나타나면 모른 척하거나 거부하는 모습을 보입니다. 엄마가 아이의 눈맞춤을 걱정하며 가까이 쳐다보고 의미 없이 눈맞춤을 반복적으로 시도한다면 아이는 오히려 눈맞춤을 피할지도 모릅니다.

반면 엄마가 아이와 마음으로 소통할 때는 엄마와 아이의 심박수가 비슷해지고 감정 역시 비슷하게 느낀다고 합니다. 케임브리지대학교 연구팀은 성인과 아이가 눈맞추며 이야기하거나 다정한 목소리로 이야기할 때 서로 같은 뇌파를 활발히 교환한다고 하였습니다. 뇌파는 뇌가 활동할 때 나타나며 뇌파의 교류를 통해 아이는 소통, 정서, 학습 능력을 발달시켜 나간다고 합니다. 눈맞춤은 마음을 주고받는 것이며 그 시작은 사랑과 믿음입니다.

아이가 주변을 탐색하기 시작했다면 눈맞춤에 연연하지 않아도 됩니다

아이의 애착 형성은 사회성 발달의 기반이 됩니다. 돌 미만의 아이들에게 사회성이란 세상이 믿을 만한 곳이고 탐험해 볼 만한 곳이라고 아는 것입니다. 점점 엄마와 분리된 자신도 느끼게 될 것입니다. 아이가 주변 환경과 대상, 사물을 충분히 탐색하고 조작하며 인식할 수 있도록 도와주세요.

안정적인 애착을 형성한 아이라고 해도 돌 전에는 엄마가 없으면 불안해하고 엄마가 가까이 있어야 놀이를 충분히 즐깁니다. 아직 엄마에게 의존하면서 사회를 탐색해 가는 것입니다. 엄마는 아이가 세상에 나아갈 때 든든한 지지자이자 해결사가 되어 주어야 합니다.

5~6개월 이후부터는 탐험가가 되어 이것저것 만져 보고 두들겨 보고 열어 보고 넣어 보는 아이의 놀이를 받아들여야 합니다. 엄마가 아이에게 "이게 뭐야! 엄마 봐봐!" 하면서 혼내면 아이는 당연히 엄마와의 눈맞춤을 피합니다. 엄마가 불러도 또 혼나나 싶습니다. 위험한 것, 만지거나 먹으면 안 되는 것들은 미리 치워 두어야 합니다.

아이가 사물보다 엄마와 눈을 맞추며 놀게 하고 싶다면 먼저 주위에 어지러운 것들을 정리합니다. 그리고 아이의 어깨를 톡톡하거나 가까이에서 불러 엄마가 부르고 있음을 알게 합니다. 마사지나 비행기 태우기, "코는 어디 있나 여~기♫" "사과 같은 내 얼굴, 눈도 반짝 코도 반짝♪" 이러한 신체 노래를 불러 줘도 좋습니다. 비눗방울 불기, '코코코코~ 눈!', 까꿍놀이도 얼굴 쪽으로 주의를 집중하게 할 수 있습니다. 아이가 좋아하는 장난감이나 음식을 엄마 눈높이에서 보여 주며 "이거 먹을까? 이게 뭐지?" 하며 관심을 끌고 요구하게 하거나, 무언가 잘하면 혹은 함께 놀이한 보상으로 하이파이브를 유도하는 것도 눈맞춤을 촉진할 수 있습니다.

그래도 원칙은 눈맞춤만이 최종 목적은 아니라는 것입니다.

눈맞춤은 아이가 엄마에게 보내는 의사소통 신호입니다. 눈맞춤의 시간이나 빈도보다 아이와 엄마가 얼마나 서로를 믿고 의지하고 사랑하는가가 더 중요합니다. 눈빛만으로도 통하는 사이, 될 수 있습니다. 그러나 중요한 것은 아이가 엄마를 발판 삼아 더 넓은 세상으로 나아갈 수 있도록 하는 것입니다. 아이를 엄마의 눈빛 안에 가두어 두지 말아야 합니다. 아이를 엄마의 시선 안에 머물게 두지 말아야 합니다.

 우리 아이 이렇다면, 전문가의 도움이 필요해요

-사물을 가까이 보거나 빛 반사에도 눈을 깜빡이지 않고, 사물을 좇는 시선 이동이 없다.
-두 눈동자의 움직임이나 방향이 서로 다르다.
-집중할 때 눈이 몰리거나 눈동자가 흔들린다.
-눈을 자주 깜빡이거나 흘겨본다. 충혈된다.

→이런 증상이 생후 3개월이 지나도 계속된다면, 안과 검사가 필요합니다.

-눈맞춤이 안 되고 본인이 필요로 할 때도 사람보다 물건을 응시한다.
-눈맞춤, 옹알이, 웃음의 빈도가 모두 적고, 외부 자극(소리, 물건, 사람)에 대한 반응이 없다. 혹은 특정 자극에만 반응한다(예: 불빛, 특정한 장난감)
-눈맞춤을 피하고 거부하거나 엄마에게 왔다가도 엄마가 다가가면 밀치고 외면한다.

→이런 증상을 보인다면 애착, 상호작용을 먼저 촉진해 주세요. 집중적이고 지속적인 노력에도 변화가 없다면 소아과 혹은 소아정신과 검사가 필요할 수 있습니다.

아이의 울음에도
의미가 있을까요?

"으앙." 아이가 세상에 태어나 터뜨리던 울음소리는 아직도 생생합니다. 물론 한 달도 채 지나지 않아 아이의 울음소리에 엄마도 같이 울고 싶어지지만요.

울음은 아이의 생리적인 기능을 반영합니다. 분만실에서 터트리는 아기의 첫 울음은 아기가 더 이상 탯줄에 의지하지 않고 자가 호흡할 수 있음을 의미합니다. 이후 호흡계가 발달하고 폐활량이 향상되면서 아이의 울음이 길고 소리도 점점 커짐을 느낄 수 있습니다. 발성을 담당하는 후두, 성대도 여기에 관여하며 울음 조절 능력은 이후 말speech의 발달로 이어집니다. 의도에 따라 울음소리의 크기, 간격, 높낮이가 달라지는데, 이는 아이가 호흡 및 발성기관의 근육과 신경들을 조절할 수 있게 되었다는 의미입니다.

목청이 큰 우리 아이, 건강하다는 신호입니다. 울음소리가 다양해
진 우리 아이, 영리해졌습니다.

단어가 형성되기 전까지 강력한 힘을 갖는 아이 울음

아이의 초기 울음은 생존을 위한 본능적인 반응으로 엄마를 자기
쪽으로 불러들이는 막강한 힘을 가졌습니다. 실제로 아이의 울음소
리를 분석해 보았더니, 인간의 귀가 가장 민감하게 반응하도록 발달
되어 있는 주파수 대역(1~4kHz)을 집중해서 증폭시키고 있었습니다.
그래서 아이의 울음소리는 음향학적으로 어른들의 귀에 잘 들리게
되어 있습니다.

게다가 경험적으로, 자식이 있는 부모들은 자식이 없는 성인보다
아이의 울음소리에 더 잘 반응합니다. 스위스 바젤대학교의 연구에
따르면, 아이가 있는 부모는 아이의 울음소리를 들었을 때, 뇌에서
감정을 담당하는 편도체가 활성화된다고 합니다. 아이가 울면 부모
는 무언가 잘못되었다고 느끼고 걱정하면서 아이를 돌봐야 한다고
반응하게 되는 것입니다.

남녀 간의 차이도 있습니다. 여자는 남자와 달리 아이의 울음소리
가 들리면 전두엽에서 변화를 보였습니다. 여자는 아이의 울음을 소
음으로 간주하지 않고 중요하게 여긴다는 것입니다. 엄마의 전두엽이
자극을 받으면 엄마는 아이를 안거나 우유를 먹이는 행동을 유발하게

됩니다. 엄마가, 부모가 아이의 울음을 지나칠 수 없는 이유입니다.

아이의 울음소리에 달려가서 우유를 먹이고 기저귀를 갈아 주고 재우고 안아 주다 보면 엄마는 어느새 울음소리만 들어도 '우유 먹을 시간이구나', '졸린가 보네', '아이고 또 안아 줘요?' 하고 울음의 의미를 어렴풋이 알게 됩니다. 이제 아이의 울음은 본인의 의도를 알리는 의사소통 수단으로 점차 분화되고 발전합니다.

아이들의 울음 패턴에 관한 많은 연구에서, 고통이나 통증으로 인한 울음은 배고픔의 울음보다 더 높은 소리, 더 큰 소리, 더 긴 시간의 패턴을 보였습니다. 아이들은 더 긴박하고 절실할 때 엄마의 귀와 감정을 강하게 자극합니다. 소위 자지러지는 울음이나 악을 쓰는 것 같은 울음소리는 크기도 크면서 소음과 같은 음향 특성을 가집니다. 사람의 귀를 가장 거슬리게 하는 소리를 내는 것입니다. 그만큼 강한 의사 표시입니다. 반대로 '안아 줘', '놀아 줘'와 같은 "흐응"이나 흐느낌과 같은 울음도 있습니다. 이때는 귀를 자극하기보다 오히려 낮은 음을 사용하여 연민과 같은 감정적인 부분에 호소합니다. 이러한 소리 패턴의 특성은 최근 아이의 울음을 분석한 애플리케이션 개발로도 이어졌습니다.

울음을 통한 엄마와 아이의 상호작용

일본의 연구팀은 아이의 울음을 장기간 관찰한 결과, 울음을 터뜨리기 전후의 감정 변화에 주목하였습니다. 그 결과 돌 이전의 아이들도 울기 전, 즉 엄마에게 나의 의도를 알리기 전에 심사숙고하여 울지 말지, 엄마에게 알릴지 말지를 결정한다고 합니다. 그래서 어떤 경우에는 가짜 울음, 그저 엄마를 부르기 위해 울기도 합니다. 아이는 자신의 울음이 어떠한 힘을 가지는지 알고 있습니다.

아이의 울음 패턴을 잘 알아듣는 사람은 엄마입니다. 아이와의 반복된 상호작용으로 엄마는 경험이 쌓이고 분석이 가능해집니다. 엄마들의 판단과 아이 울음의 음향학적 패턴(예: 높낮이, 강도, 시간)의 변화가 일치한다는 연구 결과도 있습니다. 심지어 어떤 엄마는 아주 짧은 기간에 아이의 울음소리를 구별해 내기도 하였습니다. 울음에는 아이의 의도가 담겨 있고 의도에 따라 다르게 표현됩니다. 엄마는 아이의 의도를 읽고 필요를 즉각 해소해 줍니다. 이러한 상호작용은 아이와 엄마의 관계를 돈독하게 합니다. 아이가 울음 말고 다른 효과적인 수단(발성, 몸짓, 언어)으로 나아갈 수 있도록 돕습니다. 그래서 몇몇 연구자는 신생아의 울음은 언어 발달의 초기 단계이며 향후 언어 발달에 많은 영향을 미친다고도 주장합니다. 아이가 전하는 메시지를 잘 알아듣는 엄마가 되어야겠습니다.

다행히 아이가 울음으로 의사를 표현하는 기간은 짧습니다. 옹알이가 시작되는 2~3개월만 되어도 울음의 범위는 좁아집니다. 어느새 아이는 옹알이를 하고 엄마와 기쁨, 재미, 흥미의 감정도 공유하여 엄마를 더 기쁘게 합니다. 시도 때도 없는 아이의 울음에 지쳤다면 아래 방법을 실천해 보세요.

아이의 울음에는 매번 즉각적으로 반응해 줍니다

강조하였듯이, 아이의 울음은 신체적 반응이자 의도의 표현이고 엄마와의 관계 맺음을 위한 것입니다. 엄마가 자신의 울음에 반응해 주지 않으면 아이는 울음을 사용할 수 없습니다. 아이가 울 때 보통은 엄마가 오지만, 엄마가 힘들고 지칠 때는 오지 않는다면 아이는 자기 울음이 엄마에게 효과가 있는지 없는지 헷갈립니다. 엄마를 더 세게 자극하느라 아이의 울음은 더 거세질 수 있습니다. 그런데 크고 거친 울음소리는 엄마에게 오히려 짜증을 유발하기도 합니다. 악순환이 반복되면 아이는 의사소통의 의도가 꺾이면서 더 이상 엄마를 필요한 존재라고 여기지 않을 수도 있습니다.

엄마가 아이의 울음에 매번 즉각적으로 반응해야 아이는 울음의 힘을 믿고 엄마를 의지합니다. 엄마가 울음에 달려와 불편한 부분을 해소해 주고 편안하게 해 주면 아이 또한 빠르게 안정을 찾습니다. 아이가 울 때마다 달래 주고 안아 주는 것은 아이를 버릇없게 만들거나 엄마에게 집착하게 만드는 것이 아닙니다. 욕구 충족, 심리적 안정, 환경에 대한 믿음을 심어 주는 것이 우선입니다.

아이의 울음에는 다정한 표정과 말투로 반응해 줍니다

엄마가 필요해서 울었는데, 우는 것밖에 할 수 없어서 울었는데, "왜 또 울어!", "그만!", "뭐가 또 불편해!" 하며 엄마가 윽박지르고 굳은 표정을 지으면 아이는 당황합니다. 생후 3개월 정도가 되면 감정 상태에 따른 말소리를 구별하고 6개월 정도가 되면 엄마 얼굴 표정을 압니다. 물론 그 이전에도 말소리의 크기를 인지합니다.

엄마는 아이가 울면 왜 우는지, 왜 자꾸 칭얼대는지 잘 몰라서 답답하고 힘들 때가 많습니다. 이유 없이 울어대서 지칠 때도 있습니다. 거짓울음을 보고 "이거 봐 이거 봐, 눈물도 안 흘리고 울어요" 하며 기가 찰 때도 있습니다. 그래도 일단은 "우리 아기 힘들구나", "엄마가 안아 줘요?", "엄마가 또 보고 싶어요?" 하는 따뜻한 위로의 말과 '알아줌'이 필요합니다. 안아 주거나 기저귀를 갈아 주기 전에도 엄마가 가까이 바라봐 주고 미소 지어 주고 말 걸어 주어 엄마가 왔음을 알려 줍니다.

청력과 시력이 아직 미숙한 어린 개월수에도 마찬가지입니다. 더불어 안아 주고 쓰다듬어 주고 토닥여 주는 촉감과 함께 가볍게 흔들기, 둥가둥가, 위로 안아 주기와 같은 전정계 자극도 심리적 안정에 도움을 줍니다.

아이의 울음에 집중하고 반응하다 보면 어느새 엄마도 아이의 울음 분석가가 되어 있을 것입니다.

아이의 울음소리는 태생적이고 본능적으로 엄마의 귀를 자극합니다. 이 울음소리에 엄마가 화가 나거나 무기력해진다면 아이와의 관계도 힘들어집니다. 아이의 울음은 아이와 엄마가 서로를 믿고 의지하여 가장 좋은 파트너가 되기 위한 첫걸음입니다. 엄마의 일관되고 따뜻한 신체적, 언어적 반응은 아이가 감정을 조절하고 표현하게 이끌어 줄 것입니다.

피곤한 몸을 누여 겨우 잠이 들었는데 아이의 울음소리가 들리면, 나도 '남의 편'처럼 아랑곳하지 않고 잘 수 있으면 좋겠지만 결국 나는 엄마인지라 반사적으로 일어납니다. 눈은 감고 있을지언정 아이를 안고 흔들흔들 중얼중얼 토닥토닥하면서 비로소 아이도 엄마도 안정됩니다. 따뜻해집니다.

 우리 아이 이렇다면, 전문가의 도움이 필요해요

-어르고 달래도 알 수 없는 울음이 밤새 며칠 계속된다.

-신체적인 이상 징후(우유를 잘 안 먹음, 배설이 적어짐, 트림이나 방귀가 잘 안 나옴, 발열, 경련 등)가 동반되며 운다.

-배고프거나 불편해도 잘 울지 않고 눈맞춤, 표정 변화가 매우 적다.

-울음소리가 가빠지거나 끊어짐, 목소리가 갈라지거나 떨림, 호흡은 있으나 발성이 안 된다(소리가 나지 않음).

→이럴 땐 소아과 진단이 필요합니다.

옹알이가 시작되었어요,
어떻게 해 주면 좋을까요?

아이를 키우다 보면 '내가 천재를 낳았네!' 감탄하게 되는 순간이 몇 번 있습니다. 그중 첫 번째는 아마 옹알이가 시작되면서일 것입니다. 50일도 채 안 된 아이를 보며 "여보, 얘가 대답을 했어!", 100일 쯤 되면 "내 말을 알아듣는다니까!", 8개월이면 "이것 봐! '엄마'라고 하잖아!"라며 호들갑을 떨기 일쑤입니다. 엄마의 착각일까요?

옹알이는 영아에게 재미를 주는 놀이 기능

단어를 말하기 전에 내는 여러 소리, 옹알옹알한다고 하여 옹알이 입니다. 옹알이가 시작된 우리 아이는 이만큼 성장하였습니다.

말소리를 내기 위한 발성, 조음, 공명 기관이 발달했습니다

울음도 의도에 따라 다른 소리를 냅니다. 2개월 무렵부터 보이는 소리의 변화는 아이가 성대 외에 다른 기관을 사용할 수 있게 되었음을 의미합니다. 입술을 오므렸다 폈다, 혀를 잇몸에 붙였다 떼었다, 입천장을 올렸다 내렸다 하면서 소리를 조절하는 것은 말소리를 만드는 조음기관이 발달하는 것입니다. 콧소리를 냈다가 없앴다가, 목 울림통을 울렸다가 조였다가 하는 것은 소리를 크게 하고 부드럽게 하여 음색을 더해 주는 공명기관의 조절입니다. 말이 트이는 데 필요한 신경망이 활발하게 연결되고 활성화되는 과정입니다.

아이 스스로도 본인의 조음기관들을 탐색하고 그 결과물인 소리를 즐깁니다. '발성 놀이vocal play'라고도 하는 이 과정을 거쳐 아이는 발성을 조절하게 됩니다. 6, 7개월경이 되면 조음기관과 공명기관도 제법 다루기 시작하여 자음과 같은 소리(예: [ㅂ, ㄷ])가 나타납니다. 높낮이, 길이, 쉼도 다양해집니다. 모국어에 속한 소리(음소)들을 익혀 나갑니다.

말소리가 의사소통의 중요한 수단임을 알게 됩니다

아이는 처음에는 그저 소리 내는 것을 재미있어합니다. 본인이 들어도 재미있어 한 번 더 해 보기도 합니다. 그러다 내가 소리를 내면 엄마가 온다는 것을 알게 됩니다. 울음도 강력한 힘을 가지지만, 그때까지는 수단과 목적, 인과적 관계를 인지하지 못합니다.

4개월 이후부터는 소리, 몸짓, 눈맞춤 등이 어른의 행동이나 환경에 영향을 미칠 수 있다는 것을 깨닫게 됩니다. 하지만 어떻게 해야 하는지는 정확히 알지 못합니다. 그래서 그저 갖고 싶은 공을 보고 있거나, 옹알이를 하거나, 엄마의 소리에 소리로 반응합니다.

8개월 정도가 되면 나의 신호가 어떤 결과를 가져온다는 것(인과)을 알고, 그중에서 몸짓과 소리가 꽤 효과적인 힘을 가진다는 것(수단과 목적)을 터득합니다. 나의 행동이나 발성이 엄마를 움직이게 한다는 것을 깨닫게 되는 것입니다.

그래서 의도를 가진 의사소통 행동을 하기 시작합니다. 갖고 싶은 공을 바라만 보던 것에서 나아가, 그 공을 가져다 줄 엄마를 번갈아 쳐다보고, 손을 벌리거나 가리키고, 말소리를 내봅니다. 아이가 소리를 의사소통 수단으로 사용하게 됩니다.

아이의 언어 발달에 중요한 지표가 되는 옹알이

상황에 맞는 적절한 말소리(단어)를 사용하기 위해 아이는 지속적으로 자극받으며 연습합니다. 그래서 옹알이는 아이의 언어 발달에 있어 중요한 지표가 됩니다. 많은 연구자는 옹알이에서 잘 나오는 발음은 이후 초기 단어의 말소리와 관련이 있다고 보았습니다. 특히 자음이 섞인 옹알이의 발달은 이후 어휘 발달과 긍정적인 상관관계를 보여 줍니다. 다양한 소리를 내 보고 연습해 보면 조음 발달에 유리합니다. 의사소통의 의도로써 어른의 소리를 흉내 내고 시도하기를 즐겨하는 아이는 이미 언어 습득 방법을 익혔습니다.

옹알이의 발달 단계와 단계별 필요한 대화법입니다.

단계	개월	소리 특성	아이의 의도	엄마의 대화 및 기대 효과
1. 발성	0~2	• 생리적 발성(울음, 딸꾹질, 트림, 재채기, 기침 등)	• 반사적 소리	• 즉각적이고 다정하게 반응하기 → 안정, 욕구, 애착
2. 쿠잉	2~3	• 모음과 비슷한 소리(우) • 입천장 뒤에서 나는 소리('우, 구, 쿠' 비슷한 소리)	• 발성 놀이	• 실생활 대화하기 (중계, 질문) → 소리에 관심을 갖게 함
3. 확장	4~6	• 모음 소리(우, 아)가 좀 더 확실해짐 • 자음 비슷한 소리(부~, 푸~, 트르르, 아ㄷ) • 소리 크기, 높낮이 조절함	• 특정한 상태를 나타내기 위해 울거나 소리 냄	• 옹알이 따라 하기 • 대화하듯 주고받기 → 반응하는 방법을 익히게 함
4. 반복 옹알이	7~10	• 본격적인 옹알이 시기 • 자음+모음, 같은 음절을 되풀이함 (바바, 다다다, 가가가) • 간혹 길게 말하기도 함		• 옹알이를 따라 하거나 간혹 변형시키기 → 다양한 말소리를 익히게 함 • 옹알이에 의도를 부여해 주기, 아이의 의미를 짐작해서 표현해 주기 → 옹알이가 의사소통 역할을 한다는 것을 알게 함
5. 혼합 옹알이	11~18	• 여러 음절을 다양하게 말함 • 모음 소리가 다양해짐 (음마, 아으어) • 자음 소리가 섞임 (아뜨드, 부드더, 엄네) • 다양한 강세와 억양으로 얼핏 말하는 것처럼 들림	• 의도를 포함한 발화가 생김 (으어: 주세요, 맘맘마: 맘마 주세요)	• 옹알이를 적절한 어휘로 표현해 주기 → 단어를 인식하게 함

(출처: Oller & Eilers, 1988; Slater & Lewis, 2002; Nathni, Ertmer & Stark, 2006)

단계별 개월수나 기간은 아이들마다 조금씩 다를 수 있습니다. 전반적인 순서(모음→자음→ 자음+모음→복잡성, 정확성 증가)를 기억하세요.

투레질, 입술떨기, 혀차기 등의 탐색을 거쳐 "바바, 다다, 아부" 하는 자음 소리가 어느 정도 명확해지는 반복 옹알이 시기(보통 7개월)가 비교적 중요합니다. 조음기관의 협응이 수준별로 잘되고 있다는 것이니까요.

아이의 옹알이 수준을 파악했다면, 엄마의 기술이 들어갈 때

어려울 땐 "그렇구나", "그랬어요?", "누구야? 아이고 잘하네~, 잘한다↗" 호응만 해 주어도 괜찮습니다

초기의 말소리 같지도 않은 아이의 발성 놀이에 '어떻게 말 걸지?' '어떻게 따라 하지?' '뭐라고 말하지?' 하며 어려워하는 엄마가 많습니다. 그럴 땐 그냥 대꾸하거나 호응해 주면 됩니다. 어차피 지금은 아이도 별 뜻 없이 자기 조음기관을 탐색 중입니다. 소리를 내는 것 자체를 즐거워할 때이므로 엄마도 소리 내면서 아이에게 잘하고 있다고 격려해 주면 됩니다. 중요한 것은 아이가 옹알이를 할 때, 그것을 '받아 준다'는 것입니다. 엄마도 말을 하고 싶다면 현재 상황을 중계해 주어도 좋습니다.

"맘마 먹었어요? 배가 불러요, 아가 배 좀 봐요, 아우 기분 좋아~."

"아빠 언제 오지? 아빠 보고 싶다~, 아빠 빨리 와요, 우리 아가랑 놀아 줘요~"

"오늘은 뭐하지? 엄마는 우리 아가 우유 먹이고~ 재우고~ 씻기고 ~ 놀아야겠다. 그럴 거예요? 그럴 거지요?"

아이가 엄마 말에 집중하고 자기도 끼고 싶어 기회를 엿볼지도 모릅니다.

옹알이를 재미있게 따라하며 옹알이 소리가 다양해지도록 도와줍니다

'비가 오려나, 왜 이렇게 푸푸 거리나요?'

'애가 투투~ 침을 뱉는데 괜찮나요?'

'혀를 차는 건 뭘까요?' '입술을 아주 쪽쪽 빨아요.'

네! 모두 괜찮습니다. 곧 '푸, 바, 투, 트, 츠'와 같은 소리로 발전하게 될 것입니다. 아이는 지금 준비 운동 중입니다. 엄마도 놀이에 동참해 주세요. 대신 소리를 내 주는 것입니다. 같이 투레질하기보다 '부~, 푸~, 아푸아푸'와 같은 소리로 반응해 줍니다. 입술을 빨 때는 "뽀뽀, 뽀 뽀" 말해 줍니다. 아이는 입술, 혀, 뺨의 감각이 아닌 소리에 집중하고 그 소리를 내기 위해 시도할 것입니다.

아이의 옹알이에 약간의 변형을 주면 아이는 소리의 차이를 알아차리고 신기해합니다. 그리고 모방하려 합니다. 아이의 시도에 엄마가 다시 따라 해 주면 아이의 행동은 강화됩니다. 소리를 들을 수 없는 난청 아이들도 초기 옹알이는 건청 아이들과 유사합니다. 그러나 자기 소리를 듣지 못하고, 다른 사람의 소리와도 비교하거나 강화받지 못하기 때문에, 결국 옹알이가 줄어듭니다. 혹은 목 울림, 입의 움직임과 같은 촉각이나 시각적인 다른 자극을 강화시켜 조금은 다른 발성 형태로 발전하기도 합니다.

아이의 옹알이가 발전되기를 바란다면 부모가 적극적으로 따라하고 새로운 소리를 소개해 주세요.

옹알이가 말로 발달할 수 있게 엄마 말투는 유지하되 아이의 의도를 적절하게 표현해 줍니다

아이에게 말을 걸 때 부모는 본능적으로 조금 높고, 약간 느리고, 짧고 반복되는 말투를 씁니다(예: 맘마, 맘마 먹자, 맘마 먹자~). 마치 쉬운 노랫가락을 말하듯 말이죠. 이러한 말투는 '모성어motherese'라고 하며 아이를 위한 '영아 지향 말소리Child-Directed Speech'입니다. 영아 지향 말소리는 발달 초기 영아들이 일반 성인 말투보다 더 선호하는 소리입니다. 단어를 나누어 줌으로(분절) 언어 습득에 유리한 방향으로 영향을 미칩니다. 영아 지향 말소리에 더 많이 노출된 아이가 음소를 더 잘 변별하며, 조음 발달에 유리합니다. 다른 연구에서는 어휘력이 높다고도 하였습니다.

약간 느리고 짧게 반응해 주다 보면, 엄마도 아이의 말에 집중할 수 있습니다. 적절한 쉼pause을 주고 중간중간 아이의 반응을 살펴야 합니다. 4개월 이후부터의 아이를 가만히 보면 말과 말 사이, 의미와 의미 사이(예: "음마… 음마… 맘마맘… 맘마맘…")를 조금씩 분리하고 있음을 알 수 있습니다. 이때의 아이는 옹알이를 마치고도 엄마의 반응을 기다립니다.

엄마가 말을 끝냈을 때도 본인이 바로 시작하지 않고 살짝 쉬면서 기회를 봅니다. 서로간의 이러한 쉼은 상대방의 말에 집중하게 하고 동시에 나의 순서를 기다리게 합니다. 대화는 주고받음입니다. 차례 지키기, 주고받기turn-taking는 대화에 있어 매우 중요한 요소입니다. 말을 건네는 것이 목적이 아니라 아이와의 소통이 목적임을 기억해야 합니다.

영아 지향 말소리를 할 때는 당연히 다정함과 부드러움을 유지할 수밖에 없습니다. 어금니를 꽉꽉 누르며 천천히 내는 소리는 좋은 대화 언어가 아닙니다. 더불어 엄마 말소리뿐 아니라 표정, 몸짓 모두 언어입니다.

7개월 이후부터는 아이가 주변을 인식하고 의도가 생기기 시작하면 언어로 도움을 주어야 합니다. 공을 바라보면서 "오오~~ 아우어~" 하면 "공이네, 데굴데굴 공이 있구나", "공이야, 공 갖고 싶어? 공

갖고 싶구나, 여기 있다"(공 가져다 줌), 우유를 보며 "냠냠냠", "음~~
머, 마~~ㅁ 맘마" 하면 "맞아, 맘마야, 맘마 먹자~", "맘마가 여기 있
네, 맘마 먹을까? 맘마 먹어?"(우유 먹임) 하며 아이가 하고 싶었던 말
을 해 줍니다. 아이는 점차 말을 하면 어떤 행위가 생긴다는 것, 엄마
가 해 준다는 것을 느끼고 말을 통해 자기가 하고 싶은 것, 엄마에게
요구하는 방법들을 깨치게 됩니다. 5개월 아이가 옹알이를 할 때 뇌
반응과 표정을 살펴보았더니 언어 중추가 있는 좌뇌가 관여하여 아
이의 오른쪽 입이 더 많이 움직였습니다. 반면, 웃을 때는(감정-우뇌)
왼쪽으로 웃었습니다(왼쪽 입꼬리가 더 많이 올라감). 아이의 옹알이도
언어 중추가 이미 관장하고 있다는 것입니다. 엄마도 이러한 아이의
언어에 언어로 화답해 주세요.

　　귀여운 아이의 옹알이, 우리 아이는 이제 단어를 말하기까지 장장
1년여의 여정에서 큰 전환점을 맞이하였습니다. 이제 엄마도 아이
와 소통하기가 한결 편해지고 재미있어집니다. 아이가 말문이 트이
는 과정은 얼마나 사랑스럽고 신기한지 모릅니다. 옹알이에 점점 아
이의 뜻이 담긴다는 것을 지켜보면 잘 자라 주는 아이가 대견합니다.
"엄마" 하는 말을 들을 날도 얼마 안 남았습니다.

Q. 6개월 이후에도 옹알이가 적어요, 관심이 없어요, 늦어요. 어떻게 하나요?

A. (1) 눈맞춤, 따라 웃기, 소리에 반응하는 정도를 살펴봅니다.

(2) 투레질이나 입술 빨기와 같은 감각 놀이는 어떤지 살펴봅니다.

(3) 엄마의 입 주변으로 아이의 주의를 끌고 모방을 유도합니다(예: 엄마가 볼 부풀리기, 파파! 하기, 아이우 크게 하기, 입술 쭉~, 뽀뽀, 후~ 바람 불기 등).

(4) 아이가 아~ 소리 낼 때 엄마 손을 대면서 "아~ 아~ 아~" 인디언 소리 유도하기, 이유식하며 입 주변 자극하기(빨기, 음식물 핥기, 숟가락 받아먹기 등), 부드러운 볼 마사지도 도움이 됩니다.

(5) 엄마가 말을 많이 걸어 주고 책을 많이 읽어 주고 노래를 다양하게 불러 주는 것은 중요합니다. 더 중요한 것은 아이의 반응을 살피고 아이에게 기회를 주고 아이도 하고 싶게 만드는 것입니다. 엄마가 이미 말을 충분히 많이 하고 있다고 생각되면, 속도를 조금 늦춥니다.

(6) 10개월 이후에도 발성이 적고, 불편하거나 싫어서 소리 지르기, 원하는 것이 있을 때 소리내기나 칭얼대기와 같은 의도 표현도 적다면 전문가의 도움이 필요할 수 있습니다.

(7) 말이 늦은 아이, 24개월 이후 말이 트이거나 발달이 느린 아이는 옹알이 없이 단어 수준으로 넘어갑니다. 영아기 구강구조 탐색, 음성 놀이할 시기는 이미 지났지요. 옹알이라기보다는 웅얼거림, 알 수

없는 말, 외계어 등이 나타날 때입니다.

Q. 옹알이를 하다가 멈출 수도 있나요?

A. (1) 아이가 자신의 옹알이에 대한 반응을 양육자로부터 충분히 얻지 못해 강화되지 못한 경우, 옹알이를 통해 양육자와 상호작용한 경험이 없는 경우, 옹알이는 더 이상 발전하지 못합니다. 이 경우 상호작용하는 것부터 다시 시작합니다.

(2) 자연스럽게 옹알이가 줄어들기도 하고 멈추는 듯할 때도 있습니다. 우리도 항상 말하는 것은 아닙니다. 말하고 싶을 때, 말해야 할 때 말합니다. 어느 정도의 구강 탐색이 지나면 아이도 더 이상 소리 내기나 감각이 신기하지 않을 수 있습니다. 그러면 옹알이가 줄고, 필요할 때만 하겠지요. 주로 혼자서 손으로 뭔가를 만지면서 놀거나 앞에 있는 사물을 보면서 좋아할 때 옹알이가 폭발하는 아이도 있습니다. 활동성이 높아져 바삐 돌아다니거나 이것저것 해 보기 바쁠 때는 옹알이가 상대적으로 줄어들기도 합니다. 이런 과정을 거치며 발성과 조음기관들도 점차 발달하고 옹알이의 기능도 발전합니다. 종일 "마마마마마, 아부 부부~~" 아이 입에서 울려대던 따발총이 멈추고, 대신 엄마가 부르면 "마마", 자동차가 보이면 "부부 부부" 하게 됩니다. 이 경우 옹알이를 하는 빈도수가 줄어든다고 옹알이를 못하거나 언어 발달 기능이 퇴화하는 것은 아닙니다. 궁극적인 목표인 단어가 출현하면서 옹알이는 졸업하는 시기가 됩니다.

신체 발달이 느리면
언어 발달도 느린가요?

- "이른둥이여서 애지중지 키웠어요. 발달도 조금씩 다 느렸고 18개월쯤 걸었어요. 말도 당연히 느려서 24개월 때 단어를 말하기 시작했어요. 그럴 수 있다고 생각했어요."

- "아이 아빠도 걸음마도 늦고 언어도 늦었다고 해요. 물론 지금은 다 정상이죠. 그래서 시어머니가 우리 아이도 늦는 게 정상이라는데 괜찮을까요?"

- "48개월 아이예요. 걷는 것도 24개월 지나서 걸었어요. 워낙 늦되긴 했는데 알아듣는 건 잘하는 것 같았어요. 그런데 아직도 할 줄 아는 말이 거의 없어요. 검사를 받아봐야 할까요?"

"운동 발달도 빠르고 눈치도 빠른데 말이 느려요"보다 "운동 발달도 느리고 언어도 느려요"라는 말이 뭔가 더 당연하다는 뉘앙스가 느껴집니다. "같이 발달하는 것 아닌가요? 그러다 다 같이 좋아지겠죠?"라는 기대가 숨어 있는 듯합니다.

아이마다 자라는 속도가 다릅니다

아이의 발달이 지연되고 있는지 알아보기 위해서는 일반적으로 발달 이정표milestones에 따라 검사합니다. 해당 개월수에 일반적으로 이루어야 하는 발달 과업들이 있다고 보고, 소아 발달 검사의 정상 범주에 속하더라도 1세 이전에는 2개월 전후, 2세 이후에는 4개월의 편차가 있을 수 있다고 봅니다(대한소아과학회 발달소위원회, 2002). 아이마다 자라는 속도가 다르다는 것입니다. 첫 낱말이 12개월에 출현하는 것을 기준으로 보지만, 빠른 친구는 10개월에, 늦은 친구는 16개월에 말할 수도 있습니다. 모두 정상 범주에 속합니다.

동시에 개인 안에서도 영역별로 차이가 있을 수 있습니다. 초기 아동 발달은 운동(대근육, 소근육), 언어(이해, 표현), 인지, 정서 및 사회성 영역으로 나눕니다. 어떤 아이는 운동 발달은 조금 느려서 12개월이 되어도 아직 잡고 일어서는 것을 어려워하지만, 언어 발달은 빨라서 말할 수 있는 낱말이 2~3개가 되기도 합니다. 따라서 지금 당장 무엇을 못한다고, 무엇이 좀 빠르다고 일희일비할 필요는 없습니다.

영유아기는 생애 발달 단계 중 가장 많은 변화가 일어나는 시기이며, 이때 모든 영역이 서로 밀접한 관계를 맺게 됩니다. 그중 가장 먼저 현저하게 발달하는 영역은 운동 기능입니다. 아이는 운동 기능의 발달을 통해 혼자서 세상을 탐색할 수 있게 됩니다. 기고 서서 돌아다니며(대운동) 다양한 대상과 환경을 마주합니다. 사물을 만지고 조작하며(미세운동) 기능을 배웁니다. 이를 통해 추상적인 개념과 상징적인 의미를 알게 됩니다(인지). 상호작용을 위해 말을 익히고(언어) 그 범위도 점차 확대되어 갑니다(사회성). 아동 발달 이론들에서 영유아기의 운동 발달은 모든 발달의 기초로서 강조됩니다.

신체 발달과 언어 발달의 유의미한 관계

미숙아를 대상으로 이루어진 연구들은 신체 발달이 언어 발달과 유의미한 관계가 있음을 보여 줍니다. 영유아 연구에서도 신체 발달이 지체되면 이후 인지와 언어 발달 장애를 예측할 수 있다고 보고되었습니다. 베일리Bayley 검사는 영유아의 전반적 발달을 평가하기 위해 널리 사용되는데, 특히 1세 미만 아이의 운동 척도 점수를 보면 이후 언어 발달을 더 잘 예측할 수 있다고 봅니다. 언어 발달 지연을 가진 집단은 물론, 정상 언어 발달 집단에서도 운동 기능과 언어 능력은 유의미한 정적 상관관계를 보였습니다. 즉, 운동 기능이 좋으면, 언어 능력도 좋다는 것입니다.

실제로 언어가 늦다고 하여 병원을 내원한 아이들을 검사하였더니(국민건강보험공단 일산병원 발달지연클리닉, 2001~2002), 순수하게 언어 발달만 지연된 경우는 43%였습니다. 이 외에는 다른 영역의 문제가 함께 나타났습니다. 언어 발달 지연이 주된 호소였으나, 이 중 29%는 대근육 운동 기능에서, 43%는 소근육 운동 기능에서 이상 소견을 보였습니다.

흔히 언어 발달이 늦으면 인지 발달 문제를 먼저 떠올립니다. 운동 발달과는 별개로 생각하는 경향도 있습니다. 그러나 지금까지 살펴보았듯이, 아이들의 초기 발달 과정상 운동 발달은 언어가 발달할 수 있는 기초이자 선행 조건의 의미가 있습니다. '운동, 언어가 다 느린 걸 보니 우리 아이는 천천히 발달하나 보다'가 아니라, '운동 발달이 느려서 언어 발달 기회도 적은가 보다'라고 보아야 합니다.

뇌를 비롯한 중추신경계는 경험과 학습을 통하여 신경계를 이루고 서로 연결망을 맺으며 발달해 갑니다. 이 중 필요 없는 부분은 버려지고 다른 영역으로 교체됩니다. 자주 사용하는 영역은 강화됩니다. 예를 들어 생후 1개월에는 모든 소리(음소)를 변별해 낼 수 있던 아이가 6개월 정도에는 모국어 소리에만 반응합니다. 들어보지 못한 소리들, 들어 볼 기회가 없었던 소리에 대해 반응하는 기능은 뇌에서 더 이상 자리를 차지하고 있을 필요가 없으니까요. 대신 앞으로 필요한 모국어 소리에 집중하도록 세팅setting됩니다.

학습은 오감을 통할 때 더 효과적으로 연결되고 탄탄한 고리를 형성합니다. 엄마가 보여 주던 공을 직접 만져 보고 던져 보고 발로 차보면서 아이는 '공, 말랑말랑, 동그라미, 데굴데굴, 굴러간다, 잡았다,

던졌다, 발로 찼다'와 같은 관련 의미와 어휘를 알게 됩니다. 아직 말은 못하지만 손을 내밀면 달라는 것이고, 손을 흔들면 인사하는 것이고, 엄마에게 뭔가를 가리키면 해 달라는 것이고, 엄마 손을 끌고 가면 뭔가를 꺼내 달라는 것이라는 등 몸짓 언어를 통해 의사를 표현하면서 초기 의사소통을 유지하고 사회적 관계를 맺기 시작합니다.

본인의 신체 유능감이 떨어진다면 아이의 관심은 제한적이고 소극적일 수밖에 없습니다. 발달이 늦었는데도 어느 날 갑자기 다 하게 되었다는 누군가의 이야기는 희망이 아닙니다. 지금 내가 아이의 발달을 촉진할 수 있는 방법을 찾는 것이 진짜 희망입니다.

아이의 고른 발달을 위해 엄마가 해야 할 일

우리 아이 발달 상태를 정확히 살펴봅니다

아동 발달 초기일수록 각 영역이 고르게 발달하여야 합니다. 서로 영향을 주고받아야 다음 단계로 나아갈 수 있습니다. 발달의 중요한 시기를 놓치지 말아야 합니다. 각 발달 지표를 참고하세요. 영유아 건강 검진도 놓치지 마세요. 걱정되는 부분은 가까운 소아과에 직접 문의해 보세요.

발달 기준이 되는 개월수보다 6개월 이상, 영역별로 발달 개월이 서로 6개월 이상 차이가 나면 전문가 상담이 필요할 수 있습니다. 섣부른 걱정을 하기 위함이 아니라 아이를 믿고 지지해 주기 위해서 그렇습니다.

'누구는 이렇게 했다더라'라는 소식이 내 아이에게도 적용되는 것은 아닙니다. 내 아이 일에 아무도 책임져 주지 않습니다.

우리 아이에게 필요한 부분을 파악하여 말 걸며 놀아 주세요

각 영역이 발달할 때 서로 유기적으로 연결되어 발달한다는 것을 이해했다면, 이 관계를 촉진시켜 줄 놀이와 활동을 준비합니다. 발달은 타고난 능력과 외부 환경의 동적인 상호작용에 의해 이루어지므로 적절한 자극과 집중적인 노력을 통해 관련 영역을 활성화시키고 촉진해 주어야 합니다.

기질적인 영향도 있습니다. 새로운 놀잇감을 볼 때 바로 잡는 아이가 있는 반면, 한참을 탐색하고 주변도 보고 기다렸다가 슬그머니 잡는 아이도 있습니다. 돌아다니며 문이란 문은 다 열고 꺼내고 닫는 아이도 있고, 있는 듯 없는 듯 조용히 자기 놀이를 좋아하는 아이도 있습니다. 첫 번째 아이가 다루기는 힘들어도 전반적인 발달은 빠를 수 있습니다. 두 번째 아이에게도 아이의 범위 안에서 새로운 것을 탐험하고 시도해 보도록 자극을 주어야 합니다. 좋아하는 것을 발견하면 오히려 무섭게 달려들 수도 있습니다. 뭐든지 빠르게 쑥쑥 자라는 아이도 있고 하나하나 천천히 자라다 어느 순간 훅 크는 아이도 있습니다. 단, 혼자서 크는 아이는 없습니다.

운동과 언어 발달을 촉진할 수 있는 놀이 방법들

다양한 감각 자극을 주는 놀이

운동 발달을 관장하는 것은 뇌입니다. 다양한 감각을 자극하면서 아이의 뇌를 깨워 주세요.

- **많이 안아 주기**: 안고 품고 쓰다듬어 줍니다. "사랑해, 아이 따뜻해, 아우 우리 아기." 어느 날 아이를 안았는데 그 작은 손이 엄마 등을 토닥토닥할 때가 있습니다. 아이도 신체적 접촉이 애착이고 사랑임을 느끼는 것입니다.

- **마사지**: '엄마 손은 약손'입니다. 얼굴, 어깨, 배, 팔, 다리, 아이 신체를 마사지하면서 감각을 느끼게 하고 자극해 주세요. 다리를 주욱 잡아당기면 힘을 주거나 반사적으로 오므리는 것도 느낄 수 있습니다. "동그란 얼굴, 뾰족 코, 예쁜 입술", "통통 다리~", "쑥쑥 커라"는 마법의 주문입니다. 배나 엉덩이에 부~ 바람 불기도 재미있는 놀이입니다.

- **공, 촉감책, 딸랑이 등 다양한 자극 거리**: 손 기능은 중요합니다. 뇌의 운동 중추 면적에서 30%가 손에 해당합니다. 물건을 만지면서 탐색이 늘고 관련 인지가 늡니다. 물건에 따른 이름과 기능도 언어적으로 인식합니다. 다양한 만질 거리를 주세요. 손에 쥐어 주지 않아도 손바닥에 대 주기, 발바닥을 자극하여 발 보기, 손발 서로 잡기, 발차기 동작을 유도해 주어도 좋습니다.

"이게 뭐야? 말랑말랑."

"아이 깜짝이야, 딱딱해라, 울퉁불퉁한 건 뭐지?"

"또 온다 온다, 만져 볼까? 한번 볼까?"

"발에도 있네, 발에서 딸랑딸랑 소리가 나요. 아우 잘하네, 발차기 뻥, 오 딸랑딸랑~ 아구 잘하네."

"어, 저기에서 땡땡 소리가 나네, 우리 아가 붕붕이 있네, 잡아 볼까? 어이차~ 여기 있다(물건을 손에 닿을 듯한 거리에 두고), 여기 있네, 붕붕 갈까요?"

아이를 탐험가로 만드는 것은 엄마입니다.

신체 놀이 활용하기

움직임을 유도하여 신체 유능감을 맛본 아이에게 세상은 별세계입니다. 엄마에게도 주위가 온통 장난감으로 보일 수 있습니다.

● **동작과 행동 연결하기**: "잼잼 곤지곤지♬" "콩콩이 어딨나, 두리번두리번~" "나처럼 해 봐요, 이렇게~"와 같은 리듬 놀이나, "주먹 쥐고 손을 펴서♬" "눈은 어디 있나, 여~기♪" "엉금엉금 기어서 가자"와 같은 노래를 불러 주세요. 리듬은 동작과 언어를 자연스럽게 연결해 주고 듣기 능력도 촉진합니다. 데굴데굴 구르기, 이불로 김밥 말아 주기, 매트 양탄자 태우기, 엄마 비행기 놀이와 같이 신체의 큰 움직임과 말놀이를 통하여 아이의 운동 신경들을 깨워 주세요.

● **움직임은 즐겁다는 것을 느끼게 하기**: 사랑하는 엄마와의 하이파이브, 즐거움을 공유하는 박수, 궁금한 무언가를 얻기 위한 손길, 이 공이 어떻게 움직일까 기대하는 발길질, 아빠에게 다가가는 걸음

마, 의미를 알고 의도적으로 행하는 몸짓은 더 발전적입니다. 까꿍 놀이를 통해 아이는 보이지 않아도 사물은 존재한다는 것을 인지합니다. 그래서 지금 눈앞에 없지만 아까 가지고 놀았던 장난감을 찾아 집 안을 돌아다닙니다. 발로 뻥 찼더니 공이 굴러가고 버튼을 누르니 인형이 나온다는 것을 알았습니다. 아이는 인지한 정보를 기억하고 문제를 해결해 나갑니다. 우리 아이에게 어떠한 몸짓을 유도할 것인지, 어떤 말소리를 들려줄 것인지를 엄마가 끊임없이 고민해야 합니다.

느린 아이라고 걱정만 하지 마세요. 더 신중한 아이일 수 있습니다. 느리지만 언젠가는 자란다며 그냥 내버려 두지 마세요. 엄마 손길이 좀 더 필요한 것인지도 모릅니다.

탐험가 아이로 키우고 싶다면 엄마도 기꺼이 탐험가가 되어 보세요. 어느 날 갑자기, 툭! 그날을 위해 아이와 엄마는 내공을 열심히 쌓아야 합니다. 지금 우리 아이에게 필요한 것은 무엇일까요?

불러도 아이가
잘 돌아보지 않아요

- "5개월 아이입니다. 불러도 안 쳐다봐서 자세히 살펴보니 소리에 대한 반응이 제각각이에요. 큰 소리에는 놀라는 듯하고 일상적인 말소리에는 반응했다, 안 했다 해요. 청력 검사를 받아 보는 게 좋겠죠?"

- "3개월 아이입니다. 이름을 불러도 안 쳐다봐요. 그런데 딸랑이 소리가 들리면 쳐다보는 것 같아요. 딸랑이 소리를 알아듣는 거죠?"

- "6개월인데 뒤집기도 안 하고 눈맞춤도 적어요. 이름을 불러도 시큰둥하고 자기 손만 갖고 노는 것 같아요. 뭐부터 해야 할까요?"

- 7개월 아이예요. 불러도 안 보고 자기 할 것만 해요. 조용할 때 부르면 휙 돌아보기도 하는데, 눈앞에서 부르면 또 안 봐요. 왜 그런가요?"

- "9개월이에요. 이름을 부르면 쳐다보았는데 이제는 시큰둥해요. 몇 번 부르다 화나서 버럭 하면 그때 쳐다보네요."

- "아이가 놀고 있을 때는 백 번 불러도 안 쳐다봐요. 모르는 척하는

것도 같고요. 심지어 아빠가 부르면 더 반응이 없어요. 일부러 그럴 수도 있나요?"

우리는 이제 듣지 못하면 소리에 반응하는 법이나 말의 의미를 알 수 없다는 것을 압니다. 그래서 일상생활에서 소리에 대한 반응이 일정하지 않다면 청력을 우선 확인해야 합니다.

물론 청력이 정상이어도 아이가 소리에 반응하고 의미를 알아가는 데는 많은 경험과 시간이 필요합니다. '우리 아이가 이제야 엄마 말을 알아듣네!' 확신하기까지는 아마 생후 3~4개월이 지나야 할 것입니다(〈3. 생후 3개월, 아이가 엄마 목소리를 알아들을까요?〉 참고). 물론 이것도 말의 의미를 안다는 것은 아니지요.

눈맞춤을 비롯한 전반적인 의사소통 의도가 적다면 그 다음 단계인 소리 반응도 늦을 수 있습니다. 그렇다면 다른 전반적인 발달과 함께 상호작용부터 시작해야 할 것입니다(〈4. 눈맞춤이 잘 안 되는 것 같아요〉, 〈7. 신체 발달이 느리면 언어 발달도 느린가요?〉 참고).

그런데 위에 해당하는 사항이 아닌데도 불러도 대답 없는 아이, 나 누구랑 이야기하나 싶을 때가 있습니다.

호명 반응과 주의집중력 발달

아이 이름을 불렀을 때 쳐다보거나 대답하는 것을 '호명 반응'이라고 합니다. 호명 반응은 아이가 '누가 나를 부른다→그 사람이 나에게 무엇을 하려 한다, 또는 무슨 말을 하려 한다→내가 주의를 기울여야 한다→쳐다본다("왜요?/뭔데요?/그래서요?")'의 과정을 거치는 것입니다. 상대방의 의도와 맥락을 이해했다는 것입니다. 본인도 상대와 상호작용을 시작하고 기꺼이 의사소통을 하겠다는 표시입니다.

반대로, 호명 반응이 적거나 없다는 것은 '나는 지금 내가 하고 있는 것에 푹 빠져 있어요', '당신에게는 관심이 없어요', '지금 내가 하고 있는 게 더 좋아요', '나를 부르는지 몰랐어요', '당신과 이야기하고 싶지 않아요', '오, 또 당신이네요, 당신이 뭐라 할지 다 알아요', '저는 지금 이 상태가 좋아요, 깨지 마요' 등과 같은 표시인지도 모릅니다.

아이의 주의집중력은 순차적으로 발달

4~6개월 정도가 되면 시각(멀리 있는 사물을 볼 수 있음), 청각(주변 소리에 관심, 소리가 나는 곳을 찾음)이 발달하면서 주변의 다양한 것에 관심을 쏟습니다. 사물을 조작하며 탐색하는 데도 적극적입니다. 배밀이나 기기도 시작됩니다. 관심이 있는 사물이나 놀이(예: 소리 나거나 움직이는 장난감, 서랍이나 문, 노래, 재미있는 표정 등)에 집중하고 소리도 가려 들을 수 있습니다.

그러나 집중하는 시간이 길어야 30초 이내입니다. 10초대도 꽤 오래 집중한 것입니다. 게다가 아직 한 번에 하나의 감각에만 주의를 기울일 수 있습니다. 치발기를 빨고 있거나 돌아가는 장난감을 보고 있노라면 엄마가 부르는 소리는 들어도hear 새겨듣지listen 못합니다.

주목할 만한 것은, 엄마가 가리키는 것을 아이도 볼 수 있게 된다는 것입니다. 관심을 공유하지는 못하지만 같은 곳을 바라보게 된다는 것은 꽤 중요합니다. 아이는 엄마가 하고 있는 것을 주의 깊게 살펴보고 있을지 모릅니다.

6~8개월에는 옹알이가 발달하면서 상호작용이 활발해지는 시기입니다. 나의 발성이나 행동이 다른 사람을 반응하게 만든다는 것을 알고, 나 자신을 인식하고 알리려 합니다. 내가 좋아하거나 관심 있는 것을 다른 사람에게 보여 주고 아는 척하는 모습도 보입니다. 엄마가 말을 걸어 주기를 바라고 거기에 대응하는 것도 좋아합니다. 좋아하는 것에 집중하는 시간도 늘었습니다. 그러나 여전히 1분을 넘기기가 어렵습니다. 주위 자극에 쉽사리 흐트러집니다. 동시에 여러 자극에 집중하지 못하는 것도 여전합니다. 아이는 아직도 자기가 좋아하는 것에만 집중하기 바쁩니다.

9~12개월이 되면 엄마와 같은 것을 보는 것에서 나아가, 함께 즐길 수 있게 됩니다. 엄마가 소개한 놀이를 하면서 엄마를 보고 웃습니다('재밌다, 엄마도 재밌지? 엄마도 보고 있지?'). 남의 관심을 공유할 수 있습니다('오, 재미있어 보이네요, 이것도 해 보니 재미있네요'). 본인이 좋아하는 장난감을 보여 주거나 가리키기도 합니다('엄마 이거 재미있어요, 봐봐요, 같이 해요'). 이 능력이 '공동관심'(함께 주의하기)입니다. 이 사회적 기술은 언어 발달, 특히 어휘력 발달에 중요한 역할을 한다고 많

은 연구에서 밝혀졌습니다. 집중하는 시간은 역시 짧지만(1분 이내) 엄마와 함께하는 놀이가 많아지면서 엄마는 아이의 집중력이 꽤 좋아졌다는 것을 느낄 수 있습니다.

집중력은 한 가지에 선택적으로 반응하는 것

집중력은 한 대상에 집중을 유지(독서에 열중)하는 것이고, 다른 자극(엄마가 옴)이 와도 흐트러지지 않고 버텨야 합니다. 그런데 또 필요할 때는 다른 대상으로 주의력을 옮겨야 하고(엄마가 부름), 두 가지 이상의 과제에도 고르게 집중력을 유지(독서하면서 엄마 물음에 대답)해야 할 때도 있습니다.

그러나 아이들은 대개 돌이 지나도 하나에 집중하는 시간은 5분 이하이고, 두 돌이 되면 5~10분 정도가 됩니다. 여전히 두 가지 이상의 대상에 주의를 쏟기가 어렵습니다. 만 3~4세가 되면 드디어 무언가 하고 있어도 누가 말하면 주의를 내 줄 수 있습니다. 그러나 알고는 있지만 하던 것을 멈추기에는 시간이 좀 걸릴 수 있습니다. 두 가지 감각을 써서 주의집중을 할 수 있게 되는 것은 만 4세 이후입니다. 이제야 놀면서도 누가 말을 걸면 대응할 수 있습니다. 대응 시간도 점점 짧아질 것입니다.

아이가 무언가에 집중하고 있을 때에는 엄마가 불러도 모를 수 있습니다. 좋아하고 재미있는 놀이라면 더욱 그러합니다. 그럴 땐 호명 반응보다 중요한 것이 있습니다. 아이가 집중하는 것에 엄마도 집중해야 합니다. 앞서 말한 공동관심을 통하여 아이의 어휘력이 빠르게 발달합니다. 아이가 보고 있는 것을 엄마가 말해 주면 그때 언어 정보가 잘 기억됩니다. 생후 4개월 아이가 무엇을 보는지를 잘 알아챈 한 엄마는 아이가 필요로 하는 언어 자극을 줄 수 있었고, 1년 5개월이 지났을 때 아이는 그러한 자극을 받지 못한 아이보다 언어 사용이 훨씬 풍부했습니다.

11~13개월 아이들의 놀이와 엄마들의 시선을 관찰한 연구도 있습니다. 아이들이 놀이할 때 엄마가 바라보아만 주어도 아이들의 놀이 집중 시간은 늘었습니다. 엄마가 아이의 주의에 맞추어야 합니다. 엄마가 자신의 요구대로만 아이의 시선을 유도하고 아이가 집중하는 흐름을 자주 끊으려 한다면 아이는 주의력을 기르지 못할 것입니다.

아이는 의미 있는 말에 반응합니다

"잼잼, 곤지곤지, 박수~"와 같은 언어 자극에 적절한 행동으로 반응하는 것은 9~10개월 정도입니다. "주세요~/ 안 돼!/ 어야 가자!"와 같이 일상적으로 많이 썼던 말에 아이가 손 내밀기, 행동 멈춤, 현관으로 나가는 등의 행동 반응을 할 수 있습니다. 말의 뜻을 알기 시작하는 것입니다. 그러나 이 역시 때로는 상황이 매우 잘 갖추어진 환경에서만 맞아 떨어집니다. 무엇을 잘할 때 나오는 "박수~", 엄마가 먹을 것을 들고서 하는 말 "주세요~", 갑자기 들리는 낮고 강한 소리 "안 돼!"와 같이 말이지요. 즉 아이들은 처음에는 'ㅂ,ㅏ,ㄱ, ㅅ,ㅜ (박수)' 하나하나를 인식하기보다 하나의 멜로디, 리듬, 억양으로 인식합니다.

그래서 신생아 때는 엄마가 아무 말이든 해도 좋습니다. 부드럽고 온화한 말투면 됩니다. 노래같던 말소리에서 단어가 들리고 각기 다른 소리가 분화되는 것은, 계속되는 엄마와의 대화를 통해서입니다. 엄마의 영아 지향 말소리는 아이 귀에 잘 들릴 뿐 아니라 의미 단위로 말을 나누어 줍니다. 아이는 점차 다른 소리를 변별하고 그때의 상황과 맥락을 이해하며 의미를 파악하고 기억하게 됩니다.

아이를 부른 뒤 즐거운 경험을 더해 주세요

언제나 그랬듯 강화되는 것, 기억되는 소리는 재미있고 즐거운 경험에 의한 것입니다. "아가야~" 하고 엄마가 불러서 돌아보았을 때 엄마가 미소를 띠고 양팔을 벌리고 있습니다('이리와, 안아 줄게'). 재미있는 장난감을 주거나 맛있는 음식을 주기도 합니다. 엄마가 부르면 놀러가자는 것일 수도 있습니다. 이처럼 아이를 불렀을 때 뒤따르는 즐거운 기억은 호명 반응에 힘을 실어 줍니다.

눈맞춤도 호명도 매번 시험하는 엄마가 있습니다. 잘하나 못하나, 오늘은 반응이 있나 없나가 관건입니다. 아이가 돌아보면 한층 긴장한 엄마가 서 있습니다. 조용히 놀 때는 내버려 두다가 방을 어지럽히거나 먹으면 안 되는 것을 입에 넣거나 무언가를 쏟거나 하면 "아가!" 하고 놀라서 달려오는 엄마도 있습니다. 아이는 이름을 불리면서 혼나거나 제지당하거나 놀잇감을 뺏겼습니다. 이런 경험이 쌓였을 때 이 아이에게 호명 반응은 사회화 기능을 잃어갑니다.

아이를 부른 뒤 좋은 감정을 더해 주세요

아직 본인 이름을 모른다면, 이름이 아이에게 즐거운 경험을 주지 못했다면, 아이는 호명에 반응이 더딥니다. 이름을 알아듣고 기꺼이 동참하도록 아이를 각성시키는 것이 먼저입니다.

아이의 이름을 부르고 난 다음이 중요합니다. 아이가 쳐다보거나 눈을 맞추었을 때 웃음으로 좋아하는 감정을 공유하고, 까꿍 나타나거나 맛있는 음식, 재미있는 놀잇감의 제공과 같이 즐거운 경험, 의미 있는 상호작용이 뒤따라야 합니다. "아가" 다음에 좋아하는 장난감의 소리나 "놀자, 어여 가자, 맘마, 아빠 왔다"와 같은 언어 자극을 주어도 좋습니다. 꼭 이름에 반응하는지만 따질 필요는 없습니다. 때로는 "어쿠!"와 같은 자극적인 소리, "맘마"와 같이 의미를 아는 소리에 반응이 더 빠를 수도 있습니다. 호명은 아이와 상호작용을 하는 시작입니다.

아이를 부르기 전에 시끄럽거나 아이가 한창 집중해서 바쁠 때는 역시 때를 기다려야 합니다. 주변이 정리되고 방해꾼이 없고 아이가 하던 일에 시들해지고 두리번거릴 때가 적기입니다. 어깨를 가볍게 치거나 박수, '똑똑'과 같이 주의를 끄는 신호를 주어도 괜찮습니다. 아이가 엄마의 신호를 알아차리게 하면 됩니다.

엄마가 부르면 "네" 하고 기계적으로 대답하기를 바라기보다 서로의 존재를 느끼고 서로의 관심사를 공유하며 인정해 주는 것이 사랑입니다. 아이와의 상호작용도 그렇게 시작하세요. 엄마의 자리는 아이 맞은편이 아니라 옆자리임을 새삼 느낍니다.

아이가 혼자 놀고 있을 때 가만히 지켜보세요. "우아~ 우리 아기가~" 혼잣말하듯 내뱉는 말에 아이가 엄마를 보며 찡긋 웃을지도 모릅니다. 잠들락 말락 하는 아이에게 "우리 아가 잘자~" 하면 아이도 자기 손으로 엄마를 토닥입니다. 귀하게 지은 우리 아이 이름이 처음부터 의미 있게, 가치 있게 불리면 좋겠습니다.

저지레가 심해요,
마구잡이 아이
어떻게 해야 하나요?

- "7개월 남아예요. 많이 놀아 주고 책도 많이 읽어 주라고 해서 장난감도 사고 전집도 들였어요. 그런데 우리 아들은 싱크대 밑에 들어가고 휴지 뽑는 걸 더 좋아해요. 장난감은 꺼내기만 하고 책도 읽어 주려 하면 뺏어서 물고…. 하, 어떻게 놀아 주어야 할까요?"

- "8개월, 이제 좀 편해지나 했는데 하루 종일 징징거리고 매달리고 안 보이면 울고 낮잠도 줄어서 종일 힘들어요. 밖에라도 나가고 싶은데 낯가려서 더 매달리고…. 어떻게 하죠?"

- "기기 시작하면서부터 아이가 변한 것 같아요. 끊임없이 사고치고 다치고 놀자고 하면 도망가고…. 혼내면 알아듣는 것 같지만 그때뿐이에요. 너무 별나네요."

생후 6개월 이후 아이는 많은 변화를 보입니다. 먼 곳에 있는 것, 작은 것도 볼 수 있습니다. 보이는 것에 대한 호기심과 인식이 생깁니다. 소리를 듣고 아는 것(장난감, 초인종 등), 궁금한 것이 생깁니다. 기억 능력이 발달합니다. 아는 것과 새로운 것이 구별됩니다. 손으로 잡을 수 있고 흔들거나 누를 수 있습니다. 뭐든지 입으로 가져가는 구강 탐색을 여전히 좋아합니다. 배밀이, 기기를 하며 움직임의 범위가 넓어집니다. 옹알이가 생기고 의사소통 수단이 늘었습니다. 말소리에 대한 이해도 늘어납니다.

우리 집에도 많은 변화가 생깁니다. 매트가 깔리고 가구 모서리에 안전장치를 채우고 화병, 장식품들은 선반 위로 올립니다. 그런데도 항상 난장판입니다. 아이가 꺼내 놓은 기저귀, 휴지들이 널브러져 있고, 서랍은 털리고, 갖고 놀다가 마는 장난감들이 뒹굴고 있습니다. 지친 엄마의 한숨 소리가 늘어납니다.

감각과 운동을 통해 세상을 배우는 감각운동기

발달심리학자 피아제Piaget의 인지 발달 이론에 따르면 출생 후 24개월까지는 감각운동기입니다. 감각과 운동을 통하여 사물을 이해하고 세상의 기본 개념(예: 대상영속성, 인과성)을 알아가는 시기입니다. 오감의 자극과 신체의 움직임을 통해 결과물을 얻습니다. 예를 들면 '손을 빠니, 재밌다' '딸랑이를 흔드니, 소리가 난다' '공을 차니, 날아간다' '손잡이를 당기니, 뚜껑이 열린다' 등입니다. 이러한 과정과 결과를 반복하고 또는 새롭게 시도하면서 자신의 지식이나 경험의 틀을 발전시켜 나가는 인지 발달의 시기인 것입니다.

이러한 관점에서 보면 관심의 범위가 나에서 주변으로 확대되고 대근육과 소근육의 발달도 뒷받침되는 6개월 이후는 중요한 시기입니다. 아이는 지금 소란을 피우고 말썽을 부리는 것이 아닙니다. 적극적으로 실험하고 탐구하면서 사물의 이치를 깨달아 가는 중입니다. 시행착오를 겪으며 연습하고 문제를 해결해 가고 있습니다. 직접 경험하고 느껴 보는 것은 이 시기의 발달과 학습의 기초가 됩니다.

조금만 달리 보면 부모도 편해집니다.

아이의 놀이에 동참해 주세요

아이의 집중력을 높이고 어휘를 발달시키기 위해서는, 아이가 주의를 기울이는 것에 주목해야 합니다. 아이가 현재 궁금해하는 것, 하고 싶어 하는 것, 만지고 싶어 하는 것이 우선입니다. 설령 부모가 고심해서 준비한 장난감을 선택하지 않아도 실망하지 마세요. 아이는 그동안 보고만 있던 저기 저 소파 위, 엄마가 매일 열고 닫는 싱크대 안, 무언가 자꾸 나오는 서랍 속이 더 궁금할지도 모릅니다. 아이의 눈이 어디를 보고 있는지, 무엇을 향하는지 함께 보고 말 걸어 주고 거들어 줄 때 아이도 힘을 얻습니다.

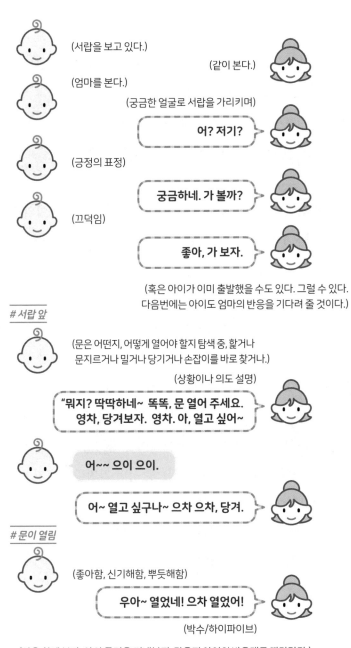

(서랍을 보고 있다.)

(같이 본다.)

(엄마를 본다.)

(궁금한 얼굴로 서랍을 가리키며)

어? 저기?

(긍정의 표정)

궁금하네. 가 볼까?

(끄덕임)

좋아, 가 보자.

(혹은 아이가 이미 출발했을 수도 있다. 그럴 수 있다.
다음번에는 아이도 엄마의 반응을 기다려 줄 것이다.)

서랍 앞

(문은 어떤지, 어떻게 열어야 할지 탐색 중, 핥거나
문지르거나 밀거나 당기거나 손잡이를 바로 찾거나.)

(상황이나 의도 설명)

**"뭐지? 딱딱하네~ 똑똑, 문 열어 주세요.
영차, 당겨보자. 영차. 아, 열고 싶어~**

어~~ 으이 으이.

어~ 열고 싶구나~ 으차 으차, 당겨.

문이 열림

(좋아함, 신기해함, 뿌듯해함)

우아~ 열었네! 으차 열었어!

(박수/하이파이브)

(안을 함께 본다. 안의 물건을 꺼내볼지, 닫을지 아이의 반응대로 따라간다.)

OK 아이의 주의를 알아준다. 지지해 준다. 같이 주목했을 때 해당 사물이 무엇인지 알려 준다. 옹알이에 언어로 표현해 준다. 아이의 행동을 격려해 준다. 아이의 기분에 공감한다.

NG 엄마가 먼저 한다. 가르쳐 준다. 아이의 행동을 수정해 준다. 아이가 하는 것과 사물 이름을 '계속' 말한다. 갑자기 못 하게 한다.

　아이는 곧 다른 것에 관심을 가질 수도 있습니다. 아이의 집중 시간은 아직 1분 이내입니다. 같은 것을 반복할 수도 있습니다. 재미있는 것입니다. 여러 번 하면서 이렇게 하면 되는구나를 깨닫는 중입니다. 그러는 동안 옆에 있는 부모에게 무신경할 수도 있습니다. 아직은 여러 가지에 동시 집중할 수 없습니다. 잘 놀고 있다는 것은 이미 부모를 안전지대로 사용하고 있다는 것입니다. 여유가 생기면, 필요하면 부모에게 화답하는 횟수도 점차 늘어날 것입니다.

　아이의 주의가 너무 흐트러진다고 느낀다면, 이것은 안 했으면 한다면, 주위를 정리하면 됩니다. 아이를 자극시킬 만한 것을 안 보이게 합니다. 그날 놀게 하고 싶은 것 서너 가지를 이곳저곳에 배치해 둡니다. 아이는 아직 위험한 것, 더러운 것, 하면 안 되는 것을 판단할 수 없습니다. 내가 무엇을 했을 때 어떤 결과가 나올지 예측할 수 없습니다. 오히려 기대하지 않았던 결과를 지금 현재로서 즐길 뿐입니다.

오감의 활용을 기꺼이 도와주세요

뇌과학 연구에서도 영유아기는 두뇌 발달 속도가 가장 빠른 시기이며 특히 오감을 통할 때 뇌 신경망이 빠르게 연결되고 조직화되는 것을 보여 주고 있습니다.

오감 놀이는 다른 감각을 함께 사용할 때 효과적으로 인지되고 효율적으로 통합됩니다. 음악은 들려주는 것보다 들으면서 율동하고 노래하는 것이 좋습니다. 공은 만져 보고 던져 보고 굴려 보아야 그림에서도 공을 찾아낼 수 있습니다.

오감 촉진 놀이에는 다음과 같은 것들이 있습니다.

놀이	방법	재료	언어 자극
촉각 놀이	• 식재료 이용하여 주무르기, 으깨기, 뭉치기, 그릇에 옮기기	• 두부, 바나나, 미역, 튀밥, 주먹밥, 국수	• 촉감 표현하기 (예: 통통통, 말랑말랑, 미끌미끌, 딱딱해요)
시청각 놀이	• 노래 부르며 율동하기, 노래에 맞추어 대상 확인하기	• 악기, 손인형, 그림	• 노랫말을 율동이나 직접적인 대상과 연결시켜 표현하기 (예: 큰 북을 울려라 둥둥둥! 작은 북을 울려라 동동동!+악기 북, 눈은 어디 있나 여기♪+눈 가리키기, 아빠 어디 있나♪ 아빠 여기 있지♪+아빠 혹은 아빠 인형)
시지각 놀이	• 물놀이(목욕), 낚시	• 물놀이 장난감 (배, 동물 인형, 물총)	• 의성어 의태어 표현하기 (예: 어푸어푸, 빠빰빠밤, 아기 상어 뚜루루뚜루♬)

• 굴리기, 받기	• 자동차, 공, 휴지	• 준비~ 땅, 출발, 하나둘셋 등 신호에 맞추어 굴리기, 던지기, 주고 받기 (예: 출발~ 빵빵 빵빵 가요~, 하나둘셋! 슝~ 공이다, 데굴데굴, 후~~ 휴지가 후~ 날아간다~ 후~ 우리 아가한테 간다 후~)

감각에 예민한 아이도 있습니다. 뭐든 덥석 하는 아이가 있고 안한다, 싫다, 무섭다 하는 아이도 있습니다. 한시도 안 멈추는 아이가 있고, 앉아서 조물조물하는 것을 좋아하는 아이도 있습니다. 엄마는 쌓기를 원했지만 아이는 던질 수도 있습니다. '내 아이는 이렇구나' 하시면 됩니다. 지금 당장 싫어하는 것은 다음을 위하여 조금 옆에 두고 때를 기다립니다.

OK 아이가 좋아하는 감각을 이용한다. 먹거나 던질 수 있음을 염두에 두고 사전에 예방한다. 재미있게 논다.

NG 엄마가 준비한 것을 끝까지 관철시킨다. 이걸 왜 안 할까 못 할까 고민한다. 가르치기 위해 논다.

아이가 불안해할 땐 함께 있어 주세요

아이가 혼자 잘 놀아서 엄마가 슬그머니 일어나려 하면 귀신같이 알고 따라옵니다. 이상하게 징징대고 매달리고 보챌 때도 있습니다. 바깥 경험도 하고 문화센터도 가고 싶은데 낯가림이 심한 건지 울고 불고 껌딱지가 되어 속상하기도 합니다.

영국의 정신분석가 존 볼비John Bowlby의 애착 이론은 아이의 초기 발달은 물론 전 생애에 걸쳐 중요하게 적용됩니다. 애착은 아동과 양육자 간의 정서적 유대감입니다. 엄마는 가까이에서 정서적 안정감을 주고 아이가 세상을 충분히 탐색할 수 있는 안식처이자 안전기지가 되어 줍니다. 언제나 충분한 관심과 사랑을 받은 아이는 자신을 믿고 엄마를 믿습니다. 타인도 좋은 사람일 거라 기대합니다.

그런데 아직 6개월 정도의 아이는 소중한 엄마가 눈에 안 보이면 곧 돌아온다는 것을 모릅니다. '조금만, 잠깐만, 이따가, 끝나고' 온다는 개념이 없습니다. '낯선' 사람을 이제 알아보기 시작했을 뿐입니다. 이 사람도 좋은 사람일 것이라는 확신을 갖기에는 더 많은 경험과 시간이 필요합니다. 아이는 엄마가 곁에 있어야 마음의 안정을 느끼고 자신감도 생기며 그래서 어디까지는 할 만하다는 도전 의식도 생깁니다. 독립심을 기르기 위해 불안감을 얻을 수는 없습니다.

● **아이의 관심을 공유하려면 엄마도 재미있어야 합니다.** 아이의 놀이가 시시하고 내 취향이 아니고 뭐하는 건지 당최 알 수가 없다면, 아직 엄마가 공감이 덜 된 것입니다. 아이의 눈으로 다시 살펴봐 주세요.

● **집안일은 잠시 미루어 두어도 됩니다.** 아이 있는 집이 어떻게 매번 깔끔할까요? 이유식을 꼭 엄마가 만들어야 정성은 아닙니다. 설거지는 아빠가 해도 되고, 아빠가 영 소질이 없으면 아빠가 아이와 더 놀아 주면 좋습니다. 아이가 엄마를 필요로 할 때 아이와의 시간을 충분히 누리면 아이도 조금씩 안전기지를 넓혀 갈 것입니다. 엄마도 조금씩 요령이 생길 것입니다.

- **아이의 욕구가 충족되고 인지도 발달해 갑니다.** "엄마 손 씻네, 다 했다, 이제 간다" 하면서 아이가 보는 앞에서 조금씩 떨어져 보기, "엄마 가방 없네, 가방 갖고 와야지~ 방에 갖다 올게, 저기 방에 갔다 올게" 하면서 엄마가 안 보이지만 아는 곳에 다녀오는 모습을 보여 주면 아이는 엄마랑 조금 떨어져도 안전하다는 경험을 늘립니다.

- **선생님, 이모 등의 낯선 사람과 엄마가 친한 모습을 먼저 보여 주면 아이의 불안감도 낮아집니다.** 하기가 꺼려지고 겁나는 것도 "엄마 만졌네, 말랑말랑해. 아가도 만져만 보자. 오, 말랑말랑하지? 신기하네" 하면서 엄마가 먼저 참여한 후 다음에는 아이도 만져 보고 한번 넣어보게 합니다. 작은 성공부터 시작합니다.

OK 아이가 하고 있는 일을 함께한다. 인정해 준다. 언어로 자극해 준다. 아이가 여유가 생기면 엄마가 잠깐 자리를 비운다는 것을 주지시킨 후 벗어난다. 아이가 요구할 때는 즉시 반응한다.

NG 아이가 잘 놀고 있으니 살며시 빠져 나온다. 아이가 불러도 "기다려, 기다리라고, 알았다고" 하며 늦춘다. 못들은 척한다. 훈련한다면서 계속 새로운 장소나 놀잇감을 접하게 한다.

아이의 저지레는 생각보다 오래 갈 수 있습니다. 아이는 점점 더 많이, 더 잘 움직이게 될 것이고, 세상은 넓으니까요. 체력적으로 힘들긴 하지만 엄마를 믿고 세상으로 나아가는 아이를 대견하게 바라봐 주세요.

아이가 너무 얌전해서 걱정인 부모님도 있습니다. 발달 과정을 이해하고 바라보면 내 아이의 성향도 보입니다. 아이가 지금 원하는 것부터 시작합니다. '대체 왜 저러는지 모르겠다', '왜 이리 부산하고 정신없는지 모르겠다'는 생각을 '뭐가 궁금해서 저러는 걸까'로 바꿔 보면 어떨까요?

오, 맘마 여기 있네.
맘마 먹을까?
맘마 먹자.

음~ 머~~
마~~ㅁ 맘마

놀잇감 선정의 원칙

1. 개월수보다 중요한 것은 발달 수준입니다. 지금 아이가 할 수 있는 것인지를 먼저 확인한 다음, 개월수를 확인합니다.

2. 함께 놀 수 있는 것이 좋습니다. '아이가 이것으로 혼자 잘 놀면 좋겠네'가 아닙니다. '이것으로 같이 이렇게 놀아야겠다'는 생각이 드는 놀잇감을 고릅니다.

3. 아이가 좋아하는 것이 최고입니다. 남들이 좋다고 하는 것, 엄마 취향인 것, 이런 것을 했으면 하는 것과 우리 아이는 다를 수 있습니다. 우리 아이가 좋아하는 것이 우선입니다.

개월	우리 아이는 지금	이렇게 놀아요	예
0~2	• 소리, 빛, 움직임을 느낌	• 초점 맞추기: 눈에서 20cm 정도 거리	• 흑백 모빌 • 오르골
2~4	• 시청각 발달 • 소리 반응이 뚜렷해짐	• 초점을 맞추고 보는 것에 열중하기 • 소리 듣고 반응 유도 (고개, 시선, 몸 움직임) • 소리 즐기기, 듣고 보기를 연결하기 (들리면 보기-재밌어요-강화돼요)	• 컬러 모빌, 딸랑이 등 소리 나는 것 • 초점책
4~6	• 고개 가누기 가능 • 뒤집어서 사물 보기 가능 • 손 뻗거나 입에 가져가려 함	• 사물을 집중해서 보기 • 손을 뻗거나 잡기 유도 (손이 닿을 듯한 거리에 치발기나 좋아하는 것 보여 주기, 만지거나 치면 소리 나는 장난감 곁에 두기) • 구강 탐색(촉감)	• 치발기, 헝겊책, 악기, 아기체육관 • 병풍책

6~8	• 사물에 관심이 많아짐 • 손 전체로 잡기 가능 • 잡기, 흔들기, 배밀이, 기기 가능	• 손으로 잡거나 만지기(형태, 구조) • 잡고 흔들고 밀면서 놀이 주고받기, 번갈아 하기(공 굴려 주고받기, 번갈아 북 소리 내기) • 간단한 모방 요구(엄마가 먼저 북을 치고 아이에게 건네 줌-따라하게 유도)	• 오뚝이, 헝겊공, 손가락공, 오볼, 북, 핸드드럼, 촉감인형
8~10	• 소근육 발달 • 눈과 손의 협응력 좋아짐 • 잡기 가능, 간단한 조작	• 조작하면서 사물의 움직임이나 작동을 인지 • 다양한 사물 조작(기능) • 의성어, 의태어 자극(동물 울음, 효과음 등)	• 거울, 러닝훅, 점퍼루, 쏘서, 퍼즐(동물 퍼즐, 소리나는 퍼즐) • 사운드북
10~12	• 호기심 많아짐 • 소리 인지 좋아짐(노래-춤, 소리-장난감 연결 가능) • 좋아하는 놀잇감 생김	• 움직이기, 밀기, 돌아다니기, 쌓기, 넣기, 맞추기 • 조작하여 결과물 얻기(누르면 열린다, 돌리면 나온다) • 물건의 기능 이해하기(전화기를 귀에 댄다, 휴지로 바닥을 닦는다)	• 움직이는 놀잇감(유모차, 카트, 자동차, 공) • 누르면 소리 나거나 작동되는 장난감(기차놀이, 인형) • 자주 쓰는 용품이나 모형(빗, 우유, 물컵, 전화기) • 그림카드, 사물책

소리 듣기가 발달하여 듣고 반응할 수 있습니다. 그러나 아직 무슨 소리인지 잘 모릅니다. 어떻게 반응해야 하는지도 모를 수 있습니다. 소리에 집중하고 기대하고 반응할 수 있도록 합니다.

가까이에서 딸랑이(소리 나는 어떤 것이든 좋음)를 흔들어 보여 주세요. 관심을 보이면 안 보이는 곳에서도 소리를 냅니다. 아이가 반응(놀라거나, 움찔하거나, 손을 뻗치거나, 웃거나)을 보이면 "아구 잘했어, 딸랑딸랑, 딸랑이네"라는 언어 표현과 함께 딸랑이를 보여 줍니다. 사물이 아닌 엄마, 아빠 목소리도 물론 좋습니다.

시각이 점차 발달합니다. 소리가 들리는 것을 응시하며 시청각 협응을 촉진시킵니다. 시각 발달 초기에는 20cm 정도 거리에서 흑백 대비 모빌을 보여 줍니다. 흔들거나 소리로 유도하지 않고 전방에 놓고 아이가 쳐다보는지 확인만 해도 됩니다. 2개월 정도가 되면 모빌을 보고 웃거나 온몸에 힘을 주는 것도 볼 수 있습니다. 색상 변별이 가능해지므로 컬러 모빌로 교체해 주세요. 뒤집기가 가능해지면 초점책, 병풍책을 놓아 주세요. 소리 나는 악기나 목소리로 초점책에 주의를 주는 것도 좋습니다.

4개월 정도에 고개를 가눌 수 있게 되면 두리번거리거나 사물을 응시하는 힘이 더욱 좋아집니다. 보이는 것을 잡으려고도 할 수 있습니다. 만약 잡기에 성공한다면 입에 넣을 것입니다. 손보다 입의 감각이 더 예민한 시기입니다. 물건을 잡고 싶어 하게 가까이에 놓아두고 바스락 소리를 내거나(헝겊책), 빠직(치발기), 찰찰(탬버린) 소리로 관심을 끌 수 있습니다. 만지고 물고 빨기 때문에 안전한 장난감을 준비합니다. 아기체육관처럼 다양한 흥밋거리(매달려 있고 달랑거리고 소리가 나는 것들)가 있는 놀잇감도 좋습니다. 단, 아이가 혼동스러워 하면 한 번에 하나씩 자극을 줍니다.

6개월 이후부터 사물을 잡고 만지고 느낄 수 있게 됩니다. 사물의 형태를 인지합니다. 소근육 발달과 눈과 손의 협응도 좋아져서 잡고 누르고 넣고 빼고 당기는 등의 조작이 점차 발달합니다. 조작을 통해 변화를 알게 되고 흥미를 느껴 반복하게 됩니다. 반복은 기억을 도우며 무엇을 하기 위한 행동으로 연결될 수 있습니다. 손으로 잡을 수 있는 장난감이 필요할 때입니다. 처음에는 잘 얻어 걸리는 놀잇감(손가락공, 오볼)을 주고, 이후에는 잡히는 놀잇감(북채, 작은 공)으로 발전합니다. 간단한 조작(대면 움직이는 오뚝이, 밀면 가는 차/공)에서 조금씩 복잡한 조작을 시도합니다(넣는다-퍼즐/공/동물먹이 놀잇감, 연다-자동차, 누른다-피아노/사운드북). 처음에는 어려울 수 있으므로 엄마가 먼저 보여 주고 아이에게 기회를 주세요. 아이가 공을 넣었거나 나온 곳을 잡으려 할 때 호응해 주세요("공 쏘~옥 넣어요, 어디 갔지? 어어어 데구르르르르르 나왔다" 등). 같은 놀이를 반복할 수도 있습니다. 엄마에게는 공을 넣으라 하고 본인은 나오는 구멍만 쳐다보고 있을 수도 있습니다. 아이가 노는 방식으로 엄마도 따라가면 됩니다.

아이가 옹알이를 하고 나서 엄마의 반응을 기다리며 순서를 배웠듯이, 이제는 놀이에서도 교대로 하기, 차례 지키기의 모습을 보입니다. 공을 주고받기, 자동차를 서로 굴려 주기("빵빵 갑니다~~", "간다간다간다 빵빵 간다~")도 아이에게는 재미있습니다. 공을 굴리려다가 엄마가 망설이거나, 자동차가 가려다가 넘어지면 아이는 순간 재미있어하기도 하고 당황하기도 할 것입니다.

8개월 이후 활발하게 기어다니면서 아이의 운동 반경도 넓어집니다. 활동성을 충족시키면 아이는 다양한 감각을 활용하게 됩니다. 점퍼루, 쏘서, 보행기, 걸음마 보조기 등을 적절히 활용하면 아이가 잡고 서는 연습을 할 것입니다. 숨바꼭질(엄마가 아이가 아는 방에 숨은 후 "아가야" 부름, 아이가 찾아오게 함), 숨은 물건 찾기(숨기는 것을 보인 후 찾기, 몰래 숨긴 후 특정 장난감 찾기 "빵빵 어딨지, 빵빵 찾으러 가자, 출발~")는 사물 이름 익히기, 기억하기에도 유익합니다.

10개월 이후 사물 인지와 함께 익숙한 사물의 기능을 알고 행동합니다.

"꿀꿀이 할까?" 하면 해당 장난감을 가져오기도 합니다. 아는 노래도 생깁니다. 일상적으로 반복되는 어휘는 상황이 주어지면 이해하는 듯 반응하기도 합니다. 그래서 맥락과 어휘를 계속 연결해서 말을 걸어 주어야 합니다. 이럴 때는 장난감에 이름을 붙여서 반복해서 말하는 것이 좋습니다. 꿀꿀이(돼지 인형), 냠냠책(음식책)과 같이 정해진 이름을 사용합니다. 1) 이름과 대상을 함께 등장시키고(예: "꿀꿀이다"+돼지 인형), 2) 이름을 조금 먼저 말하고("꿀꿀이다" 말하며 돼지 인형을 한 박자 늦게 보여 줌), 3) 이름을 말한 후 아이의 반응을 살피고("꿀꿀이네" 아이가 아직 어리둥절해한다면 돼지 인형을 다시 보여 주며 "여기 꿀꿀이네"), 4) 아이가 확실히 어휘를 알게 되었다면 구체적인 사물은 점차 줄이면서 언어로만 이해할 수 있게 합니다. 매일 보고 사용하는 사물의 기능을 재현할 수 있으므로 빗, 우유병, 전화기와 같은 일상 용품도 적극 활용합니다.

그림 카드나 주제별 책도 유용합니다. 까꿍 놀이 또한 이 시기에 절정을 이룹니다. 이전과 달리 변형("엄마 없다, 까~~~~~~꿍"; 나올락 말락 함, "깨꿍, 까~~꿍"; 말의 강약을 달리함)에도 아이는 당황하기보다 즐거워하고 웃음을 참기도 하며 앞으로 뭐가 나올지 다 아는 듯한, 혹은 몹시 기대하는 듯한 모습을 보입니다. 동물은 아이들이 친근감을 느끼며 울음소리가 쉽고 재미있는 말소리로 되어 있어 활용하기 좋습니다(음매/멍멍/야옹/메~/꼬끼오 등). 퍼즐, 그림책, 차에 동물 친구들 태우기, 노래 부르기(멍멍이 어디 있나 / 소는 음매~ 강아지 멍멍! 고양이 야~옹), 숨바꼭질 등 다양한 놀이가 가능합니다.

Chapter 2

만 1~2세
한 낱말로 말해요, 어휘가 쌓여요

돌 즈음, 첫 낱말의 의미는 무엇인가요?

찬이는 부모의 직장 생활로 인해 낮 시간에는 외할머니와 함께 지냈습니다. 할머니가 아이를 극진히 보살폈고 아이가 노는 것도 잘 받아 주었습니다. 옹알이도 많아서 "암~", "아흐아흐", "함" 하는 소리도 내었습니다. 할머니는 찬이가 "함미(할머니)" 한다며 퇴근길 엄마에게 매일 자랑하였습니다. 물론 찬이는 "아바바바, 므~~, 어마" 하는 옹알이도 했습니다.

돌을 며칠 앞둔 어느 날, 엄마가 퇴근하고 집으로 들어섰습니다. 찬이가 엄마를 보고는 "음마! 음마!" 하며 반색하였습니다. 할머니를 한 번 보고 다시 엄마를 보고 "음마"라고 분명히 말했습니다. 할머니가 "엄마? 엄마 왔어?"라고 묻자 찬이는 엄마에게로 향했습니다. 할머니는 아쉬웠지만, 찬이의 첫 낱말은 "음마/엄마"였습니다.

아이가 태어나 처음으로 말하는 첫 낱말

언어 발달 권위자인 로버트 오웬스Robert E. Owens는, 아동이 표현하는 말이 '단어'라고 판단되려면, 그 단어가 대상과 맥락에 맞게 일관되게 사용되고, 어른이 쓰는 말과도 비슷하게 발음되어져야 한다고 하였습니다. 여러 가지 옹알이가 난무하는 가운데, 아이가 '물'을 달라고 할 때 꼭 "얌"이라고 말하는 경우가 있습니다. 이를 첫 낱말이라고 하기에는 아직 부족합니다. 이를 '원시단어protoword'라고 합니다. 그런데 "무"라고 말한다면 "물"이라는 발음에 상당히 근접해 있고 상황과 맞추어 볼 때도 '물'임을 충분히 짐작할 수 있습니다. 그럴 때 우리 아이의 첫 낱말은 "무/물"라고 할 수 있습니다. 아이가 단어의 의미를 알고(이해), 맥락에 맞게 사용하며(기능), 비슷하게 말(조음)할 수 있게 된 것입니다.

첫 낱말이 나오는 시기는 12개월 무렵입니다. 개인차는 있지만 일반적으로 9~16개월 사이에 첫 낱말을 산출합니다. 뇌에서 언어를 담당하는 부분은 왼쪽 뇌(좌뇌)인데 여기에 중요한 두 영역이 있습니다. 옆부분(좌반구 측두엽)의 베르니케Wernicke 영역과 앞부분(좌반구 전두엽)의 브로카Broca 영역입니다. 베르니케 영역은 단어의 뜻과 언어이해를 담당합니다. 브로카 영역은 말하기와 문법적 기능을 담당합니다. 베르니케 영역은 시각, 청각, 촉각을 담당하는 영역과 가까이 있습니다. 그래서 감각을 통해 접수된 정보는 베르니케 영역으로 이동하여 언어로 해석되고 이해하게 됩니다. 언어로 이해된 정보는 브로카 영역으로 이동하여 문법 구조를 갖추게 되고 인접해 있는 운동 영역을 함께 활성화시켜 정확한 발음으로 말할 수 있게 작동됩니다.

연구에 의하면 베르니케 영역의 시냅스 수는 생후 8~20개월에 최고조에 이르고, 브로카 영역은 15~24개월에 그 수가 최고에 달한다고 합니다. 시냅스 수가 많다는 것은 신경세포가 다양한 자극에 의해 활성화되면서 세포 간에 연결되었다는 의미입니다. 즉, 두뇌가 활발하게 발달하고 있음을 보여 줍니다. 베르니케 영역의 시냅스 수가 먼저 발달하는 것은 아이의 이해 능력이 표현 능력보다 일찍 발달한다는 의미입니다. 문법 지식이 추가되는 브로카 영역이 발달하기 전까지 아이는 자신의 의사나 생각을 단어로 표현하게 될 것입니다. 베르니케 영역의 발달 후 브로카 영역이 발달하기까지의 사이에 어휘가 급속도로 늘어나는데, 이를 '어휘 폭발기'라고 합니다.

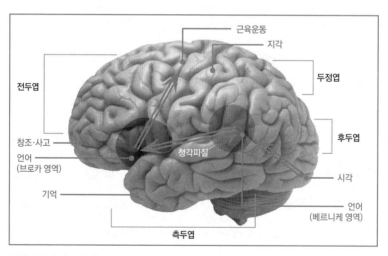

뇌에서 언어 기능과 관련된 영역

첫 낱말의 중요 조건

첫째, 발음하기 쉬워야 합니다

앞의 찬이 이야기에서 할머니보다 엄마를 먼저 말한 건 아마도 "엄마"가 더 말하기 쉬워서일 것입니다. 어떤 언어권에서든 아이들이 옹알이나 첫 낱말로 내뱉는 단어의 소리는 비슷합니다. 외국 연구에서 공통적으로 처음 산출되는 단어는 "mama(마), papa(파), baba(바), tata(타), dada(다)"였습니다. 우리나라 연구에서는 "아빠, 엄마, 무(물), 맘마, 아아"였습니다. '아' 모음과 [ㅁ, ㅂ, ㄷ] 자음이 발음하기 가장 쉽습니다. 6개월 전부터 조음기관을 부지런히 단련시켜 왔지만, 사실 조음기관의 발달과 조음 습득에는 꽤 오랜 시간이 걸립니다(만 6세까지). 보통의 12개월 아이들이 발음하기 쉬운 소리(음소)는 [ㅂ, ㄷ, ㄱ, ㅃ, ㄸ, ㅎ, ㅁ, ㄴ]입니다.

둘째, 필요해야 합니다

첫 낱말이 나오지 않았지만 아이는 이미 몇 개의 단어를 알고 있습니다. 물론 개인차도 크고 변동성도 커서 10개월 때 이해하는 어휘수는 연구에 따라 10~154개로 편차가 컸습니다. "앉아" 하면 앉고, "우유 먹자" 하면 우유를 찾습니다. 다만 아직 본인이 말할 필요는 덜 느꼈을 것입니다. 이 중에서 아이가 말로 직접 표현하는 단어는 그만큼 필요하다는 것입니다. 의사소통의 의도가 있다는 것입니다. 첫 낱말로 많이 나오는 "엄마"는 자세히 보면 '엄마, 안아 줘요',

'엄마, 이리 와요', '엄마, 물 줘요'와 같이 다양한 의미로 사용됩니다. 일생을 통해 가장 절실하고 확실한 존재, 엄마입니다. 물론 "맘마(주세요)", "무(물 주세요)", "빠방(자동차 좋아요, 자동차 놀이하고 싶어요)"이 절실한 아이도 있습니다.

아이가 많이 찾는 사람, 많이 좋아하는 음식이나 장난감 중에서 말하기 쉬운 것, 그동안 옹알이에서 몇 번은 들어봤음직한 그것, 그것이 첫 낱말 후보 중 하나일 것입니다. 여러 언어에서 엄마라는 단어에 가장 쉬운 소리 'ㅁ'이 들어 있다는 것은 결코 우연이 아닙니다 (mom영어, mama중국어, maman프랑스어).

아이의 언어 이해가 발달했음을 알려 주는 첫 낱말

아이는 그동안 많은 경험과 활동으로 사물을 인지하고, 행동과 결과에 대해서도 알게 되었습니다. 대상과 사물들의 이름(예: 엄마, 아빠, 물, 우유, 빵빵)과 행동을 일으키는 단어(예: 이리와, 주세요, 안 돼, 앉아, 가)들을 알게 되었습니다.

첫 낱말은 아이가 언어의 기능을 사용하기 시작했음을 알려 줍니다. 엄마와의 상호작용을 통해 아이는 다양한 의도를 적절하게 표현하는 방법들을 익혔을 것입니다. 그중에서 언어가 가장 효과적이라는 것을 알게 되는 것입니다. 울거나 손으로 가리키거나 직접 가져오는 것보다 "물"이라고 말하는 것이 물을 얻는 가장 빠른 방법임을 압니다.

음운 인식이 발달했음을 알려 줍니다. 음운 인식은 말소리의 가장 작은 단위인 음소를 구별하는 능력입니다. 많은 소리를 들으면서 아이는 소리를 구별하기 시작했습니다. 아직 완벽하게 구분하기는 어렵지만, 야옹/어흥, 차(자동차)/가(가다, '와'의 반대), 뽀뽀/꼬꼬(닭)와 같이 작은 차이(음소)로 뜻이 달라짐을 알게 되었습니다. 이는 조음의 발달에도 기여합니다.

Q&A 아직도 궁금해요

Q. 9개월에 벌써 "엄마"를 말하는 아이가 있던데, 말이 빨리 트이는 비결이 있나요?

A. 말이 이른 아이와 늦은 아이를 비교하여 표현 어휘 발달에 기여하는 요인들을 찾아보았습니다. 이해 어휘가 우선 중요합니다. 이해하고 있는 어휘가 많은 아이는 표현 어휘도 빨리 발달할 가능성이 높습니다. 모르는 것을 말할 수는 없으니까요.

옹알이에서 다양한 자음 소리를 내던 아이는 이후 첫 낱말을 빨리 말할 가능성이 높습니다. 음운 인식의 발달, 조음기관의 발달이 빠르기 때문입니다. 엄마가 빨리 알아들어서 강화되었을 소지도 높습니다(예: "아! 맘마? 맘마 달라고? 맘마 줄게").

그런데 이러한 이해 어휘와 조음기관의 발달을 촉진시키는 것은 엄마의 상호작용이었습니다. 아이가 관심 있는 것을 빨리 알아차리는 엄마, 아이와 함께 같은 것에 주목하는 엄마, 아이가 원하는 것을 언어로 표현해 주는 엄마, 아이가 반응하도록 충분히 기다려 주는 엄마의 아이가 언어 이해가 높았고, 옹알이도 다양했으며, 첫 낱말을 산출하는 시기도 빨랐습니다. 아이의 모든 발달에는 '어느 날 갑자기'가 없습니다. 1년여 동안 아이의 발달에 잘 맞춰 온 촉진자 엄마와, 본인의 잠재력을 마음껏 펼친 아이가 있을 뿐입니다.

Q. 첫 낱말 이후에는 이제 말을 할 수 있게 되나요?

A. 첫 낱말이 나온 후 아이는 한 낱말 단계에 들어섭니다. 단어 하나로 의사 표현을 시작하게 됩니다. 그런데 처음에는 생각보다 단어 표현이 팍팍 늘지 않습니다. 발음도 정확하지 않아 시행착오도 많이 겪습니다. 하나의 단어가 많은 의미를 갖고 있다 보니 어른이 알아차리기 어려울 때도 있습니다.

아이: (무언가 가리키며) "엄마"

엄마: "뭐? 이거? 아니 이거? 이거 뭐? 꺼내 줘? 아니야 비켜? 아~ 무서워, 싫어? 알았어, 저리가 할게."

그럴 때는 몸짓이나 표정, 구체적 사물을 동원해야 합니다. 어떤 아이는 전혀 예상하지 못한 방법으로 단어를 말합니다.

아이: (두리번거리며) "어흥"

엄마: "어흥? 어흥이 뭐지? 어흥아 나와라~ (호랑이 인형)이거? (호랑이 나

오는 책)이거? 아~ 이거!(호랑이 그림이 있는 아이가 좋아하는 양말)"

그러나 점차 엄마는 아이의 단어를 빠르게 알아채어 강화해 줍니다(맥락을 보고 단서로 활용, 또는 아이의 발음 규칙을 알아냄→아이의 의도를 인정해 주고, 정확한 단어로 표현해 주기).

엄마: "싫어, 가! 하자. 저리 가! 하자" / "맞아! 호랑이 양말! 여기 호랑이가 있네, 호랑이 양말이야".

아이 또한 맥락을 활용하고 엄마의 말을 기억하며 모방도 늘어납니다(단어와 함께 몸짓, 표정을 사용, 억양을 달리함).

아이: 손을 내밀며+"빵" / "이거"+고개 저음 / "빠방?"+타도 되는지 묻는 의도

18개월 정도까지 아이가 표현하는 어휘는 약 50개 정도가 될 것입니다. 12개월 이후 한 달에 약 10개 정도의 새로운 어휘 표현이 생기는 것입니다. 어느 정도 기초가 형성되면 곧 어휘가 급속도로 늘고 간단한 문장을 만들 조짐이 보이는 어휘 폭발기가 기다리고 있습니다.

울음으로 시작된 아이의 표현은 눈맞춤, 사회적 미소, 쿠잉(cooing, [우] 모음으로 내는 초기 옹알이), 옹알이, 주고받기, 공동관심, 사물 인지, 의사소통, 의도 표현, 원시 단어를 거쳐 드디어 낱말 표현에 이르렀습니다. 언어라는 추상적 체계를 이해하고, 복잡한 말소리를 산출해 낼 만큼 아이의 뇌도 급속도로 자라고 있습니다.

생후 1년, 드디어 걷고 드디어 말합니다! 일생 중 어느 해보다 변화무쌍하고 급진적인 1년이었을 것입니다. 그리고 보다 희망적인 것은 아이도 이제 스스로 배워 나가는 힘이 생겼다는 것입니다. 이제야 말할 수 있지만, 아기 냄새 폴폴 나던 그때, 옹알이 하나에 울고 웃던 그때, "엄마 엄마" 하며 매달리던 그때가 가장 행복했습니다. 아이의 말이 늘어난다는 것, 울고 웃을 일도 많아진다는 의미입니다.

딸에 비해서 아들은
말이 늦나요?

- "아이고, 저 집 딸은 말도 예쁘게 하네, 우리 아들은 언제 사람이 되려나."
- "딸 키울 때는 몰랐는데 아들 녀석은 당최 이해가 안 되네요. 어떻게 해야 되죠?"
- "우리 아이는 아들이라서 느려요. 아들은 언제쯤 또박또박 말하나요?"

아들은 딸에 비해 언어가 느리고 말도 알아듣기 힘들며 대화하기도 어렵다고 합니다. 사실은 언어뿐 아니라 양육에 있어서도 엄마는 아들이 버거울 때가 많습니다. 어리바리한 우리 아들, 또릿또릿한 딸들에게 꼼짝 못 하면 어쩌죠?

아들과 딸, 뇌 발달의 차이

아들과 딸, 딸과 아들은 분명 다른 점이 있습니다. 왜 그럴까요? '아들이라서 역시 공간지각력이 좋아요, 둘째는 딸이라 그런지 말이 빨라요.' 이런 말을 마치 당연하다는 듯이 받아들이기도 합니다. 물론 발달 단계에서 성별의 차이는 있었습니다. 뇌는 출생 후 0~3세 사이에 급격히 발달합니다. 뇌는 좌뇌와 우뇌로 나누어져 있고 영역별로 주 기능이 달라지기도 합니다. 각기 맡은 역할을 전문적으로 처리하기 위함이지요. 그런데 발달 초기에 남아는 우뇌가, 여아는 좌뇌가 빨리 발달합니다. 좌뇌는 바로 언어 중추가 있는 뇌입니다. 반면 남아에게서 먼저 발달되는 우뇌에는 감정적이고 감각적인 중추들이 많이 있습니다.

또 다른 특징은 여아는 좌뇌와 우뇌를 함께 사용하는 경향이 크다는 것입니다. 그래서 여아는 언어가 빨리 발달하면서(언어 중추가 있는 좌뇌가 빨리 발달하므로), 정서 표현이나 공감 능력이 함께 발달합니다(감정을 담당하는 우뇌를 함께 사용하므로). 반면 남아는 좌뇌와 우뇌를 분리하는 경향이 높아서, 분석적이고 체계화하는 데 유리합니다. 감정의 우뇌가 개입하기 보다 논리적이고 분석적인 좌뇌만으로 상황을 봐야 할 때도 있습니다.

예를 들어 볼까요? "아야!" 엄마가 손을 베었습니다. 놀란 딸이 걱정스런 얼굴로 다가옵니다. "엄마 괜찮아? 아파? 피 났어? 호~~ 괜찮아 괜찮아." 딸은 엄마를 달래 줍니다. 뒤늦게 온 아들이 무언가를 툭 건넵니다. "밴드 붙여." 엄마와 함께 아파하기보다 상황을 판단하고 할 일을 찾습니다.

엄마가 아들, 딸과 블록 놀이를 하고 있습니다.

(마주 보며) **우리 뭐 만들까?**

나는 집.

나도 집.

우아, 이게 뭐야?

여기 방, 여기는 부엌이야.

……. (만드는 데 집중하느라 안 들림)

블록 더 줄까?

응, 놀이터도 만들 거예요.

블록 더 주세요. (필요할 때만 말함)

와, 집 다 만들었네.

놀러오세요, 우리 집에 초대해요. (관계 지향적)

우리 집이 제일 크다! (자기 과시, 성취지향적)

좌뇌와 우뇌를 연결하는 신경섬유 다발을 '뇌량corpus callosum'이라고 합니다. 여아는 뇌량의 깊이가 깊고 남아는 가늘고 깁니다. 그래서 딸은 다양한 정보를 받으면 동시에 처리할 수 있습니다. 아들은 여러 가지 정보를 한꺼번에 처리하는 것보다 한 가지에 깊이 집중하는 데 유리합니다. 여아는 청각 정보를 중요하게 받아들이고, 남아는 시각 정보에 예민합니다.

아들과 딸의 반응은 분명 다릅니다. 이를 대하는 부모의 태도는 어떨까요? 아이의 선천적인 성별에 따라 부모의 반응이 달라질 수도 있지만, 반대로 부모의 반응이 아들과 딸의 반응 차이를 더 극명하게 만드는 것일 수도 있습니다. 남녀 신생아에게 여자 얼굴 사진과 움직이는 모빌 사진을 각각 보여 주었더니, 남아는 움직이는 모빌을, 여아는 사람 얼굴 사진을 더 많이 쳐다보았습니다.

생후 4개월이 된 남녀 아이들의 눈맞춤을 비교하였더니, 여아가 부모와의 눈맞춤을 더 자주, 더 오래 하였습니다. 이는 부모의 양육 태도에 영향을 미쳤습니다. 부모는 더 '호의적'이고 더 '얌전'하며 더 '감정적'인 딸과의 상호작용을 편하고 익숙하게 느낍니다. 언어 자극도 양적으로나 질적으로 풍부하게 주었습니다. 언어가 빠른 딸과는 대화 시간도 길었고 행동뿐만 아니라 언어 표현도 적극적으로 해 주었습니다. 소근육이 먼저 발달하는 딸과는 조몰조몰 만들기를 하면서 이야기할 기회도 많았습니다.

대근육이 먼저 발달하는 아들은 혼자 뛰어놀거나 에너지를 발산하도록 풀어 주는 시간이 많았습니다. 사회적인 통념상 아들에게는 좀 더 엄격하고 단호하게 대하는 경우도 있습니다. 예를 들어 아이가 울 때 딸에게는 "왜 울어? 누가 그랬어?"라고 하지만, 아들에게는 "그만, 뚝, 우는 거 아니야"라는 식으로 감정 표현을 받아 주는 정도가 다르죠.

언어 발달에서도 선천적, 후천적 요인에 의한 남아와 여아의 차이가 있습니다. 어휘를 습득하는 초기에는 여아가 남아보다 표현하는 어휘수가 많았습니다. 기억 처리가 좋은 여아가 단어를 더 빨리 배웠습니다. 언어로 표현하는 능력도 전반적으로 여아가 높았습니다. 언어 발달 지체군에서는 여아보다 남아의 비중이 높았습니다. 그러나 모든 연구에서 성별에 따른 연령별 언어 수준을 명확하게 밝힐 수는 없었습니다. 수용(이해) 언어 능력은 연령단계별로 차이가 보이지 않기도 하였습니다. 즉, 드러나는 표현 언어로 남아의 언어 능력을 과소평가할 수 없다는 것입니다.

'여아가 남아보다 말을 빨리 배우고 언어 수준이 높은 편'이라는 경향은 있으나 전 연령대, 모든 언어 영역에서 여아의 언어 능력이 유의미하게 높지는 않았습니다. 언어 발달에 미치는 요인을 분석했더니 연령, 양육 태도, 성별 순으로 영향력이 컸습니다. 따라서 부모의 양육 태도가 성별 발달 차이를 극복하게 할 수도 있는 것입니다.

발달 순서가 조금 다른 아들에게 필요한 언어 자극

어쩌면 여자인 엄마로 인해 남자인 아들이 억울할 때가 있을지 모릅니다. 아들에게 맞는 언어 자극이 필요합니다.

아들과의 상호작용, 인정하고 격려하기로 시작합니다

아들은 먼저 다가오는 경우가 적으므로 부모가 먼저 다가가야 합니다. 다가간 부모에게 아들이 반응하게 하려면 칭찬을 건네 보세요.
"오~, 네가 만들었어?" "재미있게 노네!"
"집을 엄청 크게 잘 만들었네!"

남자는 본능적으로 승부욕, 과시욕이 있습니다. 바꾸어 말하면 인정받고 싶어 합니다. 부모의 인정은 아들에게 공감과 같습니다. 인정받은 아들은 부모와 시선을 맞추며 대화를 시작할 것입니다.

아들의 놀이에도 적극 동참합니다. 신체 놀이를 하면 대화의 기회가 생깁니다. 숫자(예: 많다/적다, 1등, 한 번 더), 행동을 나타내는 동작어(예: 던져, 뛰어, 멈춰, 기다려, 만들어), 사물의 기능이나 역할, 규칙 표현(예: 이걸로 막아, 술래가 잡아, 많이 잡아야 해)은 남아가 쉽게 익힙니다. 놀이 중에는 몸짓과 함께 언어 표현도 자연스럽습니다(예: 손으로 원을 그리며+"많다", 달리는 흉내+"달려달려"). 호기심이 충족되면 부모의 말에 귀를 더 잘 기울입니다. 공동관심은 아이가 지지받고 있음을 느끼게 합니다. 나를 인정하고 알아주는 부모를 아들은 믿고 따르게 됩니다.

놀이 중 말을 걸기가 어렵다면 잘 들어 주는 것부터 시작해도 됩니다. 아들이 하는 말을 들으면서 '이게 뭐라고 이렇게 열중해? 이게 왜 중요하지?' 하는 생각이 들더라도 충분히 들어 주어야 합니다. 아이의 말이 앞뒤가 맞지 않아도 일단 인정하고 "아, 그랬구나, 네가 문을 열고 꺼낸 거구나!"라고 정리해 주면서 다음 말을 기다리면 됩니다.

단, 과도한 칭찬(예: "넌 진짜 똑똑해! 네가 최고야, 일등이야!"), 지나친 언어 자극(예: "달려달려! 달리는구나, 아~ 달려, 달려가자, 봐봐 엄마 달린다, 아들도 달리네, 와 이게 달리는 거야")은 아들에게 좋은 반응이 아닙니다.

눈을 맞추고 이야기합니다

아들은 시각적 자극이 먼저입니다. 멀티플레이도 어렵습니다. 아이에게 메시지를 전할 때는 아이와 눈을 맞추세요. 텔레비전을 보고 있는 아이에게 "그만 봐"라고 소리쳐도 소용없습니다. 텔레비전으로부터 아이의 시선을 돌리게 하는 것이 먼저입니다. 아이에게 다가가 마주 보고 "그만 봐"라고 말하거나 혹은 엄마가 눈을 무섭게 뜨고 쳐다보면 아들은 "어, 알았어"라고 할 것입니다.

책을 보는데 옆에 블록이 있고 과자도 있으면 아들은 금방 과자에 손이 가고 블록을 하고 싶다고 도망갈지도 모릅니다. 부모가 집중하게 하고 싶은 그것을 아이가 볼 수 있게 해야 합니다. 부모에게 집중시키고자 한다면, 표정이나 몸짓으로 유인할 수도 있습니다. 비언어적 자극도 중요합니다. 아이 등을 톡톡 치거나 쓰다듬기, 박수, "맞다! 아하! 오~"와 같은 감탄사, 의성어/의태어로 아이의 주의를 끌고 엄마 아빠가 말할 것임을 알립니다. 부모의 말을 듣게 하려면 아이가 부모를 보게 하는 것이 먼저입니다.

단, 아이의 집중을 끊는 눈맞춤(예: "잠깐만~ 엄마 봐봐, 자!동!차!"), 강요하는 눈맞춤(예: "엄마 보고 해야지, 엄마 눈!", "아니야 아직! 엄마 봐")은 좋은 반응이 아닙니다.

감정 표현을 먼저, 많이 해 줍니다

아들은 감정 표현에 약합니다. 그래서 감정 표출(화내거나 짜증, 소리 지르기, 던지기)도 많습니다. 언어로 자신의 감정을 표현하고 조절하는 방법을 배워야 합니다. "아 떨려, 근데 재밌어", "오, 이 놀이 진짜 신난다", "엄마 걱정했어? 네가 밴드 가져다 줘서 엄마가 감동했어", "아이고, 놀이 더 하고 싶은데 못해서 많이 속상했구나", "이게 잘 안 돼서 답답했구나" 등등 아들의 감정을 읽어 주세요.

부모도 참는 연습이 필요합니다. 같이 화내고 목소리를 높이기 전에 안아 주세요. "그만, 뚝, 누가 울어, 누가 소리 질러, 왜 그래, 그만해!"라는 말보다 효과가 있을 것입니다. 단호함은 윽박지르기나 강제와 다릅니다. 부정적 감정(좌절, 슬픔, 분노, 화)이라고 모두 나쁘고 억누르고 참아야 하는 것은 아닙니다. 적절하게 표현하고 해소할 수 있는 방법을 부모도 아이도 알아가야 합니다.

단, 긍정적 감정을 주입하거나(예: "화내는 건 나빠, 엄마는 웃는 아이가 좋아"), 특정 감정을 강요하지 마세요(예: "이 책 정말 감동이다", "아니야, 친구는 슬픈 거야. 이건 웃긴 게 아니야").

아들 같은 딸, 딸 같은 아들도 있습니다. 무뚝뚝한 엄마도 있고 정이 많은 아빠도 있습니다. 실제로 전형적인 남자 뇌, 여자 뇌를 가진 성인은 8%뿐이라는 연구도 있습니다. 타고난 발달 성향이라고 해도 이후 환경에 따라 충분히 변화될 수 있습니다.

아들을 키우기는 체력적으로 힘들고, 딸을 키우기는 정신적으로 힘듭니다. 그런 아들이어도 엄마의 마음을 심쿵하게 할 때가 있습니다. 딸이 나랑 너무 비슷해서 놀랄 때도 있습니다. 그러나 좋다 나쁘다, 빠르다 느리다는 잠시 접어 두고 관찰해 주세요. 우리 아이 성향이 나와 잘 맞는지가 우선은 가장 중요합니다.

PLUS INFO 딸과의 대화, 이렇게 하면 좋아요

● **아이의 감정을 잘 파악하고 받아 주세요.**

딸은 감정 표현도 많고 세심합니다. 엄마에게 많은 것을 표현하고 또 표현받으려 합니다. 얼굴 인식이 좋으므로 엄마의 표정이나 세세한 것에서도 아들에 비하여 많은 것을 읽습니다. 아들보다 분노 표현이 적지만, 두려움, 걱정, 좌절, 부끄러움 등의 감정은 더 많이 느끼고 속은 더 복잡합니다. 먼저 다가와 표현하는 딸에게도, 왠지 축 처져 있는 딸에게도 엄마는 아이가 자신의 속을 꺼내보일 수 있는 존재여야 합니다. "엄마 좋아", "이거 예쁘지?", "이거 봐, 신기해, 그치?" 하는 딸에게 진심으로 "나도 좋아", "정말 반짝거리네!", "뭐야? 돌아가는 거야? 오 신기

해!" 하며 반응해 주세요. 뾰로통하고 징징대는 딸에게는 차근차근 설명해 주기보다 "속상하구나, 나가고 싶었어? 아구 속상해", "네가 하려고 했는데 엄마가 했어? 미안해. 엄마가 몰랐어. 잘하고 싶었을 텐데 속상하겠다" 식의 마음 읽기와 위로를 건네면 아이가 스르륵 엄마 품에 안길 것입니다.

단, 무작정 받아 주기(예: "오냐오냐, 슬퍼서 그랬구나", "힘들면 오늘은 그만할래?"), 감정 비난(예: "그만 웃어, 이게 뭐 신기해?", "또 삐쳤어?")은 하지 마세요.

● **딸에게도 활동적인 놀이, 다양한 경험이 필요합니다.**

딸은 모방 능력이 좋습니다. 관찰력도 좋습니다. 관계 지향적이어서 함께하는 놀이에 호의적입니다. 야외 활동, 체험 활동을 통해 아이의 관심과 경험을 확대시켜 주세요. 어휘의 범위가 늘고 사고의 폭도 넓어질 것입니다. 또래나 새로운 환경에서의 긍정적인 경험은 딸에게 자신감과 자존감을 심어 줄 수 있습니다.

책은 다양한 상황, 다른 사람들의 감정을 접하기에 좋습니다. "루피는 꽃을 좋아하고, 에디는 로봇을 좋아하는구나" 하면서 감정을 이입하고 또 극복하는 기회로 삼을 수도 있습니다. "친구가 인형을 잃어버려서 엄청 속상했네. 그런데 이제는 인형이 없어도 괜찮아졌구나! 씩씩하다." 딸에게 새로운 기회, 경험을 주는 것을 두려워하지 마세요.

단, 무작정 활동(예: 아이의 성향을 고려하지 않는 활동이나 체험, "공주놀이는 이제 그만하고 이런 거 하는 거야", "해봐 해봐, 남들도 다 하는 거야, 얘도 쟤도 하네, 너도 하는 거야"), 극한 체험(예: "혼자 하고 와, 이런 것도 해 봐야지", "이렇게 노는 거야,

그래야 언니 돼")은 좋은 자극이 아니므로 지양해 주세요.

● **적극적인 언어 자극도 좋습니다.**

언어 발달이 빠른 딸과는 적극적으로 대화하세요. "응? 그치? 엄마 이 거 봐, 이거 맞죠?" 귀찮을 정도로 다가오는 딸도 있습니다. 그럴 땐 긍 정적으로 인정하고 "그러네, 예쁜 집이네, 집에 놀러 가도 돼요? 엄마 도 같이 만들고 싶어"라는 식으로 대화를 구체적으로 이어갑니다. 아이 가 "이거 아이쿠야" 하면 "아이스크림이구나" 하고, "엄마 아니야" 하면 "엄마 하지 마? 알았어, 기다릴게"라고 받아 주면서 자연스럽게 모델링 해 주세요. "엄마, 블록" 하면 "블록 줄까요?", "소 없어? 소?" 하면 "소 가 없네, 어디 있지?" 하고 덧붙여 말해 주어도 좋습니다.

이해력이 빠르므로 "안 돼", "그만", "없어"보다 "더러워, 더러운 건 못 먹어, 더러우면 배 아파", "비가 와서 못 놀아, 비 오면 다 젖어, 밖에 친 구도 없어", "이건 동생 거야. 동생 건데 먹으면 동생 마음이 어떨까?", "오늘은 끝났어, 한 밤 자고 또 할 수 있어"와 같이 아이의 이해 수준에 맞추어 설명하고 납득시킬 수 있습니다.

단, 완벽주의 표현(예: 계속 말하기, 고쳐주기, 질문하기, 말 늘려주기), 지나친 학습(예: 조기교육, 노는 건지 가르치는 건지 모를 일방적 대화 "이건 하나, 둘, 셋, 세 개야, 너도 해봐 하나, 둘, 셋")은 지양해 주세요.

단어가 늘지 않아요,
계속 '엄마'만 말해요

- "12개월에 '엄마'라고 했는데, 아직도 '엄마'만 해요. 그나마 옹알이도 줄었어요. 그냥 다 '엄마, 엄마' 하루 종일 '엄마'만 하는 것 같아요."

- "첫 낱말이 빠른 편이라고 생각했는데 진도가 안 나가요. 어느새 18개월인데 말하는 게 5개 정도밖에 안 돼요. 카드도 보여 주고 책도 많이 읽어 주는데 왜 느릴까요?"

- "시키면 앞글자만 따라 말해요. 아는 건 다 아는 것 같아요. 그런데 '엄마'가 편한지 '엄마'만 해요."

처음으로 아이가 단어를 말했습니다. 이제 아이가 말하기란 시간 문제 같습니다. 앞서 말했듯이 이제 아이는 알아듣는 단어도 꽤 있고 옹알이도 제법 말 같아졌거든요. 그런데 단어 증가가 의외로 더딘 친구들이 많습니다. 우리 아이는 지금 무엇을 망설이는 것일까요?

한 낱말 시기, 어휘의 개념 잡아가기

첫 낱말을 말한(약 12개월 무렵) 이후 문장(두 낱말 조합, 약 24개월)이 나타나기 전까지를 '한 낱말 시기'라고 합니다. 대부분의 아이는 초기에 단어를 배워 가는 속도가 더딥니다. 눈에 띄는 발달은 16~18개월 이후부터입니다. 12~18개월 사이에는 약 50개의 단어를 말할 수 있게 됩니다. 그런데 18~24개월 사이에 약 300개가 됩니다. 이 시기가 어휘 폭발기word spurt입니다. 어휘 폭발이 나타나기 전 초기 6개월, 여기에 비밀이 있는 듯합니다.

처음으로 단어를 말하기는 하였지만 사실 아이는 '단어'를 온전하게 익히지 못하였습니다. 일관성도 없고 새로운 것을 배우면 기존의 단어가 없어지기도 합니다. 나의 행동이 어떤 결과를 가져온다는 것을 이해했고, 어떤 소리를 내면서 뭔가를 가리키기는 하지만 그것이 아직은 확실하지 않습니다. 그래서 여전히 아이는 몸짓 혹은 몸짓과 발성 표현을 주로 사용합니다.

한 낱말 단계(9~15개월) 아이의 의사소통 유형에 대한 연구에서 어떤 의도를 나타낼 때 몸짓, 몸짓+발성, 발성, 단어 중 어떤 유형을 사용하는지 알아보았는데, 몸짓이 차지하는 비율은 75%였습니다. 발성을 동반한 몸짓까지 포함하면 82%에 이른다고 보는 연구도 있습니다. 아직 아이는 단어 표현보다 행동이 편하다는 것입니다. 동시에 아이의 단어는 몸짓에 덧붙여지는 형태도 많습니다(업으면서 "어부바", 손을 흔들며 "빠빠이"). 맥락 의존적이어서 상황 이해를 바탕으로 단어가 없어집니다(물건 앞에 손을 벌리면서 "우~"나 "우에오"/주세요, 식탁에서만 "빵").

중요한 것은 아이의 의사소통 의도가 분명해지고 다양해졌다는 것입니다. 그리고 이 의도를 표현하는 수단으로 몸짓이나 발성, 단어가 사용되고 있습니다. 한 낱말 시기에 아동의 주된 의도는 '요구하기'입니다(사물 요구: 우유/물/맘마/장난감 주세요, 행동 요구: 안아 주세요/먹여 주세요/잡아 주세요 등). 대답/반응하기(엄마가 부르면 "어?", 부정이나 거부의 도리도리+"아이, 아이야, 시어"/싫어)도 있습니다. 아직은 직접적이고 단순하지만 나의 의도가 있음을 '표현'하고자 합니다.

구체적인 사물을 지칭하는 명사가 익히기 쉽습니다. 자주 보고 자주 들은 대상에 대한 소리는 기억도 잘됩니다. 그래서 '엄마'가 첫 낱말로 유리한 것입니다. '엄마, 아빠, 함미, 맘마, 물, 빵빵, 눈, 코, 입, 손, 발, 멍멍'과 같은 초기 어휘는 구체적이고 경험적입니다. 만 1~3세 이전 아이들의 표현 어휘를 조사한 연구에서 13~15개월 아이의 어휘 중 명사는 58%였습니다. 이 외에는 아직 단어라 할 수 없는 소리(발성)였습니다. 술어(예: 와, 가, 뛰어, 예뻐, 좋아, 싫어)는 16~18개월부터 조금씩 나타납니다. 연령에 따라 단어가 아닌 소리는 급격하게 줄고 어휘가 다양해지기는 하지만 3세 이전에 아이가 쓰는 표현 중 명사는 50% 이상입니다. 일반적으로 한 낱말 시기에는 명사가 50% 전후를 차지합니다. 술어(동사, 형용사)의 경우 몸짓으로 표현이 가능하거나 일상적으로 많이 하는 행위(냠냠 먹어, 코~ 자, 입어), 의사소통 기능이 높은 것(이리와, 아니야, 싫어, 많이)이 먼저 습득되었습니다.

아직 아이의 어휘량이 많지 않습니다. 쉽게 나오는 말이 "엄마" 혹은 "아빠"여서 "엄마, 엄마마, 엄"으로 대신할 뿐입니다. 그러나 아이는 몸짓이나 억양으로 조금씩 달리 표현합니다. 팔 벌려+"엄마"(안아 줘요), 무언가를 가리키며+"엄~마"(저거 주세요), 고개 저으며+"으~엄~마~"(아니야, 싫어요), 쳐다보며+"엄마!"(저를 보세요). '왜 아직도 엄마 타령이냐'가 아닙니다. '왜 아직도 엄마는 아이 뜻을 몰라주나'입니다.

물론 조금씩 실수하기도 합니다. "아빠, 아빠" 하더니 엘리베이터에서 만난 옆집 아저씨에게도 "아빠"랍니다. "멍멍"을 달라고 해서 강아지 인형을 주었더니 그건 '멍멍'이 아니라고 자지러지게 웁니다. "아기"는 본인이지 다른 아기는 아기가 아니라고 합니다. 어느 날은 "마이따"(맛있다)라고 말해서 모두가 놀랐는데 '밥=맛있다'로 아는 아이도 있습니다. 아이도 조금씩 어휘의 개념을 익히고 나름의 범주화를 하고 있습니다. 그런데 아직 아는 것이 별로 없어서 그나마 비슷한 어휘로 말하고 있을 뿐입니다.

아이는 듣고 보고 경험하고 인지하는 것을 통해 어휘의 개념을 정립해 갑니다. 사물 대 이름의 일대일 대응에서 나아가 사물의 속성을 파악하고 개념을 정립해 갑니다. 이렇게 아이의 어휘집lexicon이 생깁니다. 기본이 잡히고 기초가 생기면 비로소 아이는 새로운 단어를 접했을 때 빠르게 의미를 습득하고 기억할 수 있게 됩니다(fast mapping, 빠른 연결, 신속표상대응). 그제야 우리는 아이의 어휘가 늘고 있음을 느끼게 되는 것입니다. 이렇게 어려운 작업이 6개월 만에 끝나는 것이 놀라울 뿐입니다.

첫 낱말 산출 이후 우리 아이에게 필요한 것은

1) 다양한 의도를 효과적으로 전달하고 표현할 의사소통 기능을 개발해야 합니다.

2) 맥락 안에서 단어의 의미를 파악, 분석, 개념화하여 어휘를 습득(이해)해야 합니다.

3) 반복되는 노출과 경험을 통해 적절한 어휘를 사용(표현)할 수 있어야 합니다.

한 낱말 시기 아이를 위한 대화 방법

다양한 맥락에서 이해 어휘를 늘려 주세요

한 낱말이 막 시작된 지금은 오히려 이해 어휘를 늘릴 때입니다. 기초를 탄탄히 해야 합니다. 강아지 인형, 거리에서 만난 강아지, 책에서 본 강아지, 레고 강아지를 통해 아이는 그 속성("멍멍" 짖는다, 귀여운 얼굴, 네 개의 다리, 꼬리, 털이 있다 등)과 그 이름(멍멍, 강아지, 개)을 알게 됩니다. 동시에 멍멍이가 아닌 것도 있음을 알게 됩니다. 그런 것들은 '야옹, 음매, 꼬끼오, 꿀꿀, 어흥…' 등입니다.

언어는 맥락 안에서 이해되고 습득되어야 합니다. "이건 강아지야, 강!아!지, 멍!멍!"이라고 하면서 낱말 카드를 따라 하게 하기보다 다양한 경험을 하는 것이 아이의 개념화에 유리합니다. 무작정 동물원에 데려가거나 바다를 보여 주기 전에, "코끼리 아저씨는 코가 손이래♬" 노래를 부르면서 코끼리 흉내 내기, 인형 코끼리 먹이주기 놀이, 낚시 놀이, 무지개 물고기 책, 바다여행 이야기, 물고기 스티커 놀이를 해 본 아이는 지금 보고 있는 것, 만지고 있는 것의 의미를 더 확실하게 알게 됩니다. 더 신기하고 더 궁금해서 엄마에게 "어어!!(알려줘요), 어?(저게 뭐였죠?)" 하고 먼저 물어볼 수도 있습니다.

알려 주고 싶은 마음에 "아빠야, 아빠 여기 있네, 아빠 봐요, 아~빠, 아빠, 또 아빠 찾으러 가자"라며 단어를 계속 반복하는 경우가 있습니다. 엄마, 아빠를 먼저 알아야 할머니도 알 텐데 어쩌나 싶기도 합니다. 활동이 더 많아진 12개월 이후에 아이를 따라다니면서 무언가를 가르치기란 힘이 듭니다. 강요는 소통이 아니라는 것을 아이는 본능적으로 압니다. 어휘를 아는 것은 사전적 의미뿐 아니라 어떤 상황에서 어떤 의미로 어떻게 쓰이는지를 아는 것입니다. 그래서 동물 놀이를 좋아하는 아이는 동물 어휘, 잘 먹는 아이는 음식에 대한 어휘, 활달한 아이는 신체나 동작에 대한 어휘를 먼저 배웁니다.

아이가 지금 좋아하는 것, 자주 하는 것에 대해 쉽고 재미있게 말해 주세요. 밥 먹으면서 "우리 아기 밥도 잘 먹어요, 아구 맛있다", 응가하면서 "응가 나온다, 밥도 많이 먹고 응가도 많이 해요"라고 말해 주세요. 이러한 다양한 상황을 지나면서 아이가 '밥', '먹다', '맛있다' 중 무엇을 알게 되었을지는 아이에게 맡겨 두어도 좋습니다.

아이가 말하고자 하는 의도를 읽고, 대신 표현해 주세요

아이도 말하고 싶은데 아직 딱 떠오르지 않을 뿐입니다. 조음기관도 한참 덜 성숙했고요. "엄마, 엄마" 속에 숨은 의미를 찾아 주세요. "응, 엄마 안아 줘요? 안아 줄게요", "아하, 엄마 물~ (물 보여 주며)물? 여기 물", "엄마 불렀어? 네~ 엄마 여기 있지~ 아가는 여기 있네~" 하면서 아이의 의도를 풀어 주면 됩니다. 아이는 자신의 의도가 통했다는 것에 기뻐합니다. 나의 영향력과 존재감을 확인하는 것은 자존감의 밑거름이 됩니다. 부모와의 유대감도 더욱 단단해집니다. 부모가 하는 말에 귀 기울입니다. 부모가 대신해 준 언어 표현을 듣고 아이는 그 표현을 자신의 어휘집에 넣습니다.

몸짓 표현도 언어로 풀이해서 받아 주세요. 아이의 몸짓을 함께해 주면서 "아니야? 아니라고?" 하면 빠른 아이는 금방 몸짓을 빼고 "아이/아니" 흉내 내서 말하기도 합니다. 모방이 바로 나오지 않을 수도 있습니다. "음매? 소? 아하, 음매 소 여기 있네~", "가자고? 그래, 가자~." 언어 표현 후 대상과 행동이 이어지면 아이는 그 어휘의 힘을 알게 됩니다.

감정적인 부분은 아이도 잘 몰라서 힘들 때가 있습니다. 졸린 건지, 배가 고픈 건지, 아픈 건지 구분하기 어렵고 그냥 불쾌한 감정으로 느껴질 뿐입니다. 신나서, 재미있어서, 즐거워서, 부모가 옆에 있어서 어쨌든 기분이 좋습니다. "졸려서 힘들구나. 졸립구나~ 자고 싶구나~", "아구 재밌어! 미끄럼틀 슝~ 재밌네~." 표정과 몸짓뿐 아니라 언어로도 감정을 드러낼 수 있다는 것을 엄마가 알려 주세요.

"내 말이 그 말이에요. 아하! 그렇게 말하면 되겠네요!" 우리가 바라는 바는 이것입니다. 아이의 표현에 의도가 있다면 엄마도 해 줄 말이 있어 오히려 상호작용하기가 편합니다. 이 기회를 잘 활용해야 합니다.

아이를 기다려 주세요

하나하나 차근히 발달 단계를 밟아 가는 아이도 있고, 잘 쌓아 두었다가 한번에 터트리는 아이도 있습니다. 그러나 이 시기의 아이들은 대부분 어휘 폭발기를 갖습니다. 발달 단계마다 조바심 내지 않았으면 합니다.

아이는 이제 어휘가 갖는 대표적인 개념(표상)을 어렴풋이 알았습니다. 다만 확실해지기까지는 좀 더 연습이 필요합니다. 동작어나 형용사는 때로는 모호합니다. 가는 건지 오는 건지, 주는 건지 받는 건지, '안녕히 가세요'인지 '계세요'인지 관계를 모르면 충분히 헷갈립니다. 뭐가 예쁘다는 건지, 얼마만큼이 많은 건지, 이게 뜨거운 건지 개념적인 정리와 인지의 발달도 필요합니다.

'빵'을 알았는데 '빵빵'은 또 다릅니다. '토끼/코끼리, 빵빵/빠이빠이, 물/문/눈'처럼 비슷한 소리도 많습니다. '냠냠'인데 떨어진 건 왜 "지지"라 하는지, "호~"는 뜨거울 때 하는 건데 왜 아플 때도 하는지 상황에 따라 다른 의미를 이해해야 합니다. '먹어/먹을래/먹을까?/먹네/먹었지' 모두 '먹다'인데 이렇게 다양한 것은 문법적인 규칙을 알아야 합니다. "아이~, 할미, 하무, 함미, 할무이"처럼 말하기 어려운 어휘도 너무 많습니다. 무엇보다 이 많은 어휘를 기억하고 필요할 때 바로 꺼낼 수 있도록 체계화시켜야 합니다.

어휘력이 좋은 아이들을 살펴보았더니 부모와 아이의 상호작용, 놀이하는 빈도가 많았고 그 안에서의 언어 자극이 양적으로나 질적으로 높았습니다. 특히 중요한 것은 공동관심joint attention과 주고받음turn-taking이었습니다. 부모가 아이의 관심에 주목하며 아이에게도 기회를 충분히 주어야 한다는 것입니다. 이러한 상호작용은 1년 후, 어떤 연구에서는 3년 후 아이의 어휘력에 영향을 미친다고 합니다.

아이는 부모의 거울입니다. 아무 말도 못하던 아이가 어느 날 "어휴"라고 말합니다. "엄마, 아빠"보다 "죽겠네"라는 말을 많이 하는 아이도 있었습니다. 당장의 아이의 말보다 중요한 것은 부모의 말입니다.

아장아장 걸음마 연습을 하는 아이를 보면 얼마나 기특한지 모릅니다. 넘어지면 좀 쉬면 될 것을 기어코 일어나 또 엉덩방아를 찧습니다. 첫 낱말이 나온 지금, 아이도 연습 중입니다. 세상에 이렇게 말이란 것이 많고 다양한지 놀랍기도 합니다. 어휘력은 평생을 통해 발달해 나갑니다. 지나고 나면 그때 단어 몇 개를 더 많이 말하고 적게 말했던 것이 뭐 그리 대수였나 싶을 것입니다. 지금은 아이의 어휘 발달을 견고히 다지는 시기로 여겨 보세요. 오늘도 "엄마 엄마" 하는 아이에게 다양한 말 선물을 안고 "응~" 반갑게 다가가 봅시다.

같은 나이인데
왜 옆집 아이는 우리 아이보다
말을 잘할까요?

아이를 키우다 보면 비교를 많이 하게 됩니다. 옆집 아이와, 문화 센터에서 만나는 아이와, 맘 카페나 SNS에서 읽은 글 속의 아이와, 심지어 첫째와, 기억 속 어릴 적 나와도 비교합니다. 잣대가 없어서 그렇고 확신이 없어서도 그렇습니다. 더 잘 키우고 싶어서일지도 모릅니다.

그런데 이상한 점이 있습니다. 나도 잘한다고 하는데 우리 아이는 왜 느릴까요? 저 집 엄마는 얌전하고 말수도 없는데 아이는 참 말도 빠릅니다. 앞집 아이는 텔레비전도 많이 보는데 우리 아이보다 말을 잘합니다. 어느 엄마는 하루에 책을 백 권씩 읽어 준답니다. 우리 아이도 그렇게 해 주면 말문이 좀 빨리 트일까요? 우리 집에는 장난감이 없어서 놀 줄 모르나 싶기도 하고요. '집에서 뭐해요?' 물어봐도

'다 똑같죠 뭐'라는 대답에 허무할 때도 있습니다.

우리 아이 언어 발달에 중요한 환경적 요인, 부모

말이 빠른 아이, 비결은 무엇일까요? 물론 개인차가 있습니다. 아이 나름의 발달 속도가 있습니다. 인지, 운동 발달 속도가 모두 다르고 이에 따라 언어 발달도 다르게 나타납니다. 보통은 전반적인 발달 속도가 빠를수록 언어 습득과 발화도 빠릅니다. 선천적으로 언어 중추가 빨리 발달하는 아이도 물론 있습니다.

앞서서 성별에 있어서 여아들이 빨리 발달하는 경향을 보인다는 이야기도 나누었습니다. 첫째 혹은 외동이 유리하기도 합니다. 엄마와 상호작용하고 적절한 언어 자극을 받을 시간이 많기 때문입니다. 사교적이고 사람들과 어울리는 것을 좋아하는 아이가 말도 빨리 익힙니다. 부모의 사회적·경제적 지위가 높은 계층의 아이들이 언어 발달이 빠르다는 보고도 있는데, 부모의 사회적·경제적 지위는 직접적인 영향이라기보다는 아마도 부모의 말투나 어휘, 경험의 정도가 영향을 미치는 것 같습니다.

타고난 요인보다 중요한 것은 환경적 요인, 그중 양육자인 부모의 역할입니다. 언어학자 촘스키가 말한 타고난 능력, 언어의 생득적 기제도 주위 환경이 뒷받침되지 않으면 무용지물입니다. 언어란 본래 상호작용을 근간으로 하기 때문에 더욱 그렇습니다. 특히 영유아기의 아이에게는 부모가 전부이기 때문에 부모와 아이의 관계가 언어 발달의 후천적 요인이 됩니다.

우리 아이 언어 발달 촉진하는 부모의 태도

아이의 관심과 시선을 따라가면 집중력을 높입니다

9개월 정도가 되면 아이들은 사물에 관심이 확실해지고 집중하는 시간도 길어집니다. 사물에 대한 이해가 생기기 시작합니다. 이 시기에 놀이를 하는 엄마와 아이의 시선을 분석하였습니다. 아이가 보는 것을 같이 보아 주는 부모를 둔 아이들의 집중 시간이 길었습니다. 그리고 이때 엄마가 말해 주는 사물의 이름을 더 잘 인식하였습니다. 12개월과 15개월 때 아이의 이해 어휘를 측정하였더니, 아이의 관심에 시선을 같이 둔 엄마가 있어서 집중 시간이 길어진 아이들이 어휘량이 더 많았습니다.

이러한 공동관심은 더 이른 시기에도 가능합니다. 아이가 4개월 때 아이의 시선과 엄마의 시선이 일치했던 아이들 역시 17개월 때 언어 사용이 훨씬 풍부했습니다. 단순히 언어 자극의 양적, 질적 수준은 영향력이 덜했습니다. 중요한 것은 아이가 궁금해하는 것, 관심 있어 하는 것에 대해 엄마가 언어 자극을 주는지 여부였습니다.

아이가 보는 것을 엄마가 따라가면, 아이의 집중력이 높아집니다. 아이가 보는 것을 엄마가 말해 주면, 아이의 어휘력이 좋아집니다.

아이 중심의 놀이와 대화가 언어 이해를 높입니다

영아와 양육자의 애착 정도와 언어 사용 유형을 살펴본 연구가 있습니다. 부모가 아이와 접촉하는 것을 좋아하고 자주 안아 주고 가까이하고 놀아 주려는 성향을 가진 경우, 아이의 언어 이해, 표현 능력 모두 높았습니다. 이러한 부모의 성향은 아이와의 상호작용을 늘리고 아이 또한 긍정적인 지지를 받으며 의사소통에 적극적이었습니다. 말하는 방식에 있어서도, 아이에게 재량권을 주고 아이의 특성, 의도, 동기를 중시하는(인성지향적 언어 통제) 환경에서 자란 아이들의 언어 능력이 우수하였습니다. 반면 명령하기, 지위지향적 언어는 언어 발달에 가장 부정적 영향을 미쳤습니다.

언어 발달이 정상인 아동과 느린 아동의 부모 상호작용을 살펴보았더니, 언어 발달이 정상인 아동의 부모는 다른 부모에 비해 피드백(아동의 행동에 대한 칭찬, 확인, 모방, 수정, 질문에 반응)이 많았습니다. 언어 발달이 느린 아동들의 부모는 주의 환기(아이의 주의를 끌기 위한 행동, 예를 들면 "이거 봐봐", "이게 뭐지?"), 설명, 지시, 질문이 보다 많았습니다. 언어 발달이 정상인 아이들의 부모는 반응적인 행동, 느린 아동의 부모는 지시적인 행동이 많았습니다. 언어 발달이 느린 아이들이 다른 아이들에 비해 반응이나 요구가 적긴 하였습니다. 그러나 아이의 언어 수준에 상관없이 부모의 피드백은 아이의 반응을 촉진하였습니다. 부모의 반응과 피드백은 언어 발달에 중요한 영향을 미친다는 연구 결과도 있습니다. 따라서 아이의 언어 발달이 느려도 적극적으로 반응해 주어야 합니다.

언어 발달이 느린 아동(만 4세 2개월)의 부모와 상담하면서 아이 중심의 놀이 방법을 제안해 보았습니다. 아이가 관심을 가지는 것을 관찰하기, 기다리기, 아이의 말에 귀 기울이기, 마주보며 놀기, 순서 주고받기, 아이의 말이나 행동 모방하고 첨가하기, 중요한 낱말 강조해 주기 등과 같은 방법이었습니다. 6개월간 놀이 방식에 변화를 가진 후 부모와 아이 모두 긍정적인 변화를 보였습니다. 부모는 스스로 즐거움과 애착을 느끼는 정도가 높아졌습니다. 아이는 부모에게 더 친밀하게 다가갔고 부모의 행동에 더 잘 반응하였으며 한 낱말 사용이 증가하였습니다.

놀이의 주도권을 아이에게 주세요. 부모는 아이의 관심을 지지하고 아이의 행동을 표현해 주세요. 아이가 부모의 반응에 힘을 얻습니다. 놀이가 확장되고 언어 모방, 표현도 증가합니다.

아이 마음을 읽어 주면 언어 발달이 촉진됩니다

부모의 상호작용을 신체적 접촉, 쳐다보기, 웃기와 같은 사회적 상호작용과 사물 이름 말하기, 물체 가르쳐 주기와 같은 가르치는 상호작용으로 나눈 후, 부모의 상호작용과 언어 발달의 관련성을 연구한 결과가 있습니다. 5개월, 13개월 때의 아이 발달을 각각 살펴보았는데, 결론적으로 부모의 사회적 상호작용이 아이의 언어 발달과 관련이 있었습니다. 이러한 상호작용은 누적되어 영향을 미쳤습니다.

아이와의 사회적 상호작용이 잘되면 가르치는 상호작용에도 긍정적인 영향을 미쳤습니다. 초기일수록 비언어적 상호작용인 표정, 신체 접촉, 눈맞춤, 애정적인 양육이 아이의 사회적인 관심, 사물에 대한 인지, 언어 발달을 촉진하였습니다.

아이의 마음을 잘 들여다보려면 부모의 마음가짐도 중요합니다. 엄마가 엄마로서의 자신감, 양육효능감을 가지면 아이에 대해서도 민감하게 반응하고 정서적 지원을 잘해 줍니다. 36개월 아이와 엄마를 연구한 바에 따르면, 양육효능감이 높고 감정 표현이 적절한 엄마의 아이가 정서 지능도 높고 언어 발달도 높았습니다.

아빠도 중요합니다. 아빠와의 상호작용과 아빠의 공감적 태도 역시 아이의 정서 조절에 긍정적 영향을 미쳤습니다. 엄마와 조금 다른 점이라면, 아빠의 놀이성이 조금 부족해도 아빠가 아이에게 공감하는 반응을 잘하면 아이가 놀이에 잘 참여하고 정서 조절 능력도 증진되었다는 것입니다. 또 아빠와의 놀이에서는 재미와 쾌활성 추구가 높았습니다. 그러나 이 역시 아이의 정서와 맞지 않으면 오히려 방해 요소가 되었습니다. 아빠도 아이가 주도적으로 놀이하고 자발적으로 표현하도록 격려해 주어야 합니다.

우리는 모두 유능한 부모입니다. 아이의 마음을 볼 수 있습니다. 엄마 아빠도 자신의 마음을 솔직하게 표현하세요. 아이의 정서 조절, 사회성, 언어 능력이 발달합니다.

말이 빠른 남의 집 아이를 보면 부럽습니다. 마음이 바빠집니다. 내가 못해 준 것이 있나 싶어서 괴롭습니다. 그러나 언제나 해답은 나와 내 아이에게 있습니다. 자신감을 가지고 아이를 다시 한 번 보세요. 아이의 행동이 읽힐 것입니다. 부모가 무엇을 해 주어야 하는지도 보일 것입니다. 비결은 의외로 간단하고 명확합니다.

　말수가 적은 부모라도 괜찮습니다. 말수가 적은 부모는 오히려 아이 마음을 잘 읽습니다. 신중합니다. 아이에게 더 많은 기회를 줍니다. 무슨 새로운 말을 더 해 주어야 하나, 틀린 것을 어떻게 바로잡아 주어야 하나, 얼마나 많이 말해 주어야 하나를 두고 고민하지 마세요. 부모가 고민하는 사이에 아이는 이미 저만치 가 있습니다. 편안하게 아이를 따라가 보세요. 부모도 말문이 트입니다.

 실전편으로 확인해 보세요!

*15개월 딸아이와 주방 놀이 중입니다.

OK

아이: (가스레인지를 누른다. 불빛과 '지~~'하는 소리가 나온다, 좋아한다.)

엄마: "우아~ 지~~ 앗 뜨거~."

아이: (또 누른다.)

엄마: "아 신기해, 반짝거리고~, 지~~"(웃음)

아이: "이~~~"(또 누른다. 계속할지 모른다.)

엄마: "옳지옳지, 지~~~"(아이와 엄마가 마주보며 웃는다.)

아이: (두리번두리번)

엄마: (같이 두리번두리번)"아, 냄비 찾아? 냄비 어디 있니? 냄비야~"

아이: "어!"(냄비를 찾아 엄마에게 보여 준다.)

엄마: "오! 냄비다! 냄비 잘 찾았어요!"(엄지척, 하이파이브)

아이: "엄비."

엄마: "맞아, 냄비."

아이: (냄비를 불에 올리고 칼로 젓는다.)

엄마: "요리해요? 음~ 맛있겠다~."

NG

아이: (가스레인지를 누른다. 불빛과 '지~~'하는 소리가 나온다, 좋아한다.)

엄마: "앗 뜨거, 불이네. 요리하자, 냄비 올려 봐."

아이: (또 누른다.)

엄마: "또 눌러? 어~ 이제 요리할 시간이야."(냄비를 찾음)

아이: (두리번두리번)

엄마: "자, 여기 냄비 있네, 냄!비!"

아이: "엄비."

엄마: "냄! 냄비."

아이: ….

엄마: "그래그래 잘했어, 이제 뭐할까?"

아이: (냄비를 불에 올리고 칼로 젓는다.)

엄마: "아이고, 칼은 아야 해요. 국자 여기 있네. 국자야, 국자로 저어
　　　　요."

아이: (고개 저음, 칼 안 놓음)

엄마: "어이구~."

우리 아이도
곧 말이 트이겠죠?

- "22개월 아들이에요. 말이 느린 것 같아 열심히 놀아 주고 책도 하루에 몇 권씩 읽어 주고 있어요. 그런데 아직도 옹알이만 하고 '엄마, 아빠, 음매' 정도 해요. 친정엄마는 할 때가 되면 다 한다고, '엄마 아빠'는 말하니까 곧 할 거라는데…. 저는 매일 애가 탑니다. 언제쯤 말이 트일까요?"

  └ "언제일지는 모르겠지만 어느 순간 빵! 터져요. 저희 아이도 두 돌 넘어서 말했는데 지금은 문장으로 말해요."

  └ "36개월까지는 기다려 보래요. 늦는 아이도 있어요."

  └ "두 돌 지나니까 말 트이기 시작했어요. 30개월인 지금은 시끄러워서 그만 말하라고 해요. 걱정 말고 좀 더 기다려 주세요."

  └ "알아듣는 게 좋으면 괜찮다고 하네요. 말이 늦으면 한 번에 팡 터져요. 저희 아이도 그만큼 하는데 믿고 기다리는 중이에요."

  └ "완벽주의 성향이면 그렇대요. 우리 아이는 걸음마할 때도 그랬어요. 자기가 알아서 하는 때가 있다더라고요."

인터넷 맘카페에 들어가 보았습니다. 아이 말이 느려 걱정이라는 말에 댓글이 여럿 달려 있었습니다. 댓글에 크게 틀린 이야기는 없습니다. 저는 이 글을 쓴 엄마가 이후에 어떻게 했을지가 더 궁금했습니다. 24개월, 36개월이 아직 안 되었으니 안심했을까요? 아이가 알아듣는 것(이해)은 잘하는지 확인해 보았을까요? 우리 아이도 완벽주의 성향인가보다 하였을까요? 언젠가 팡! 터진다니 기다려 보기로 했을까요? 이 아이도 다른 아이들처럼 쨍 하고 해 뜰 날이 있어야 할 텐데, 기다리던 때가 왔는데도 큰 발전이 없다면 그때는 어떻게 해야 할까요? 다른 아이들처럼 우리 아이도 말이 트일 것이라는 믿음이 흔들리지 않을 수 있을까요?

처음 시작이 느린 아이

'트인다'는 말에는 여러 가지 의미가 있습니다. 발달적 측면에서는 옹알이에서 단어가 출현할 때(약 12개월), 단어에서 단어 조합(문장)이 나타날 때(약 24개월), 발음이 명확해질 때(약 36개월)일 것입니다. 모방이 늘거나 아이의 발화 자체가 많아지는 시점도 말을 잘하는 것처럼 보이게 합니다. 알아들을 수 있는 말이 생기고 길이가 늘어나기 때문에 아이의 말이 갑자기 잘하는 것처럼 느껴집니다. 16~18개월 이후부터 어휘 폭발기가 나타납니다. 빠른 아이는 이 시기에 하루에 2~3개 이상의 새로운 어휘를 배워 나갑니다. 일주일 사이에 아이가 처음 사용한 단어가 10개가 넘을 수 있다니 당연히 하루가 다르게 느끼는 것이 눈에 보이는 시기입니다. 36개월 이후에는 문법 구조를 익히고 문장이 구색을 맞추어 나가는 문법 폭발기도 경험합니다. 이러한 때에도 '아, 우리 아이가 말이 트이는구나'를 체감하게 됩니다.

처음 시작이 느린 아이도 분명 있습니다. 그런데 중요한 것은 시작은 느렸지만 곧 정상 발달 곡선에 합류해야 한다는 것입니다. 정상 발달 아이들은 어휘/문법 폭발기를 거치며 빠른 속도로 나아갑니다. 출발이 느린 아이는 먼저 출발한 아이보다 몇 배 더 빨라야 합니다. 시작점이 차이가 날수록 아이의 변화가 더 커야 합니다. 그래서 늦었지만 곧 정상 언어 발달을 따라잡은 아이의 부모는 그야말로 우리 아이의 말이 팡! 터졌다고 말할 수 있습니다.

언어 발달 시작이 느린 아이를 '말 늦은 아이late talker'로 분류합니다. 말 늦은 아이로 보는 기준은 크게 세 가지입니다.

1) 18~23개월에 명료하게 말하는 어휘가 10개 미만인 경우
2) 2~3세에 스스로 말하는 어휘가 50개 미만 혹은 두 낱말 조합
   (예: 물 줘, 엄마 와)이 없는 경우
3) 18개월~3세 언어 평가에서 표현어휘발달검사 결과 하위 10%
   미만 또는 −1SD(SD: 표준편차, 약간 지체 이상에 해당)인 경우

단, 청각, 인지, 신경학적으로 뚜렷한 결함은 없어야 합니다.
그런데 말 늦은 아이 중에 25~50%가 학령기 전 단순언어장애로

진단받고, 학령기에도 읽기장애나 학습장애를 보인다는 연구가 있습니다. 다른 연구에서는 2세에 말 늦은 아이를 3세 때 재평가하였더니 60%가, 4세 때에는 37%가 여전히 언어 발달이 지연되어 있었습니다. 발음을 살펴본 연구에서는 말 늦은 아이는 3세 때 정상 아이보다 여전히 명료도가 낮았고, 학령 전기에서도 조음 발달이 지연되어 있었습니다.

시작이 느린 아이가 정상 발달을 이루려면

엄마들이 말하는 '말이 확 트인' 그 아이들은 대체 무엇일까요? 말 늦은 아이 중에서도 곧 정상 수준에 도달하여 이후 정상 발달을 이어가는 아이들(늦되는 아이, 늦게 말이 트인 아이, late bloomer)이 있습니다. 이 아이들이 왜 시작이 느렸는지는 아직 명확하지 않습니다. 유전적인 경향이 있다고 보기도 합니다. 환경(상호작용, 언어 자극의 부족), 기질(소극적, 내향적, 완벽 추구, 급함)적인 영향도 있습니다.

무엇보다 이 아이들이 곧 정상 아동을 따라잡을 만큼 말이 급속도로 '트일' 수 있었던 원동력, 언어적 조건들을 알아볼 필요가 있습니다. 말이 느린 우리 아이의 극복력이 여기에 달려 있습니다.

말이 트이려면, 늦게 시작해도 정상 발달을 이루려면, 다음과 같은 세 조건 중 하나를 갖추어야 합니다.

의사소통의 의도가 다양해야 합니다

아이가 말하고자 하는 마음, 표현하고자 하는 욕구와 시도는 언어의 선행 조건입니다. 자폐성 장애를 가진 아이들에게서 언어 발달 촉진이 어려운 것은 사회성이 부족하고 소통의 의도가 적기 때문입니다. 의사소통하려는 마음이 없거나 다양하지 못한 아이들은 언어를 배워야 할 이유도 적습니다. 늦게 말이 트인 아이들은 말이 트이는 시기는 늦었지만 표현하려는 욕구가 많고 다양했습니다. 몸짓이나 표정, 발성으로 의사소통을 시도하고 있었습니다. 그 요구에 적합한 말을 몰랐을 뿐이지요. 의도가 다양하다는 것은 초기 의도 즉, 사물/행동 요구(무엇을 달라/해 달라)뿐 아니라 공동관심 요구(부모의 관심을 끄는 행동), 언급(사물이나 기능에 대해 표현), 의사소통 개시(스스로 먼저 부르거나 쳐다보는 등 소통을 시작함), 모방(행동이나 발화를 따라함) 등을 아이가 보여 주고 있다는 것입니다.

몸짓의 사용에서도 가리키기, 손을 잡고 끌고 가는 데서 나아가, 관습적인 행동(사회적인 약속을 파악하는 것으로 긍정의 끄덕임, 부정의 고개 저음, 달라고 할 때 손 내밀기, 헤어질 때 손 흔들거나 고개 숙이기 등), 표상적인 행동(사물의 속성이나 상징적 의미를 이해하고 표현하는 것으로 손을 귀에 대면 전화, 손으로 훨훨 날갯짓을 하면 새, 머리에 손을 가져가면 모자라는 의미를 나타내려는 것 등)을 보일수록 아이의 표현 언어 발달을 긍정적으로 예측할 수 있습니다.

수용 언어뿐 아니라 표현 언어도 일정 수준을 유지해야 합니다

아이가 이해하는 수준(수용 언어)이 괜찮으면 흔히들 조금 더 기다려 보라고 합니다. 언어 표현만 늦은 아이들이 이해와 표현이 모두 늦은 아이에 비해 정상 발달을 따라잡을 가능성이 높습니다. 수용 언어는 많은 연구에서 표현 언어를 예측할 수 있는 요인으로 밝혀지고 있습니다. 다만 수용 언어가 정상 혹은 6개월 이내의 차이를 보이고 있어야 따라잡을 가능성이 있습니다.

최근의 연구에서는 수용 언어뿐 아니라 표현 어휘의 발달 정도도 중요시됩니다. 사실 말 늦은 아이의 대부분은 표현 언어 지체입니다. 수용 언어도 늦다면 일찍부터 언어 발달 지체나 장애로 분류되기 쉽습니다. 그래서 말이 늦게나마 트이는 아동이라면 정상 범주 내의 수용 언어 수준과 함께 표현 어휘도 조금씩이나마 발전하는 양상을 보이고 있어야 합니다. 언어 표현으로 이어지지 않는 수용 언어는 아이의 발달을 예측하고 설명하기에 부족함이 있습니다.

옹알이나 발화 중에 자음이 많이 포함되어 있어야 합니다

옹알이 단계 혹은 단어 비슷한 소리(원시단어protoword, 예: 아쁘/커피, 어브/강아지, 넨네/언니), 외계어 같은 소리에 자음군이 많이 섞여 있고 (아으아으〈아바아바〈바바 다다〈아바다) 안정적으로 낸다면 이후 말 발달이 긍정적일 것임을 암시합니다. 그만큼 아이가 조음기관을 잘 조절하고 있기 때문입니다. 듣기 변별 능력을 반영하기도 합니다. 옹알이도 적고 모방도 없다가 어느 날 갑자기 단어를 말하는 아이들은 정상 아이들에 비하여 조음기관을 탐색하거나 음성 놀이vocal play를 할 시간이 부족한 경우가 많습니다. 쉬운 음소부터 차근차근 발달해 온

다른 아이에 비하여 지금 당장 다루어야 할 음소들이 와르르 쏟아진 것입니다.

18~30개월 아이들의 자음 산출을 비교한 연구에서 대부분의 정상 아이들은 [ㅂ, ㅃ, ㄷ, ㄱ, ㄸ, ㅈ, ㅁ, ㄴ, ㅇ]를 산출하는 반면, 말 늦은 아이들은 [ㅃ, ㄸ, ㅁ]만 보였습니다. [ㅃ] 같은 매우 쉬운 자음만 안정적으로 산출되고 받침(종성)도 대부분 생략되어 있었습니다. 제한된 자음 목록은 다양한 어휘를 산출하는 데 제약이 되고, 말하는 어휘가 적으므로 산출되는 자음도 적을 수밖에 없습니다. 아이의 소리에 어떤 자음이 들어 있는지, 얼마나 자연스럽게 쉽게 소리 내는지를 살펴보아야 합니다.

위의 세 조건 중 적어도 하나 이상은 만족하고 있다면 늦게라도 말이 트일 수 있습니다. 3세 이전에 진단되고 그 정도가 심하지 않을 경우(표현 언어에만 어려움을 보이고, 인지/정서/행동 등의 다른 어려움은 없는 경우) 예후는 양호한 것으로 보고됩니다. 부모가 판단하기 어렵다면 전문가 상담이 필요할 수 있습니다. 영유아일수록 아동의 개별 치료보다 부모 교육이 우선합니다. 아이에게 스트레스는 상담과 치료가 아니라, 본인이 하고 싶은 말을 하지 못하고 원하는 바를 얻지 못하는 것입니다.

아이마다 저마다의 속도는 있습니다. 그러나 부모는 정상 발달 지표와 아이의 발달 수준을 지속적으로 비교하여 관찰해야 합니다. 조금 늦지만 곧 따라잡을 것이라는 믿음은 객관적이고 냉정해야 합니다. 기다리라는 것은 아이를 강요하고 다그치는 것을 경계하는 것이지, 촉진자 부모로서의 역할까지 내려놓으라는 것은 아닙니다.

말 늦은 아이Late Bloomer, 늦지만 아름답게 꽃을 피울 우리 아이를 위해 부모는 다시 한 번 현명해져야 합니다. 불안을 이기는 확신이, 확신을 가져올 수 있는 판단이 필요합니다.

엄마 불렀어?
엄마 여기 있네.
아가는 여기 있네~

엄마, 엄마

'엄마, 아빠'를
말하다가 안 해요

- "20개월 아이 엄마예요. 16개월까지 '엄마, 아빠, 까까, 까꿍, 짜잔, 멍멍' 정도는 했어요. 그것도 말이 잘 안 늘어서 걱정했는데 지금은 그마저도 안 해요. 따라 하라고 시켜도 안 하고 짜증만 내요. 어떻게 말이 줄 수가 있죠?"

- "23개월 남아예요. 단어는 말했는데 갑자기 안 해요. 어느 날은 또 느닷없이 하는데 다시 시키면 안 하고요. 그나마 계속하는 말은 '엄마'예요. 말이 느는 건지, 줄어드는 건지 모르겠어요."

- "15개월 아이 말이 갑자기 줄었어요. 제가 육아휴직 후 복직을 했어요. 이후 할머니가 아이를 봐주시고 저도 퇴근 후 열심히 돌본다고 하는데, 아이가 단어도 줄고 그냥 소리 자체가 줄었어요. 그 전에는 '엄마, 아빠, 함미, 화팅, 빠빠' 정도는 했어요. 안 그래도 얌전하고 내성적인 아이라 걱정했는데 퇴행하는 건가요?"

첫 낱말(《10. 돌 즈음, 첫 낱말의 의미는 무엇인가요?》 참고) 이후 어휘 발달(《12. 단어가 늘지 않아요, 계속 '엄마'만 말해요》 참고)에 대해 앞서 다루었습니다. 그런데 막상 현실은 그리 녹록하지 않을 때가 있습니다. 한 낱말을 뱉은 후 아이는 언어, 특히 어휘의 개념을 알아가고 기초를 쌓아 갑니다. 어휘 폭발기를 거치며 어휘 습득에는 가속도가 붙습니다. 속도가 빠른 아이도 있지만 그렇지 않은 아이도 있습니다. 아직은 개념 정리가 완전하지 않아서 했던 말들도 새로운 단어를 배우면서 잊어버리기도 하고, 우연히 모방하여 나왔던 표현이 강화되지 못하고 사그라지기도 합니다. 부모가 모르는 새로운 관심사에 열중하고 있을지도 모릅니다. 우선은 편한 말, 익숙한 어휘로 대신하게 되지요. 이러한 과정을 거치며 소리의 분석, 개념을 알고 표상화하기, 저장, 표현하는 과정까지 빠르게 체계화됩니다. 정상 발달 과정입니다.

그런데 왜 우리 아이는 별다른 길을 걷는 것 같을까요? 올바른 육아법, 언어 촉진 놀이에 대해 공부도 하고 열심히 한다고 하는데 뭐가 잘못된 것일까요? 육아 방식에 의심이 들고, 우리 아이에게만 알 수 없는 시련이 오는 것 같다면, 환경을 점검해 볼 필요가 있습니다.

아이의 언어 발달을 방해하는 요인 점검하기

아이에게 둔감하지는 않은가요?

아이의 언어 발달을 촉진하는 부모의 제1 요소는 민감성입니다.

아이가 바라보는 곳, 좋아하는 것, 하고자 하는 행동, 말하고자 하는 의도, 느끼는 감정을 부모가 빨리 알아차려야 합니다. 그래야 적절히 대응할 수 있습니다.

아이는 꽃이 궁금하다고 가리키는데 부모는 "그래그래, 알았어. 빨리 가자" 하고 지나쳐 가면 아이는 어떨까요? '꽃'을 배울 당장의 기회를 놓쳐서 아까운 것이 아닙니다. 아이가 부모에게 뭐 좀 해 달라고 하는 게 소용없다 느낄까 봐, 포기할까 봐 걱정입니다. 밖에 나간다고 좋아하던 아이가 현관문 앞에서 떼를 부립니다. 부모는 왜 갑자기 아이의 마음이 변했는지 알 수가 없습니다. 준비하고 시간을 맞추었는데 갑작스런 상황에 부모도 당황스럽습니다. 빨리 가자고 어르고 달래고 혼을 내다가 외출 전에 녹초가 됩니다. 사실 아이는 신고 싶었던 신발이 있었습니다. 아이가 발을 동동 구르거나 현관이 아닌 신발장을 가리키거나 "어어, 아냐" 하는 표현을 조금 더 잘 알아차렸으면 '신발/구두'로 해결되었을 일입니다.

반응성이 낮은 경우도 있습니다. 어휘 학습 초기에는 "무/물, 응아/누나, 양이/고양이"와 같이 발음도 부정확하고 그것이 나타내는 의미도 매우 다양합니다. 부모는 아이의 행동 양상과 상황을 종합하여 해석하고 적절히 반응해 주어야 합니다("아~ 물? 어이구, 물이라고 했어요? 그러네, 여기 물이 있네!"/"응 누나야, 누나 안녕"). 이때 아이의 언어 표현이 촉진됩니다.

그런데 "어어, 그래", "잘한다", "요즘 자꾸 저렇게 뭐라고 하긴 해", "응, 물"로 끝입니다. 아이의 언어를 촉진할 밝은 표정, 아이의 의도 수용, 언어적 자극이 없습니다. 부모가 바빠서 잠깐 소홀할 수도 있습니다. 옹알이인지 단어인지 명확하지 않아서 중요하게 느끼지 못했을 수도 있습니다. '아차, 그게 '누나'라고 한 거였나? 나중에 또 하겠지' 뒤늦게 후회했을지도 모릅니다. 우리 아이는 빨라서 잘할 거라 믿었다고도 합니다. 그러나 부모의 무관심, 지연된 반응, 낮은 호응은 아이의 표현 욕구와 동기를 갉아먹습니다. 어린 나이일수록 아이의 기질보다 부모의 양육 태도가 아이의 언어 발달에 미치는 영향력은 더 컸습니다. 우리 아이, 처음부터 말하지 않았던 건 아니었습니다.

과잉 반응하지는 않나요?

지나친 것도 때론 독이 됩니다. 아이가 손만 뻗으면 "어 그래그래 물, 물, 물 달라고, 여기 있어요" 가져다 줍니다. "엄마 엄마"만 해도 "어이구 엄마, 그래 엄마 뭐? 맘마 줄까요? 맘마 먹자" "오야오야 빵빵 하자, 빵빵" 척척입니다. 아이는 머릿속에서 단어를 찾을 일도 없고 힘들게 말할 필요도 없습니다. 척하면 척하는 엄마가 있으니까요.

"아니, 아이 의도에 빨리 반응하라면서요? 즉각적으로 대응하라면서요?" 네, 맞습니다. 그러나 아이가 할 일을 엄마가 대신해 주는 것은 반응, 대응이 아닙니다. 아이의 의도와 시도를 엄마가 알아차렸다("아, 그랬구나"), 격려하고 인정한다(온화한 미소, 웃음, 반가움/아이가 어휘를 모른다면 "응, 물~ 물 줄까요?"), 아이에게 기회를 준다(아이가 "어/무/물/줘" 등을 생각하고 말할 차례나 시간)가 핵심입니다. 입력의 양도 중요하지만 아이 스스로 시행착오를 겪으면서 시스템을 효율적으로 정립하는 것도 중요합니다.

두 돌 전에 아이들이 정확하게 말한다는 것은 어려운 일입니다. 어렵지만 해 볼 수 있는 힘을 길러 주어야 합니다. 기회가 주어지지 않으면 아이는 쉬운 길을 택합니다.

심리적 압박, 강요, 재촉하지는 않나요?

여러 번 언급했듯이 아이는 맥락 속에서 어휘의 개념, 형태, 사용에 대해 알아갑니다. 식탁 위에 있는 사과를 아이가 쳐다봅니다. "사과 먹고 싶어?" 부모의 말에 아이는 사과를 계속 주목합니다. 처음에는 그 말이 '사과'인지 '먹자'인지 모를 수도 있습니다. 그러나 여러 반복된 상황을 겪으며 동그랗게 생긴 것, 빨간 것, 먹는 것, 단단하고 맛이 새콤달콤한 것 등 이런 성질의 것을 '사과'로 받아들입니다. 사과를 좋아하고 먹어 보고 놀면서 '아아, 아가, 타과, 샤과, 사과'라고 조음기관 발달에 따라 발음하게 될 것입니다. 처음에는 느리지만 이것이 추후 어휘 습득의 추진력이 될 것입니다.

아이의 머릿속 상황을 알 리 없는 부모는 마음이 급합니다. 하나를 했으니 다음은 순조로울 것이라 생각합니다. 아이가 정확하게 발음할 수 있도록 도와준다고 생각했을 겁니다. 하나하나 따라 시키면 곧잘 하니 기특하기도 할 것입니다. "이건 사과야, 사! 과! 따라 해 볼까? 사! 과! 아구 잘하네." "아가? 아가가 뭐야, 사~ 과~, 사과라고 하는 거야." "이게 뭐야? 뭐였더라? 뭐지?" "안 돼, '사과'라고 말해야 줄 거야. 사! 과!" 엄마가 아무리 친절하게 말해도 아이는 엄마 아빠의 이런 대화가 부자연스럽습니다. 재촉하는 말이 불편합니다. 아이의 언어 발달에 가장 부적절한 상관관계를 보이는 것은 부모의 지시적 언어입니다. 지시, 강요, 지적, 수정, 재촉하는 부모의 말은 아이가 말하는 것이 잘못한 일처럼 느끼게 합니다.

정서적으로 위축되고 불안할 때도 언어 발달이 멈추는 듯합니다. 동생이 태어나면서 전반적으로 퇴행하는 경우도 있습니다. 어린이집에 일찍 다니면서 아이가 오히려 말이 줄거나 선택적 함구증(심리적인 불안과 위축으로 특정 상황에서 말하지 않음)을 보이는 아이도 있습니다.

양육자의 변화, 심리 상태도 아이 정서에 영향을 미칩니다. "아이고 사과를 얼마나 알려줬는데 아직도 '아가'야? 누구 닮아서 이래?" "얘는 말이 느린가 봐." "무가 뭐야, 물이지!" 부정적 말투, 애정이 없는 양육자의 엄격함, 높은 기준, 무표정은 애착 형성을 저해하고 상호작용을 회피하게 만듭니다.

내 아이의 발달 속도를 무시하지는 않나요?

언어 촉진을 위한 놀이법, 대화법은 조금만 찾아보면 많이 있습니다. 부모는 아이를 위해 열심히 노력합니다. 놀이도 적극적으로 하고 직접 경험도 중요하니 외부 교육, 수업, 활동도 열심히 참여시킵니다. 책도 많이 읽어 주고 노래도 열심히 불러 줍니다. 입소문 난 교재도 활용하고 아이가 좋아하는 놀이는 엄마표로 계획도 철저히 세워 둡니다. 말도 많이 걸어 주고 상호작용도 잊지 않으려고 노력합니다. 그런데 아이는 왜 자꾸 멈칫할까요?

언어 촉진 놀이와 대화는 아이 수준에 맞출 때 효과가 있습니다. 부모만 열심히 하는 놀이와 대화는 일방통행입니다. 오히려 비일관된 자극과 강화로 아이는 혼돈스럽습니다. 빨주노초파남보 색이 예쁘다고 섞으면 오히려 검은색이 됩니다. 아이에게 좋다는 방법을 다 썼지만 정작 내 아이에게 맞는 방법은 아니었을 수 있습니다. 부모는 부모가 하는 방법에만 열중했지, 아이가 어떻게 받아들이고 어떻게 활용할지는 고민해 보지 않은 것입니다. 발달 단계를 충분히 고려하지 않았을 수도 있습니다.

혼자 놀이하는 시간도 중요하지만 아이가 부모를 필요로 할 때는 즉각 달려가야 합니다. 놀이가 연령에 비해 단순하다면 슬쩍 새로운 놀잇감이나 방법을 제안해도 좋습니다. 아이가 충분히 재미있고 신나 한다면, 놀이 수준도 적절하다면, 부모는 제안하는 대신 열심히 반응해 주면 됩니다. 옹알이를 할 때는 옹알이를 따라 해 주면 좋아하지만, 말하고 싶은데 못해서 옹알이뿐이라면 하고 싶은 말을 부모가 제시해 주어야 합니다. 활달한 아이는 뛰고 잡고 구르며 언어를 표현하고, 청각적 지각이 좋은 아이는 말놀이, 운율, 노래 자극이 언어 발달에 효과적입니다. 직관적인 아이는 책에서 사물을 보고 감정적인 아이는 정서를 읽습니다. 세상에 똑같은 아이는 없습니다. 이론을 실제에 적용할 땐 고객 맞춤형 서비스로 제공해야 합니다.

아이의 모든 것이 내 공, 내 탓인 듯했습니다. 아이로 인해 우쭐한

적도 있었고, 아이 때문에 바닥을 길 때도 있었습니다. 무엇이 잘못되었는지, 내가 뭘 잘못했는지 매일 돌아보며 기뻤다가 슬펐다가 하는 건 별 소용이 없었습니다.

괜찮습니다. 잘하려 하지 않아도, 나쁜 것만 안 해 줘도 아이는 스스로 큰다고 했습니다. 엄마의 우울감, 자책감, 무기력은 엄마뿐 아니라 아이의 전 발달 과정, 아이가 부모가 되었을 때에도 그림자처럼 아이에게 드리워집니다. 너무 버거웠다면 오늘은 그냥 아이를 편하게 안아 보세요. 오늘은 무엇을 잘하고 못했는지는 잊고, 조건 없는 사랑을 담아 아이의 눈을 바라보세요.

엄마가 살아야 아이가 삽니다. 아이 옷만 사도 행복한 엄마가 있지만, 엄마 옷을 먼저 사야 아이가 예뻐 보이는 엄마도 있습니다. 엄마도 자신을 돌아보고 마주하면 마음이 편안해집니다. 단, 엄마가 자신을 찾는 시간이 너무 길지 않기를, 그 시간이 아이와 가족과 동떨어진 것이 아니라면 좋겠습니다.

 우리 아이 이렇다면, 전문가의 도움이 필요해요

-뇌병변(종양, 뇌신경발달의 문제, 인지발달의 변화를 동반하기도 함)

-유전성 혹은 근육신경계 퇴행성 질환(운동발달의 변화를 동반하기도 함)

-청각 질환(돌발성, 진행성 난청)

-사회성 문제를 동반한 자폐성 장애

-정서/심리 문제를 동반한 선택적 함구증

알아듣지만 말은 안 해요,
왜 그럴까요?

- "19개월 아들이에요. 알아듣는 건 꽤 알아들어요. 잼잼, 도리도리, 까꿍도 하고 '엄마 어딨어?' 하면 엄마 보고 '아빠 어딨어?' 하면 아빠를 봐요. '맘마, 안 돼, 주세요'도 알아요. 싫으면 고개를 흔들고, 뭐를 달라고 손도 내밀어요. 그런데 말을 안 해요. "어 어" 이러면서 해달라고 하거나 손잡고 끌고 가요. 곧 말하게 될까요?"

- "곧 두 돌인데 아직 제대로 하는 말이 몇 개 없어요. 말귀는 알아들어서 하라는 것은 하는데 말을 안 해요. 따라 하라고 시키면 하더니 최근에는 그마저도 안 하고 성질만 내네요. 어떻게 하죠?"

- "20개월 여아인데 도통 말을 안 해요. 아빠 출근할 때 인사하라면 꾸벅하고, 가자고 하면 현관으로 달려 나가요. '뽀뽀' 하면 뽀뽀도 하고 기저귀 심부름도 해요. 근데 말을 안 해요. 그림 카드로 벽에 도배를 하고 매일 책도 읽어 주고 사진 보면서 '엄마, 아빠, 할머니'도 백 번은 더 알려줬는데 왜 말을 안 하죠? 이해를 잘하니 기다려 보라는데 기다리면 되나요?"

말이 늦다, 표현이 늦다는 고민 중에서 '이해는 다 해요, 그런데 말을 안 해요'라는 상담이 참 많습니다. 하지만 아쉽게도 실제 어휘력이나 언어 이해를 평가해 보면 이해 능력도 떨어지는 경우가 많습니다. 아동 발달에서 표현 언어가 지체되거나 혼합 수용-표현 언어가 지체되는 경우는 있어도 수용 언어만 지체되는 경우는 없습니다. 표현 언어는 구어 혹은 문어의 방법으로 의사소통하는 것이며, 수용 언어는 말의 의미를 잘 이해하는 것입니다. 수용 언어가 지체되면 당연히 표현 언어도 지체됩니다. 단순 표현 언어 지연/장애도 있으나, 표현 언어를 설명하는 큰 요인은 수용 언어입니다. 우선은 객관적으로 아이의 이해 부분을 검토하는 것이 필요합니다. 그래야 어느 부분을 엄마가 좀 더 신경 써야 하는지가 나옵니다.

아이의 수용 언어 수준 파악하기

아이는 많은 부분을 눈치로 행동합니다. 돌 이전에 어휘가 없는 경우는 대부분 경험에 의거한 상황과 말의 초분절적인 요인(억양, 말길이, 일부 자음 소리 특징)을 종합하여 행동합니다. 자기가 뭔가를 잘했을 때 엄마가 기쁜 표정을 짓고 손이 움직이면서 "○○~"라고 하면 '박수'치는 행동을 하라는 신호로 받아들일 가능성이 높습니다. 아빠가 물건을 들고 "○○○~" 하면 그 억양과 말 길이를 듣고 '주세요'를 의미하는 손을 내밉니다. 내가 뭔가를 잘못했는데 "○○!!" 하면서 낮고 큰 소리가 들리면 안 된다는 거구나 짐작합니다.

어휘가 생기면 일부 알아듣는 단어를 중심으로 해석합니다. '의자에 앉아' 하면 의자만 알아도 당연히 앉고, 목욕할 때 '양말 벗고 바지 벗어' 하면 자연스레 순서대로 하지요. 처음 듣는 단어가 있으면 내가 아는 것을 빼고 생각하기도 합니다. 예를 들어 바나나, 딸기, 사과 중에 엄마가 "바나나 가져와" 하면, 아이는 본인이 아는 딸기와 사과를 제외한 그것을 '바나나'라고 여기고 가져올 수 있습니다. 처음에 아이는 단어를 주로 구체적인 사물을 지칭하는 것으로 생각합니다. 그래서 "○○을 가져와/줘"라는 말에 해당 사물을 제법 찾습니다. 18개월 정도 되면 이미 집에 있는 대부분의 사물은 다 써 보고 만져 보고 먹어 본 것이니까요.

그런데 구체적인 사물을 빼고 물으면 아직 어렵습니다. "'앉아'가 뭐야? '달리기'가 뭐지?" 하고 물으면 어리둥절해합니다. '앉아?' 의자를 가리켜야 하나 싶기도 하고 '달려?' '달?' '달력?' 비슷한 다른 명사로 착각하기도 합니다. 물론 아이가 앉았다 일어나는 행동을 할 때 "앉아" 하면 바로 앉거나, "달리자, 가자" 하면 바로 뒤따를 수 있지만요.

그래서 이해의 평가는 몸짓이나 상황과 같은 단서가 없이 객관적 상황에서 "○○ 어디 있어?/뭐야?"라는 질문에 아이가 가져오거나 가리키는지(명사), 혹은 해당 그림을 가리키거나 동작으로 하는지, 부모의 동작에 맞다/틀리다로 반응하는지(동작어, 상태어) 보아야 합니다. 연령별 수용 언어 기준은 이 책의 부록 〈연령별 발달 지표〉를 활용하기 바랍니다. 이해 수준이 생활 연령의 범위 안에 있어야 표현 촉진 활동도 효과가 있습니다. 사실은 아이가 잘 모르는 건데 자꾸 표현을 유도했다면 아이는 당황스러웠거나 단순히 따라 하고(단순 모방) 그치는 수준에서 반복되었을 것입니다. 표현이 생활 연령 수준보다 1년 이상 늦다면 이해 부분을 다시 한 번 확인해 주세요.

말문 트임에 대한 불안이 계속되면 적극적인 태도 필요

말 늦은 아이late talker도 물론 있습니다. 말이 늦게라도 정상 범주에 들면 다행이지만 계속 말이 늦은 아이도 있습니다. 대부분 만 5세 정도에는 정상 발달 아동들을 따라잡습니다. 그러나 좀 더 장기간의 추적 연구에서는 말 늦은 아이가 학령기에 읽기장애, 학습장애, 조음장애 혹은 행동발달, 불안장애와 같이 특정 영역에서 어려움을 보인다고 합니다. 언어를 습득하는 데 필요한 단기기억, 주의집중, 작업기억(정보를 단기기억에 저장하고 동시에 처리하는 능력), 정보 처리 능력에서 어려움이 있었고, 이는 장기적으로 영향을 미칠 수 있다고 해석할 수 있는 것입니다.

말이 트일 것이라는 확신이 부족하면 기다림보다는 적극적인 태도가 필요합니다. 한 연구에서는 만 5.5세까지 언어 발달이 늦은 아이는 상당수가 사춘기에도 언어와 비언어적 능력이 정상보다 낮았습니다. 다른 연구자는 초등학교 입학 전까지는 언어 기능을 회복시켜야 학령기 읽기, 쓰기 발달에 뒤처지지 않고 따라갈 수 있다고 하였습니다. 한 대학병원에서 언어 치료를 받은 아이(평균 연령 35개월)들을 조사해 보았더니 언어 이해와 표현이 모두 낮은 아이는 평균 12개월 정도, 표현 언어만 낮은 아이는 8개월 정도의 언어 치료를 받고 치료를 마쳤다고 합니다.

언젠가 좋아질 텐데 괜히 아이에게 스트레스를 주거나 이상한 시선을 받게끔 무슨 언어 치료를 하느냐고 하는 사람도 있습니다. 그러나 전문가들은 자기 의식적 정서인 자부심이나 수치심이 나타나기 전인 3세 이전에 언어 치료를 시작하여 5세까지 정상 범주에 들도록 도와주는 것을 권합니다. 적기를 놓쳤을 때의 가장 큰 위험은 시간을 되돌릴 수 없다는 데 있습니다. 영유아 언어 치료 또한 부모 교육, 부모 참여, 가족 중심, 놀이를 기반으로 합니다. 일찍 시작하는 것이 조기 종결로 이어질 수 있습니다.

언어 치료로 하는 활동 중 가정에서도 쉽게 할 수 있는 놀이를 소개합니다. 표현 촉진 놀이로 소리를 내지 않는 무발화 아이, 옹알이 수준이거나 표현하는 단어수가 10개 미만인 아이를 중심으로 다루었습니다.

표현하는 즐거움 알려 주기

● **소리 내는 즐거움**: 처음부터 마지막까지 지켜야 하는 조건은 '재미'입니다. 발성이 적은 아이일수록 "해 봐, 따라 해 봐"라고 말하는 것을 삼가세요. 대신 틈틈이 소리 내기를 즐기게 해 주세요.

비눗방울/휴지/신문지 조각/종이/케이크촛불 불기(푸~~, 후~~).

종이, 휴지 바람으로 넘기기(파!, 음파~, 부~).

아침에 아이의 손이나 얼굴에 부모가 바람을 불거나 소리내어 뽀뽀하기(부~, 뽀뽀, 쪼옥!, 하~, 파파!!)로 서로를 깨우기.

기쁘거나 놀랄 때 감탄사를 소리내어 말하면서 최대한 실감나게 하기(이야~! 이호! 오~~, 우아, 우아우아, 에헤~, 와와와와\, 와와와와/, 얍! 짜잔~! 브라보~, 최고! 멋지다 등등).

부모가 과장된 행동이나 소리를 내면 더 재미있어 합니다(들기-으차차차, 걸음-쿵쿵쿵, 뛰기-다다다다, 기기-샤사삭, 음식 먹기-슙~/아~/똑똑, 쳐다볼 때-어~/네/). 무발화→옹알이→단어 수준으로 발달하여, 간단한 소리(와~, 이야~)에서 단어(와 최고, 이야 높다~, 쿵쿵 간다~)까지 점차 자극을 달리 해야 합니다.

구강마사지, 입술 풀기, 캐러멜 먹기와 같은 활동은 근육이 약하거나 운동성이 특별히 떨어지지 않는 한(평상시 침을 많이 흘린다, 입을 벌리고 있는 경우가 많다, 혀로 입술 핥기가 안 된다, '메롱'하고 혀 내밀기가 어렵다, 뽀뽀할 때 입술을 오므리는 '우~'가 안 되는 경우가 아니라면) 오래 할 필요는 없습니다. 발성 즉, 소리내기가 기본입니다. '아이우에오'를 할 때도 소리가 있어야 합니다. 언어 훈련을 위한 비눗방울, 촛불 놀이는 "후~ 후우~, 푸~우" 같은 소리 자극을 강조해야 합니다.

운율, 높낮이 변화, 노래를 활용하세요. 부모의 말투는 리듬이 있어 잘 들리고 따라 하기 쉽습니다. "네네 네네네~"(대답놀이), "이야이야오♩", "훨훨훨 날아간다 훨훨~", "방귀가 뿡뿡, 퓨~"와 같은 말놀이를 번갈아 해 주세요. "밥바라밥바 빰! 밥바라밥바?"(아이 차례), "뽀로로가 노래해요 랄랄랄랄라라 ♪ 엄마가 노래해요 랄랄랄랄라라"
(아빠를 가리키며 아이를 쳐다보아 "아빠"라는 말 유도하기), (동물 인형과 함께)
"멍멍이가 나온다♬ 얍/짠/멍멍! 야옹이가 나온다 얍/짠/야옹! 음매
가 나온다!"(소 인형을 가리키며 아이를 쳐다보아 "얍/짠/음매"라는 말 유도하기).

동작을 함께하면 소리 내기가 좀 더 편합니다. "나비야 나비야 이
리와(손짓), 멍멍아 멍멍아 이리와(손짓), 꿀꿀아 꿀꿀아"(준비 자세를 하
고 아이를 쳐다보아 "이리와"라는 말 유도하기), "무궁화 꽃이 피었습니~~"
("다!"라는 말 유도하기). "똑똑똑 누구십니까? 나는 아빠, 나는 엄마, 나
는?"(아이 이름 혹은 "아가"라는 말 유도하기).

● **마법의 단어:** 표현 언어만 늦은 친구들은 발화가 시작되면 진
전이 빠릅니다. 한 번의 성공 경험은 다양한 시도를 부릅니다. 하나
를 알면 관련된 의미 어휘들이 쉽게 따라옵니다. 아이가 관심 있는
것, 가장 많이 표현하는 의도, 잘 나오는 소리에 주목하세요. 유도해
야 할 첫 번째 후보입니다.

무발화 아이일수록 단어보다 감탄사, 쉬운 소리를 이용해 주세요.
생리적/반사적 소리인 방귀, 트림, 딸꾹질, 놀람 소리를 흉내 내면 참
재미있어합니다. "멍멍, 음매~, 야~옹" 같은 동물 흉내를 내 보세요.
또는 이불 양탄자 타고 "야호~", 이불 김밥을 말면서 "돌돌돌", 무릎
미끄럼틀 타면서 "슝", 아빠 비행기 타면서 "이야아╱"처럼 신체 놀
이를 하면서 자연스럽게 소리 내기를 유도하세요.

옹알이, 외계어, 뜻 모를 말들이 대부분인 아이들은 아이가 내는
소리와 비슷한 소리에서 점차 다양한 변화(다른 자음 소리 추가, 단어)를

줍니다. 단어를 말하기 시작하는 아이라면 단어 위주로 놀아 주세요. 감탄사+단어 형태로 "와! 크다~, 오잉! 뭐야?, 이~~ 아니야"에서 점차 감탄사를 빼고 단어 형태로 "크다~, 뭐야?, 아니야"만 남깁니다.

표현하고 싶은, 표현할 수밖에 없는 환경 만들기

● **작은 것에도 크게 반응하기**: 부모의 관심과 칭찬은 아이의 동기를 높입니다. 엄마가 적극적이고 빠르게 반응해 주면 아이는 엄마에게 잘 보이려 노력합니다. 시키지 않아도 스스로 합니다. 못해도, 내가 의도한 바와 전혀 달라도 괜찮습니다. 처음에는 아이가 입만 벙긋해도 칭찬해 주세요(엄마도 입을 벙긋하며 엄지척+"어!"). 소리내기를 유도했지만 아이가 '이리와' 손짓으로만 답해도 칭찬하는 표정으로 꿀꿀이 인형을 건네주세요. 주면서 "이리와, 왔다"라고 말합니다. "네네네네~"를 아이가 "에에에에"라고만 말해도 충분합니다. 다시 한번 "네~!" 하면서 아이 귀에 입력해 주면 됩니다.

아빠를 보고 "아~~" 하면 "맞아~ 아빠!! 아빠야~" 하며 아빠가 활짝 웃어 주세요. 아빠를 "아~"라고 알면 어쩌나 걱정할 필요가 없습니다. 아이의 시도가 먼저 지지되어야 합니다. 인정이 먼저고 "아빠"라는 말의 발화는 다음입니다. "음마" 하면 "엄마! 엄마 불렀어!" 하며 안아 주고, "무~~" 하면 "여기, 물" 하며 물을 건네주세요. 그런 경험이 쌓이면서 아이는 소리와 단어가 가진 힘을 느끼게 됩니다. 아이가 할 수 있는 표현을 했을 때 지지를 받으면 더 하고 싶어 할 것입니다. 그때 새로운 소리와 단어를 제공해 주세요. 이해와 표현의 연결 고리가 단단해집니다.

- **강요가 아닌 자연스러움:** 인간은 능동적인 존재입니다. 뇌는 능동적으로 참여할 때 학습됩니다. 아이 또한 세상을 살아가는 데 필요한 최소의 능력을 가지고 태어나 스스로 자라며 소통하려 애씁니다. 아이의 기본 욕구를 깨워 주세요.

아이가 도움을 요청하게 하세요. 첫 낱말 시기의 아이가 가장 많이 표현하는 의도는 행동/사물 요구입니다. 아이가 좋아하는 장난감을 아이 손이 안 닿게 둡니다. 아이가 좋아하는 젤리를 엄마가 먼저 먹습니다. 놀이터에 나가기 전에 잠깐 뜸을 들여 보세요. "엄마" 부르면 빠르게 돌아보되 다음 행동은 멈칫합니다. 아이가 막 표현을 시작한 말/단어 말하기(예: "빵빵, 젤리, 가, 이리와")를 목표로 하는 것이 좋고 아이의 의도가 충만할수록(예: 진짜 좋아하는 장난감이나 놀이) 효과적입니다. 스스로하기를 어려워한다면 아빠나 언니, 형이 "빵빵, 젤리, 나도, 줘, 가자, 이리와, 와"라고 말하며 모델링을 해 주어도 좋습니다. 단, "말해 봐! 말해야 줄 거야, 틀리면 안 돼"라고 하지 않습니다. 이는 서로 기 싸움만 늘릴 뿐입니다.

아이와의 놀이를 즐기세요. 놀이 안에는 차례가 있고 부모가 자연스레 가르쳐 주어야 할 것들이 있고 아이가 필요로 하는 것도 다양합니다. 언어가 개입할 여지가 많습니다.

도움을 줄 때도 요령은 필요합니다

- **타이밍:** 배가 부를 때 밥을 주면 안 먹습니다. 마찬가지로 단어

가 고플 때 주어야 합니다. 아이가 자동차를 쳐다보고 있습니다. '뭐지?' 궁금해할 때 "빵빵", '하고 싶다' 생각할 때 "놀자, 타자", 갖고 싶어 할 때 "주세요, 빵빵 주세요"라는 엄마의 자극은 아이 표현으로 이어집니다. 아이의 의도를 정확히 파악하고 있어야 합니다.

아이가 '푸~' 투레질을 많이 할 때 '푸~ 파~' 하며 휴지 날리기, '푸푸푸 파파파' 연주 놀이를 알려 주면 효과적입니다. "음마 음마" 옹알이가 많은 아이에게는 "엄마, 음매, 메~" 표현을 유도하기 쉽고, 동시에 "음빠, 음바"와 같은 다른 소리는 아이의 관심(청각적 자극, 이해)을 끌기 좋습니다. "빵빵" 자동차에 빠져 있는 아이에게 "붕, 다다다다, 슝~, 애앵, 삐뽀삐뽀, 타/타요, 출발"과 같이 탈것과 관련된 어휘를 알려 주면 빠르게 습득합니다. 시작할 포인트를 잘 잡아 보세요.

● **효율성**: 수다쟁이 엄마보다 조용한 엄마의 한 방이 효과적일 때가 있습니다. 소리 즐기기 단계에서는 물론 엄마의 시범/모델링이 많지만 언제나 기회는 아이가 먼저, 많이 가져가야 합니다.

단어와 행동을 제시할 때는 시간차 공격이 좋습니다. 동시에 하면 하나에만 주목될 수 있습니다. 강조하고 싶은 것을 앞뒤에 적절히 넣어야 합니다. 예를 들면 엄마가 '준비 자세'를 해서 아이가 주목하면, "간다"라고 말하며 뛰어가 보세요. 뛰어가는 자세로 아이에게 의도를 확인시킨 후 "간다"라는 말을 아이가 모방하게 하는 것입니다. 또는 아이가 "우~" 하며 뭔가를 원하면 원하는 물건을 건네 주어 욕구를 해결시킨 후 "주세요"라고 말해 주며 정확한 언어를 자극해 줄 수 있습니다. 이후에는 "주세요"라는 말을 먼저 모델링해 준 후, 아이가 "주~, 우에요, 주세요"라고 하는 데까지 발전하면 물건을 건네는 식으로 순서를 바꿀 수도 있습니다. 다양한 방식의 시도를 통해 단어 익히기가 강화됩니다.

단, 강조하고 싶은 것, 아이에게 알리고 싶은 것은 확실하게 해야 합니다. "자동차 할래? 기차 할래?"는 선택권을 주는 듯하지만 아이에게 단서를 제공한 것입니다. 아이가 아는 단어가 아닌 "기차"를 선택했다면 폭풍 칭찬을 해 주세요.

아이가 원하는 것을 제공해야 합니다. 활동적인 아이는 찢고 불고 돌아다니며 배웁니다. 정적인 아이는 마주보기, 조물조물 요리하기, 노래하기에 흥미를 느낍니다. 불안감이 높은 아이는 반복되는 노랫말이나 일상적이고 예측 가능한 장난감같이 패턴을 정해 주면 언어 자극도 편하게 받아들입니다. 걱정이 많고 주저하는 아이라면 동물이나 인형을 이용해 간접적으로 표현을 유도해 주세요. 우리 아이는 어떤 환경, 어떤 방법이 효과적인지 찾아야 합니다.

영어를 열심히 공부해도 실제로 외국인과 대화하기는 참 어렵습니다. 머릿속에서 단어를 찾다가 끝납니다. 외국어 학습에도 모국어 방식이 이미 도입된 지 오래입니다. 알고 보면 모국어 방식도 누구에게는 참 어려운데 말이지요. 너무나 자연스러운 환경이 아이에게는 덜 집중되고 덜 중요하게 여겨졌을 수 있습니다. 조금 더디게 말하는 우리 아이를 위해 부모가 좀 더 적극적이 되어야겠습니다. 집중적 듣기, 적극적 의사소통을 해 봅시다.

우리 아이는 지금	이렇게 놀아요	예
• 이동 생활 반경이 확장됨 • 사물 이름 말하기 가능 • 어휘 확장기 • 일상생활 활동 모방 가능 • 소근육 발달(집기, 고르기)	• 일상생활 놀이(가정, 요리, 장보기, 세탁, 주차) • 상징 행동하기 －본인이 ~하는 척하기(빈 컵으로 물 마시는 척하기) －다른 대상에게 표현하기, 다른 사람이나 물체 흉내 내기(인형에게 우유 먹이기, "멍멍" 하며 강아지 흉내 내기) －상징 행동이 여러 대상에게, 여러 가지로 나타남(인형에게 우유 먹이고 엄마에게도 줌, 자신도 먹음, 요리해서 접시에 담아 엄마에게 줌)	• 붕붕카, 미끄럼틀, 발자국 따라가기 • 주방 놀이(음식 모형, 주방 도구, 카트), 동물 놀이 (동물 모형, 트럭), 탈 것(자동차, 기차, 트랙), 인형(봉제 인형, 레고) • 자석, 스티커, 모양 퍼즐, 링/구슬 끼우기, 작은 악기(건반) • 일상생활 그림책, 팝업북

한 낱말 발화가 시작되는 시기에는 어휘가 늘어날 수 있도록 다양한 대상을 소개해 주세요. 아이가 좋아하는 놀잇감을 활용합니다. 음식, 동물, 자동차, 퍼즐 어떤 것이든 좋습니다. 구체적 대상이 있는 어휘는 습득이 빠릅니다. 이 시기에는 상징 행동도 함께 발달합니다. 놀이를 가상으로 생각하고 사물이나 행동도 상징화할 수 있습니다. 언어도 사실은 추상적인 상징체계입니다. 사물을 충분히 감각적으로 익히고 개념을 머릿속에 그릴 수 있게 되면 사물이 안 보여도 그 사물을 상상하면서 그 사물이 있는 척, 그 사물로 무엇을 하는 척할 수 있습니다. 사물을 몸짓이나 단어로 표현하는 것 또한 상징 행동의 일환입니다.

대표적으로 싱크대, 조리 도구들, 음식 모형 등의 놀잇감은 주방 놀이의 상징입니다. 이런 놀잇감을 이용하여 조리하는 척, 먹는 척하며 아이는 놀이합니다. 함께 놀이하는 엄마에게도 먹여 주고 이내 아기 인형에게 먹여 주기도 합니다. 프라이팬에 지글지글해서 접시에 담고 아빠가 '아~~' 하면 먹여 줍니다. "지글지글, 치~~~, 음~ 냄새, 아~~ 주세요, 우아, 맛있다" 하는 단어 수준에서 "지글지글 구워요, 고기 구워요, 아~~ 고기 주세요, 고기! 주세요!"와 같은 문장 수준의 말하기도 유도할 수 있습니다.

매우 활발하게 움직일 때이지만 소극적인 아이, 혼자 놀이를 즐기는 아이도 있습니다. 그런 아이라면 링/구슬 끼우기, 동물 먹이 주기와 같은 놀이를 좋아할 수 있습니다. 집게 집기, 바닥 발자국 따라가며 콩 줍기, 책장 넘기기(그림책, 팝업북), 스티커 붙이기("코코코 코!" 하며 코에 스티커 붙이기, "코코코 손!" 하며 손에 스티커 붙이기), 자석 붙이기("사과가 있어요" 하며 사과 자석 붙이기, "멍멍이도 있네요" 하며 강아지 자석 붙이기) 놀이는 소근육 발달도 자극하면서 어휘력을 키우고 집중력을 키우는 데도 좋습니다.

Chapter 3

만 2~3세

단어를 모아
문장으로 말해요,
자기 말이 생겨요

말을 일찍 한 아이는
똑똑한 걸까요?

- "조카는 말을 일찍 하더니 엄청 잘해요. 빠릿빠릿하고 애어른이 따로 없어요. 옆에서 그저 헤헤거리고 있는 우리 아들이 모자라 보여 속상해요."

- "누구네 아이는 말도 빠르고 세 돌도 안 됐는데 벌써 한글에 관심을 보인대요. ○○유치원 보낼 거라고 벌써 알아보고 있던데…. 이런 아이는 나중에 공부도 잘할까요? 부럽네요."

- "말이 빠르면 똑똑한 거겠죠? 말이 느리면 인지 발달도 늦대요. 이해는 하는 것 같은데 그래도 답답할 때가 한두 번이 아니에요. 종합검사를 받아 봐야 할까요? 정말 느리다는 결과를 받게 될까 봐 걱정돼요."

일찍 말하기 시작했고 말을 또박또박 잘하는 아이를 보면 '거참 똑똑하네!' 감탄이 먼저 나옵니다. 언어 발달이 느리면 머리가 안 좋은가 걱정됩니다. 언어와 인지에는 어떤 관련성이 있을까요? 말이 빨리 트인 아이는 똑똑해 '보입니다'. 친구들이 "아바아바, 부~~" 할 때 "아빠! 차", "아빠, 자동차 주세요"라고 하면 얼마나 멋진가요. 의사소통도 잘됩니다. 손짓발짓할 필요 없이 "물", "아니, 주스", "까까 또 줘", "자동차(놀이) 하자" 하면 되니까요. 싸울 일도 적습니다. "나도 같이 하자", "할까?", "하나만", "한 번만 하고"처럼 행동보다 말로 하는 법을 압니다. "아이고, 예쁘게 말하네. 말도 잘한다. 이건 어떻게 알았어?" 이렇게 칭찬도 많이 받습니다. 자신감이 생기고 말하는 데 재미가 생깁니다. 이는 자존감과 연결됩니다. 부모가 아이와 편하게 소통합니다. 말 잘하는 아이에게는 말도 더 많이 걸고 더 수준 높은 어휘, 다양한 어휘를 들려줍니다. 아이의 언어 발달은 가속도가 붙습니다.

집 밖에서도 마찬가지입니다. 어린이집에서 말을 잘하는 아이는 선생님 옆에서 조잘댑니다. 역시 더 많은 말을 나누고 더 다양한 자극을 받습니다. 친구들 사이에서도 놀이를 주도합니다. "가위바위보 해야지", "이건 내 거야", "아니야, 넌 기다려, 내 차례야"라고 말하면서 놀이가 더 즐겁고 놀잇감, 책의 활용도가 높아집니다.

조금 일찍 말하기 시작했을 뿐인데 그 영향력이 대단한 것은 이후의 반응과 자극 때문일 것입니다.

언어 발달과 공부머리

언어 발달에 있어 인지 발달이 중요하다고 여겨 왔습니다. 발달심리학자 피아제의 감각운동기에서는 대상영속성, 수단-목적(인과성), 모방, 상징기능 등을 습득하는 인지 발달이 언어 발달의 선행 조건으로서 밀접한 관련성을 맺고 있다고 봅니다(〈9. 저지레가 심해요, 마구잡이 아이 어떻게 해야 하나요?〉 참고). 세상에 대한 이해와 함께, 언어를 통해 의사소통을 할 수 있다는 언어의 기능과 개념을 인지해야 언어 발달이 이루어집니다.

교육심리학자 비고츠키Vygotsky는 피아제와 달리 언어와 인지 발달은 독립적으로 발달한다고 보았지만, 어느 시점에서는 서로 영향을 주고받는다고 하였습니다. "이게 뭐지?"라고 스스로에게 질문하면서 답을 얻고, 알고자 하는 욕구가 언어로 표현됩니다. 언어 능력이든 인지 능력이든 어떤 발달이 먼저 시작되든 간에 언어는 인지 능력을 반영하고 계속 그 영향력을 주고받습니다.

많은 언어 발달 연구에서 초기의 언어 발달 능력, 특히 어휘 발달은 인지와 상관관계를 보인다고 말합니다. 언어가 빠르면, 어휘 습득이 빠르면 인지 발달도 좋다는 것이죠. 국내 한 연구에서 언어 발달이 정상인 아동과 느린 아동(18~35개월에서 연령 수준이 하위 10%인 아동)의 인지 기능을 비교해 보았더니, 일반 아동은 94%가 정상 범위 이상이었습니다. 언어 발달이 지연된 아동 중 인지가 정상 범위에 속한 비율은 33%였습니다. 64%는 인지 발달도 지연으로 나타났습니다.

그러나 언어 발달이 빠른 것이 높은 지능, 혹은 엄마들이 중요하게 생각하는 '공부머리'와 직결된다고 장담할 수는 없습니다.

IQ(Intelligence Quotient, 지능지수)에 이어 EQ(Emotional Quotient, 감정지수), SQ(Social Quotient, 사회성 지수)가 부각되면서 관련 교재나 교구가 유행처럼 번지기도 했습니다. 최근에는 다중지능이론에 따라 언어지능, 논리수학지능, 신체운동지능, 자기성찰지능, 시공간지능, 음악지능, 대인관계지능, 자연탐구지능과 같이 여러 가지 지능으로 개인을 해석하고 역량을 개발시키려는 관점이 부각되고 있습니다. 하버드대학교 하워드 가드너Howard Gardner 교수가 소개한 다중지능이론에 따르면, 각 지능들은 서로 독립적이고 각각 다르게 발달하여 개인의 특성(예: 운동을 잘한다/과학을 좋아한다/인간관계가 좋다 등)을 발휘할 수 있게 합니다. 동시에 서로 협조하여 지능 향상을 추구하게도 합니다. 지능, 인지, 사고는 한 가지 요소로 대변할 수 없습니다.

말이 빨리 트인 아이가 수학, 과학은 못할 수도 있습니다. 아이가 언어 발달이 빠르고 습득 속도도 빨라서 조기 교육을 시켰더니, 오히려 정서 불안, 심리 위축을 호소하는 경우도 많습니다. 말이 빨리 트인 아이는 그렇지 않은 아이보다 유리한 조건에 있음은 분명합니다. 그러나 그것을 발굴하고 개발시키는 과제는 똑같이 존재합니다.

언어 발달이 늦다고 너무 걱정하고 낙담할 필요도 없습니다. 지능 발달에 어려움을 가진 아동들이 가장 많이 보이는 소견이 언어 지연이어서 처음에는 언어 발달이 느리면 지능 문제를 쉽게 떠올렸습니다. 혹은 언어 발달이 늦은 아이의 경우, 검사지의 질문이나 내용을 이해하기 어려워해 지능 검사를 진행하기가 어려워 결과가 좋지도 않았습니다. 그런데 한 대학병원에서 24~48개월 때 언어와 인지

검사를 받은 아동들을 1년 이상이 지난 후 재검사하였습니다. 그 결과 인지가 낮을수록 언어 발달도 느려, 언어 발달과 인지 발달 간에 관련성을 보였습니다. 그러나 경도 혹은 정상 수준에 들어선 인지군에서는 언어 발달과 인지 발달 간에 관련성이 없었습니다. 즉, 인지가 현저하게 낮으면 언어도 늦게 발달하지만, 인지 수준은 정상인데, 인지와 별개로 언어 발달이 늦어질 수 있다는 것입니다.

즉, 각 발달 간에 이탈, 분리가 될 수 있는 것입니다(예: 인지는 빠르나 언어는 느리다, 이해는 빠르나 표현은 느리다). 지능이 정상인데 언어 발달은 유의미하게 낮은 단순언어발달장애군이 있습니다. 더 세분화되어 말 늦은 아이late talker, 말이 늦었지만 곧 정상 발달을 하는 아이late bloomer도 있습니다. 따라서 말이 늦은 아이에 대해 인지 문제를 의심하기 전에, 언어뿐 아니라 운동, 사회성, 행동 등의 영역에 대한 평가가 필요할 수 있습니다. 그러나 언어 발달을 촉진하고자 하는 부모의 자세에는 변함이 없어야 할 것입니다.

말이 빨리 트인 아이를 위한 강점 키우기

말이 빨리 트인 아이와 말이 더디게 트이는 아이에게 똑같이 접근할 수는 없습니다. 강점은 키우고 약점은 보완합니다.

아이의 호기심을 충족시켜 주세요

"이거 뭐예요? 왜요? 이거 정말 돼요?(안 된다고 했는데 지금은 왜 돼요?) 나도 해도 돼요?"

언어 발달이 빠른 아이는 질문도 많습니다. 때로는 말도 안 되는 질문, 대답하기 어려운 질문도 있습니다. 아이의 질문과 궁금증에 적극적으로 답해 주세요. "원래 그런 거야, 그냥 해, 나도 몰라, 글쎄"라는 답은 아이로 하여금 지적 호기심과 용기를 드러낸 것을 부끄럽게 만듭니다. 아이의 수준에 맞추어 설명해 주세요.

"다른 동네에 있던 비구름이 여기로 밀려 왔나봐."

아이가 '바람, 구름, 비'에 대해 이해하기 어려워하면 이렇게 말해 주어도 좋습니다.

"여우비래, 여우가 시집가서 구름이 슬프대."

함께 답을 찾아가는 과정도 아이에게는 즐거움입니다.

"왜 그런지 우리 같이 책에서 찾아볼까?"

아이가 관심을 보이는 공연, 체험, 책도 적극 활용합니다. 아이의 말에 내용이 생기고 상상력과 사고가 확장될 것입니다.

언어 외에 다른 영역도 함께 발달시켜 주세요

말은 빨리 트였는데 운동 발달이 늦거나, 친구들과 어울리는 것을 싫어할 수도 있습니다. '그래, 말을 잘하니까 이런 것은 못해도 돼'가 아닙니다. 언어 발달이 빠른 만큼 다른 영역의 발달도 촉진될 수 있어야 합니다.

신체 놀이나 야외 활동, 또래와의 경험이 중요합니다. 말이 빨리 트인 아이는 뭔가를 습득하는 속도도 빠릅니다. 국어를 잘하니 수학도 잘하고, 음악을 잘하고, 운동도 잘하는 아이가 될 수 있습니다.

그렇다고 과한 교육, 강압적 환경은 독이 됩니다. 말을 잘한다고 3세를 5세처럼 대하지는 마세요. 놀이 수준, 정서, 심리는 아직 어린 아이입니다. 스스로 몇 개 언어를 터득한 언어 영재의 비결은 공부 스트레스가 없는 것, 부모의 적절한 자극과 정서적 지지였습니다.

잘 듣고 배려해 주세요

말을 많이 한다고 잘하는 것은 아닙니다. 말은 잘하는데 대화가 자꾸 끊깁니다. 어른들의 말, 어려운 속담, 은어들을 뜻도 모르고 과용하는 친구들도 있습니다. 소통이 우선입니다.

아이가 말할 때 잘 들어 주세요. "그런 일이 있다니, 신기하네" 맞장구도 치고, "그런데 엄마는 좀 놀랐어" 엄마의 의견도 이야기합니다. 듣고 말하기의 즐거움을 보여 주세요.

"네가 이렇게 말하니까 엄마가 기분이 좋네."

"흥부 얼굴 봐, 슬픈가?"

"이렇게 하면 친구들 기분이 어떨까?"

일상생활에서나 책을 읽으면서 기분, 감정에 대한 표현을 많이 해주세요. 공감과 배려는 아이의 말에 온기를 실어 줍니다.

말이 더딘 아이를 위한 대화법

놀이, 소통하는 시간을 활용하세요

말하기 전에 말하려는 의도가 있어야 합니다. 의도가 생기려면 사물과 타인에 관심을 가져야 합니다. 사물을 알고 타인을 이용할 수 있어야 합니다. 놀이와 경험의 시간을 쌓아 가세요. 그 안에서 사물을 조작하는 법, 구성하는 법, 이야기를 만들어 가는 법을 충분히 알아야 합니다. 대상과 현상을 표현하고 싶은 욕구, 엄마에게 보여 주고 자랑하고 싶은 마음, 도와달라고 청해야 하는 상황, 누군가의 질문이나 말에 대응하는 방식을 먼저 알아야 합니다. 이런 마음이 생겨야 말도 나옵니다.

단순한 놀이(열고 넣고 닫고, 열고 태우고 출발, 도착하고 내리고 다시 출발)에서 시작하여, 역할을 나누고, 일상적이거나 아이가 좋아하는 사건이나 이야기(불이 났다, 친구가 다쳤다, 과자를 사러 간다, 씻는다 등)를 만듭니다. 놀이를 통해 아이는 언어 이해와 표현을 배웁니다.

충분히 배려하고 기다려 주세요

말이 늦다고 같은 말을 반복하게 하고 주입식으로 대한다면 아이의 말문은 더 닫힐 뿐입니다. 자연스러운 놀이 환경을 준비한다면 아이에게는 쉽고 호기롭게 말할 기회가 생긴 것입니다. 그 기회를 엄마가 빼앗지 말아야 합니다. 답답하다고 가르쳐 주거나 말을 더해 주거나 하나하나 교정하려 들지 마세요. 아이 스스로 단어를 생각해 내고 문장을 만들어 볼 수 있는 경험이 중요합니다.

"맞아! 사다리네!" "아! 소방차가 불 끄러 가는구나!"

아이의 말에는 호응하고 인정해 주세요. 만약 수정해 주거나 덧붙이고 싶다면 기회를 이용합니다. "엄마 아 뜨거 좋아"라고 하면 호응하면서 문장을 수정해 주면 됩니다.

"맞아, 엄마는 커피를 좋아해! 어떻게 알았어? 고마워."

아이가 바로 수정하거나 모방하지 않아도 일단 기다려 줍니다. 주고받음이 원활해지면 아이의 모방과 자가 수정도 조금씩 생길 것입니다. 아이에게 필요한 것은 자신감과 성공하는 경험입니다. 아이의 말을 격려하고 응원해 주세요.

아이의 언어 수준에 맞추어 대화하세요

급한 마음에 부모의 말이 많아지고 길어지고 어려워지기 일쑤입니다. 혹은 아이 말이 늦으니까 너무 쉬운 말, 아기 말을 여전히 사용하기도 합니다. 딱 아이가 하는 수준, 혹은 그보다 반걸음 앞선 말이 좋습니다.

공을 가리키면 "공? 통통통 공이야", "므~~~ 무~" 하면 "물! 물 줄게", "코야코야" 하면 "코야코야, 자요" 합니다. 아이는 자신의 의도를 인정받고 자신이 하려던 의도의 바른 말 표현을 알았으므로 기억하려 할 것입니다.

쉬운 말, 소리말도 좋으나 간단하지만 정확한 문법, 바른 발음이 우선입니다. 표현은 정확하게 해 주고 대신 억양을 다채롭게, 운율을 활용해 주세요.

"지지~ 에비."→"더러운 것은 안 돼요."

"냠냠 마시쪄요."→"냠냠 맛있네."

"통통 통통 통통이다."→"통통 공이 가네♪"

"맛있게 냠냠, 아빠도 먹고 아가도 먹고, 맛있게 냠냠 먹어요~"라는 식의 간단한 노래로 만들어도 좋습니다. 아이의 말을 따라가다 보면 왜 아이가 이렇게 행동하는지, 표현하는지 이해될 것입니다.

"우리 오빠도 말을 일찍부터 했대요. 지금도 말을 잘해요. 그런데 말만 잘해요"라는 인터넷 카페 댓글을 보고 웃은 적이 있습니다. 말 늦은 아이의 걱정에 '에디슨도 어렸을 때는 말도 늦고 바보인 줄 알았다잖아요'라는 댓글도 있었습니다. 지금 아이의 말이 어느 수준인지는 어쩌면 엄마의 기분인지도 모르겠습니다. 앞으로 아이가 자라날 방향에 맞게 오늘도 즐겁게 대화해 보세요. 약이 있으면 먹이겠고 주사가 효과가 있다면 맞히면 되지요. 그러나 언어 발달을 위한 방법은 오늘의 대화뿐입니다.

계속 소리를 질러요

- "28개월 아이입니다. 말이 빠르진 않지만 단어를 말하는 수준이에요. 그런데 요즘 뭐가 잘 안 되거나 짜증이 나면 소리를 질러요. 좋아서 소리 지르는 경우도 있는데 그냥 화가 많아진 느낌이에요. 짜증 내는 걸 다 받아 주면 안 될 것 같아서 무시해 보기도 하는데 줄어들지 않네요. 훈육을 시작해야 하는 시점인가요?"

- "뭐가 마음에 들지 않으면 소리를 지르더라고요. 대수롭지 않았는데 점점 잦아지는 느낌이에요. 지금은 24개월인데 사탕을 달라고 소리 질러서 저도 참다가 소리를 질렀더니 놀랐나 봐요. 막 울더라고요. 그런데 그 습관이 없어지지 않았어요. 제가 잘못한 걸까요? 말이 늦어 답답한 건지, 그렇다고 소리 지르고 화내는 것을 다 받아 줄 수는 없잖아요?"

꽥꽥이 시기가 있습니다. 그런데 자세히 보면 소리가 뭔가 의도적입니다. 다만 좋아하는 감정보다 화남, 불만과 같은 부정적 감정이 많아 보이죠. 그래서 엄마들은 아이의 소리 지르기가 더 위험한 신호 같고 여기서 지면 안 될 것 같기도 하고, 무엇보다 아이들의 화난 소리는 참기가 힘듭니다.

언어 발달 측면에서 만 2세 이후는 문장이 생기는 시기입니다. 문장들이 모이고 자기중심적이긴 하지만 순서, 인과관계도 포함됩니다. 이외에도 발달상 중요한 변화가 있습니다. 정서 발달입니다. 빠르면 만 2세부터 아이들의 감정이 폭발합니다. 좋고 싫음에서 신남/행복/즐거움/기대/흥분/만족, 슬픔/화남/짜증/속상함/실망/무서움 등 다양한 감정선을 표현합니다. 그러나 아직은 감정을 구분하기 어렵고, 특히 부정적 감정은 세분화하기 힘듭니다. 그저 짜증, 화남으로 표출되기 쉽습니다.

기본적인 애착 관계를 바탕으로 언어 발달과 상호작용이 활발해지는 시기이므로, 관계 속에서 감정의 표출이나 표현을 알아갑니다. 긍정적인 표현이 많아지고 부정적인 정서도 온건하게, 사회적으로 적절하게 표출되는 것은 만 3세부터입니다. 만 4, 5세를 지나며 아이들은 타인에 대한 이해, 자신의 감정 조절, 전략 사용(기쁨을 유지하거나 혹은 화남을 다른 감정으로 유도함)이 눈에 띄게 발달합니다.

정서 지능에 대한 이해

아이가 정서적으로 안정되었다, 정서 발달이 잘되었다, 정서 지능이 우수하다는 것은 정서 표현, 정서 이해, 정서 조절/전략의 세 가지 기능이 좋다는 것입니다.

정서 표현

본인의 정서나 기분을 적절하게, 사회적으로 인정되게 표출할 수 있습니다.

- **잘된 아이**: 집에서는 신나게 웃고 떠들어도 식당에서는 조용히 말한다. "네가 내 장난감 뺏어 가서 기분 나빠!"라고 속상한 마음을 말로 표현한다.
- **부족한 아이**: 집에서나 밖에서나 큰 소리로 떠든다. 속상하게 한 친구를 때린다.

정서 이해

자신뿐 아니라 남의 감정을 인식할 수 있습니다.

- **잘된 아이**: "나 지금 화났어. 니가 내 장난감 뺏어가서. 내 장난감이 좋아 보였어?"
- **부족한 아이**: "나 화났어. 장난감 뺏으면 안 돼! 넌 나빠!"

정서 조절 및 전략

감정을 조절하고 유지하거나, 혹은 부정적 감정을 해소하기 위해 다른 방법을 사용합니다.

- **잘된 아이**: "화났는데 잠깐 기다리니까 괜찮아졌어, 네 마

음을 아니까 좀 나아졌어." "내 거니까 돌려줘, 내가 기다
려 줄 테니까 이번 한 번만 하고 줘."

- **부족한 아이**: "안 돼, 내 거야! 야!!!!! 미워! 빨리 줘." 결국
  뺏거나 때린다.

이 세 가지 기능은 사회화 과정에서 필연적이며 학령기 자기 조절
능력, 또래 관계, 학업 성취와도 연결됩니다. 아이의 긍정적인 정서
발달을 위해서는 따뜻한 양육 태도를 유지하되 합리적이고 적절한
통제가 필요합니다.

아이의 독립심을 격려하고 지지하라고 합니다. 온정적으로 대하
고 공감하라고 합니다. 당연한데 어려운 일입니다. 쉬운 것부터 실천
해 봅시다.

정서 지능을 높이기 위한 세 가지 방법

공감, 아이의 감정을 인정해 주세요

감정이 더욱 다양해진 지금, 아이는 느끼기는 하지만 그 느낌이
무엇인지는 알지 못합니다. 말로 표현하지 못합니다. 그럴 때 부모가
대신 언어로 표현해 주세요.

"아팠구나." "으~ 싫구나, 싫어싫어~"

"하지 마? 응~ 내 거야~ 내 거 하지 마?"

"속상하구나, 저거 잡고 싶은데 안 되니까 속상해요?"

"좋아? 그렇게 좋았어~ 하늘만큼 좋았구나."

"친구가 가져가니까 싫구나, 나도 하고 싶은데~ 빨리 돌려주면 좋겠다."

"엄마 많이 기다렸구나, 엄마 빨리 오라고 한 거야? 그래 미안해, 엄마가 좀 늦어서 미안해."

"이렇게 미웠어? 손이 확 올라갈 만큼 미웠구나."

"화날 수 있어, 아빠라도 화났겠다. 아빠도 잘 안 되면 화나."

아이의 언어 수준에 맞추어 아이의 상황과 감정을 표현해 주세요. 이해 발달이 느리다면 짧게, 의성어를 이용하거나 표정이나 몸짓(안아 주기, 쓰다듬기, 손잡기 등)으로 아이의 감정을 읽어 주세요. 감정을 인정받는 것만으로도 감정을 조절하고 해결책을 찾는 아이가 있습니다. 안아 주면 소리 지르기를 멈추거나, 온화하게 받아 주면 스스로 엄마 아빠를 안거나, "응 화났어, 근데 괜찮아"라고 말하기도 합니다.

욕구 표현을 제대로 하지 못해서 감정적으로 표현하는 경우도 있습니다. 3세 이후 언어가 발달하면서 말로 감정 표현이 가능해지면 감정 조절도 가능해집니다. 지금은 아이가 원하는 것, 느끼는 것을 말로 표현하게끔 도와주세요.

아이가 문제 행동을 하면 아이가 한 나쁜 행동, 상황 수습, 문제 행동을 멈추게 하는 데만 신경 쓰게 됩니다. 아이가 소리를 지르면 멈추게 하기 위해 혼을 내거나 요구를 들어주거나 달래 줍니다. 아이가 화를 참지 못하면 역시 달래거나 받아 주거나, 그것도 안 되면 같이 화를 내고 혼내기도 합니다. 그러면 아이의 부정적 감정은 표출되지 못하고 해소되지 않습니다.

그래서 평소에 좋은 감정, 일상적인 마음을 읽어 주는 데 더 집중해야 합니다. 긍정적인 것이 강화되면 부정적인 것도 긍정화됩니다. 좋게 말할 수 있으면 굳이 소리 지르지 않아도 된다는 것을 압니다. 엄마는 내 마음을 알아주고 받아 줄 것이라는 믿음이 생기면, 엄마의 거절도 그렇게 서운하거나 서럽지 않습니다.

"네가 웃으니 엄마도 기분이 좋다."

"네가 슬프니까 엄마도 슬퍼."

엄마도 솔직하게 엄마의 감정을 표현하세요. 그러면 아이는 내 마음뿐 아니라 남에게도 마음이 있다는 것을 알게 됩니다. 남의 마음을 알아볼 여력도 생깁니다.

표현, 아이의 감정을 풀어 주세요

"나 지금 화났어, 화났다고!" 말로 표현한다고 감정이 다 해소되는 것은 아닙니다. 감정을 적절하게 풀고 긍정적인 에너지로 전환하는 것도 필요합니다. 아이의 기질과 정서 발달과의 관계를 살펴보니 활동성이 가장 큰 변수였습니다. 활동성이 많은 아이는 정서 발달이 더디었는데, 그 이면을 살펴보니 활동성이 많은 아이는 혼이 많이 났습니다. 가만히 있으라는 지시도 많이 받았습니다. 부모가 버겁다는 이유로 상호작용도 적었습니다.

그런데 적절한 신체 운동과 야외 놀이는 아이의 스트레스를 해소시키고 신체적으로 감정을 소진시켜 이후 집중을 요하는 활동이나 놀이, 정서 조절에 긍정적인 영향을 미칩니다. 활발하고 동적인 아이들의 활동성에 대한 편견을 버려야 합니다.

여자아이보다 남자아이가 화가 많고 부정적 정서 표현이 많은 편입니다. 소리도 많이 지르고 과격하고 다툼도 잦습니다. 그런데 부모들의 태도가 달랐습니다.

아빠들은 남아의 긍정적인 감정 표현에 더 냉담하였습니다.

"우리 딸 뭐가 그렇게 기뻐, 예쁘게도 웃네, 예쁜 우리 공주님." vs "남자가 뭐가 그리 가벼워, 왜 이렇게 촐랑대, 방정맞게."

엄마들은 남아의 부정적인 감정 표현에 더 예민했습니다.

"딸 슬펐어? 누가 우리 딸 슬프게 했어? 아구아구." vs "아들! 또 눈물이야? 질질 짜지마, 애기처럼 왜 그래, 못난이야?"

활동성까지 높은 남아라면? 이 아이의 감정은 어떻게 풀릴까요? 다시 기질에 대해 다루어 보겠습니다. 기질적으로 생리적 안정을 추구하는 아이는 정서 발달이 빨랐습니다. 어릴 때부터 잘 자고 잘 먹고, 먹는 시간이나 배설하는 시간, 자는 시간도 딱딱 맞는 아이가 있습니다. 그런 아이들은 예측하기가 쉽습니다. 엄마도 여유가 있고 아이와 상호작용하는 시간도 확보하기 쉽습니다. 아이의 정서가 잘 발달합니다. 활발하고 다루기 어려운 아이라면 이렇게 규칙적인 생활 습관을 잡아 보세요. 기상, 식사, 취침 시간부터 정하셔도 좋습니다. 충분한 휴식도 필수입니다. 신체 리듬의 균형은 긍정적인 에너지를 채워 줍니다. '이거 해라, 저거 해라, 그만 해라, 안 된다'는 실랑이도 줄일 수 있습니다.

부정적인 감정이라고 다 삭히고 숨길 필요는 없습니다. 트램펄린, 북, 권투, 공 던지기, 샌드백, 종이 찢기, 신문지 격파와 같은 놀이로 아이의 불편한 마음, 던지거나 때리고 싶은 욕구를 풀어 주세요. 내향적인 아이라면 인형 놀이, 역할극 놀이도 좋습니다. "미워!" 하며 인형을 쳐도 놀라지 마세요. 소꿉놀이에서 다소 과격하고 불안정한 심리가 드러나도 제지하거나 옳게 해결하려 들지 마세요. 아이 나름대로 풀 기회를 주세요. 아이도 자라느라 힘듭니다. 우리 아이가 이런 것도 느끼는구나, 이런 감정을 이렇게 푸는구나 지지해 주세요.

조절, 감정에 따른 행동을 적절히 통제해 주세요

감정의 주체자로서 자신의 감정을 조절하고 그에 따른 행동도 통제할 수 있어야 합니다. 그러나 아이는 아직 어렵습니다. 다른 사람의 관점에서 생각하고 이해하는 것(인지, 조망), 감정과 감각을 조절하고 통제하는 것(전두엽의 발달, 뇌의 협응), 미래에 대한 예측과 전략의 적용(사회적 경험) 모두 어렵습니다. 만 5세보다는 6세, 만 6세보다는 그 이후에 완전한 발달을 기대할 수 있습니다. 만 5세 미만의 아이에게는 정서의 수용과 일관된 양육 태도로 조절의 경험과 기회를 제공해 주어야 합니다.

일관된 태도의 시작은 한계의 설정입니다. 감정은 수용하되 행동은 제한되어야 합니다. 화 날 수 있습니다. 매번 화를 참는 것은 불가능합니다. 화가 난 것, 화를 낸 것이 잘못이 아니라 친구를 민 것, 장난감을 던진 것, 나쁜 말을 한 그 행동이 잘못입니다.

"너 나쁜 애야, 왜 이렇게 못됐어! 엄마는 너 미워"가 아닙니다.

"던지는 건 나빠, 미는 행동은 안 돼, 그런 말은 나쁜 말이야"라고 해야 합니다.

이 한계는 변함이 없어야 합니다. 부모가 기준이 있고 일관되게 반응해야 합니다. 소리 질러도 오늘은 봐주고, 내일은 어림없으면 기준이 아닙니다. 마트에서는 창피하니까 봐주고, 집에서는 소리 질러도 무시할 수 있으니까 안 봐주는 것도 기준이 아닙니다. 아이는 소리 지르면 안 되고, 엄마 아빠는 화내도 된다는 기준도 없습니다.

지나치게 수용적 태도의 부모에게는 아이가 긍정적인 표현도 부정적인 표현도 많이 했습니다. 부정적 표현도 다 들어줄 것이라 기대했던 것이지요. 모든 것을 다 허용하는 것은 방임입니다. 아이가 어리다면 간단명료하고 단호하게 기준을 알려 주세요.

"소파에서 뛰는 건 안 돼."

"식당에서는 조용히 해야 해."

"오늘은 장난감 하나만 살 거야."

언어 표현과 이해가 되는 아이라면 합리적으로 설명해 주어 아이의 자발적인 수용을 얻을 수 있습니다.

"소파에서 뛰면 다칠 수 있어. 소파는 앉아서 쉬는 곳이야. 뛰면 먼지가 나고 더러워져."

"식당은 여럿이 같이 식사하는 곳이야. 시끄럽게 하면 다른 사람들이 불편해. 할 말이 있으면 조용하게 말해."

"오늘은 한 개만 사. 열 밤 자면 하나 더 사 줄게."

아이가 한계를 수용하고 잘 견디어 내면 칭찬과 격려로 그 행동을 강화해 주세요.

"우리 ○○이 잘 기다려 주었네."

"예쁘게 이야기하니까 좋다, 엄마가 더 잘 알겠네!"

"오늘 친구에게 장난감도 빌려 주고, 멋지다!"

놀이, 책읽기로 감정 조절하는 방법을 알려 줄 수도 있습니다. 예를 들면 책을 읽다가 "에디가 화났다, 뽀로로가 놀려서 에디가 화났어"처럼 주인공 감정을 읽어 주거나, 엄마가 뽀로로, 아이가 에디 마음 읽기로 역할을 바꿔 보거나, "아빠가 엄마 빵을 먹었어. 엄마 빵이 없어져서 속상해. 근데 아빠가 배가 많이 고팠대. 빵을 또 사야겠다"처럼 일상 소재로 대화하면서 감정을 표현하고 조절하는 방법을 상황별로 이해시킬 수 있습니다.

음성 놀이로서의 소리 지르기

- "5개월 아이예요. 집이고 밖이고 가리지 않고 소리를 너무 질러요. 자기도 어떨 때는 킥킥거리면서도 그래요. 처음에는 귀여웠는데 이게 너무 높은 소리라 엄마인 저도 귀가 아플 정도예요. 어디가 불편하고 아파서 그러는 건지도 걱정되고요."

- "9개월 아이예요. 지난달부터인가 자꾸 소리를 질러요. 돌고래처

럼 소리를 질러서 집 안이 다 흔들려요. 좋아도 소리 지르고 밖에 나가도 말릴 수가 없어요. 어른들은 말이 트이는 거라며 좋아하시는데, 저는 욕구불만 같기도 하고 잘 모르겠어요."

우리 아이 꽥꽥이 시절, 이번이 처음이 아닌 경우도 있습니다. 6~9개월 즈음을 떠올려 보면 위와 같았던 모습이었음을 알 수 있죠. 발성이 늘면서, 옹알이가 생기면서 나타나는 소리 지르기는 하나의 놀이입니다. 옹알이의 주요한 역할 중 하나도 음성 놀이vocal play입니다. 이전에는 본능적으로 울었다면 지금은 의도적으로 울거나 소리 낼 수 있다는 것입니다.

긴박함에 따라 소리 높이와 크기도 달리해서 낼 수 있고, 기분이나 의도에 따라 억양도 변화시킬 수 있습니다. 똑같은 '아'인데도 충분히 다르게 소리 낼 수 있습니다. 이렇게 할 수 있다는 게 아이는 스스로 신기하고 재미있습니다. 돌고래 울음소리 같은 크고 높은 소리는 아이 본인에게 청각적으로나 감각적으로(엄밀히 말하면 성대지만 감각적 자극을 좋아하는 아이는 얼굴이 벌게지고 주먹을 꽉 쥐고 온몸을 부들부들 떨면서 고함을 지름) 자극이 강합니다. 그만큼 재미있습니다.

자음성 옹알이가 나오기 전, 기분이나 의도를 전하기 위해 음성을 조절하기 시작할 무렵(약 5개월)의 아이는 그래서 그렇게 소리를 지릅니다. 옹알이가 발달해도 단어만큼 효과적이지는 않습니다. 감정이 다양해지고 활동성이 높아지는 9~10개월경에도 언어 표현 대신 소리 지르기가 나타날 수 있습니다. 뭔가를 표현하고 싶은 욕구는 많아지는데, 아직 감정에 따라 발화를 조절하거나 정확하게 말로 하기는 어려운 시기입니다.

아이가 소리 지를 때 표정을 살펴 주세요. 화, 불만, 공격, 짜증이 아닙니다. 그저 소리 내기에 집중하고 있음이 느껴질 것입니다. 미소를 머금으며 신나서 할 때도 있습니다. 아이가 충분히 자기 음성 산출을 느끼고 조절하며 피드백feedback 받을 시간을 주세요. 엄마가 소리로 반응해 주어도 좋습니다. 같이 소리 내기, 올라가는 소리와 내려가는 소리(아↗↘), 낮은 소리, 파도 소리(아~) 등입니다. 악기나 쌀 주머니와 같이 소리 나는 장난감, 노래 부르기는 청각적 자극을 충족시키고 다양한 소리 듣기로 관심을 유도할 수 있습니다.

자음 옹알이가 나오는 10개월 아이들에게는 '부~~, 마↗↘↗, 아↗ㅁ' 같이 자음을 섞어 주어도 좋습니다. 뭔가를 말하고 싶어 하는 욕구가 있다면 "아구 신나, 와~~~~ 신난다", "이야호! 만세~", "오호호 재밌다, 이거 재밌다 오호호", "이게 잘 안 되네, 으차으차 해 보자, 으차으차", "공이 밑에 들어갔어? 아쿠, 저~기 있네, 엄마가 꺼내 볼게~ 으차차"라며 행동을 언어로 표현해 주세요. 언어 자극은 음성 놀이의 최종 발달단계이자 목표입니다.

아이의 소리 지르기가 음성 놀이가 아닌 부모의 관심을 끌기 위한 것이라면, 평상시 아이가 엄마 아빠를 필요로 할 때 충분히 빠르게 반응해 주어야 합니다. 부모의 관심을 끌려는 아이의 욕구가 충족되면 소리를 지를 필요가 없어집니다.

언어 표현이 어려울 경우 불만스러운 소리 지르기가 잦을 수 있습니다. 불편 사항을 해결해 주며 해당 감정이나 상황을 말로 표현하는 방법을 보여 주세요.

"쉬했구나?" "졸려?" "아파?" "안아 줄까?"

"이거 열고 싶었는데 안 됐구나, 아고 속상해~"

이 역시 평상시 부모의 반응이 늦거나 비일관적이어서 생겨났을 수 있습니다. 아프거나 놀라거나 무서워서 갑작스레 소리 지를 수도 있습니다. 그러나 소리 지르기가 부모를 움직이는 가장 빠르고 효과적인 수단으로 익혀져서는 안 됩니다.

아이의 소리 지르기나 무작정 떼와 같은 문제 행동이 보일 때 '아이의 눈을 보고 단호히 말한다, 아이가 제어할 수 있게 기다린다, 타임아웃을 실시한다, 문제 행동은 무시한다'와 같은 행동 지침은 최후의 수단입니다. 그 전에 왜 이런 일이 생겼는지를 먼저 보아야 합니다. 아이의 행동을 바로 잡고 고치려 하다 보면 오히려 아이가 어긋나는 것을 느낄 때가 있습니다. 일부러 더 이러나 싶기도 합니다. 드러나는 행동에 발끈하기보다 숨어 있는 마음에 귀 기울여 보세요. 화난 부모 마음이 찡해지는 순간을 발견할 것입니다.

자기 마음대로
알 수 없는 놀이만 반복해요

- "35개월 아이예요. 아직 말이 느린데 혼자서도 잘 놀아요. 그런데 이게 상상놀이인지 자기만의 세계에 빠진 건지 너무 헷갈려요. 뭐라 뭐라 하고 가끔 알 만한 단어도 말해요. 아이가 혼자 놀 때는 개입하지 않는 게 좋다고 하던데, 저희 아이처럼 말이 늦은 아이는 같이 놀아 주는 것이 좋을까요?"

- "30개월 아이, 끊임없이 놀아 달라고 해요. 뭐든 혼자 하는 법이 없고 엄마엄마엄마, 엄마랑 같이 하려 하고 로봇 조립하다가도 금방 엄마엄마 해 달라고 하고, 힘들어서 텔레비전을 틀어 줘도 엄마가 옆에 있어야 한다고 해요. 너무 의존적인데 괜찮을까요?"

- "28개월 아이, 혼자 안 놀고 같이도 안 놀고 그냥 엄마더러 해 보래요. 본인이 조금 하다가 잘 안 되면 스트레스 받나 봐요. '엄마 해, 이렇게 이렇게' 시키고 제가 혼자 역할 놀이 하고 상황극하면 좋아라 보고 있어요. 재미있는 것은 '또 또' 해요. 혼자 연극하는 기분이에요. 이런 아이 있나요?"

● "35개월 아이 혼자 노는데 무슨 놀이인지 이해가 안 돼요. 싸우고 부수고 뭐라 소리 지르고…. 제가 같이 하자 해도 무시해요. 혼자 노는 걸 보면 아이가 이상한가, 심리적으로 안 좋은가 걱정될 때도 있어요. 못하게 해야 하는지, 다른 놀이로 바꾸고 싶은데 안 돼요."

제발 아이가 혼자 놀면 좋겠다고 소원한 적이 있습니다. 매일 엄마를 보초 세워 두고 하찮은 역할을 시키고 이게 뭐하는 건지 물어도 어느 때는 본인도 모르는 것 같습니다. 놀이에 대한 고민도 참 다양합니다.

놀이로 세상을 익히는 아이들

네덜란드 철학자 요한 하위징아Johan Huizinga는 '놀이하는 인간(호모 루덴스Homo Ludens)'이라는 개념을 탄생시켰습니다. 인간은 합리적으로 사고하지만 또 놀이합니다. 특히 아이는 삶이 놀이입니다. 놀이는 자유롭습니다. 놀고 싶을 때 놀고, 놀기 싫으면 그만둡니다. 상상력이 풍부합니다. 비현실적이고 창의적이고 판타지가 있습니다. 목적이 없습니다. 놀이 그 자체가 중요합니다. 긴장감을 줄 수도 있지만 욕망, 끈기, 안정, 감정을 표현합니다. 그중 중요한 것은 재미와 즐거움입니다.

놀이는 인간만이 누릴 수 있는 고등한 영역입니다. 아이는 놀이를 통해 자신을 표현하고 세상을 익힙니다. 창의적이고 유연한 사고, 독립적인 행동, 사회적 경험과 관계를 가능하게 합니다. 유아기의 놀이 경험은 학령기 이후의 학업 적응과 사회 적응에도 중요한 영향을 미칩니다.

놀이의 본질도 연령이 증가하면서 단계에 따라 발달합니다. 그렇다면 놀이는 아이의 언어 발달과 어떤 관계가 있을까요? 언어 검사나 치료로 찾아온 부모들은 간혹 "말 못하는 아이에게 무슨 언어 평가를 하나요? 왜 언어 치료 시간에 자꾸 노나요?"라며 의아해하기도 합니다. 언어가 출현하기 전, 상호작용을 포함한 놀이 발달로 이후의 언어 수준을 예측할 수 있습니다. 언어는 단어 외우기, 문법 규칙 등의 공부가 아니라 아이의 일상생활과 놀이 안에서 익혀집니다.

놀이 발달에 대한 이론들은 다양합니다. 놀이는 처음에는 구체적이지만 점점 표상적이고 상징적이 됩니다. 단순하고 반복적인 행태에서 복잡하고 논리적인 이야기가 됩니다. 자기중심적이고 독립적이었으나 타인을 끌어들이고 조작하고 협동합니다.

언어 발달과 관련된 놀이 형태를 정리해 보았습니다.

놀이-상징 행동	언어
• 탐험 놀이(9~10개월) 　-물고 빨고 만지고 던지고 굴림 　-늘어놓거나 쌓거나 넣거나 패턴을 부여하기도 함 • 전 상징기적 행동(12~14개월) 　-기능을 표현함(전화기를 귀에 가져감, 모자를 씀)	• 구체적인 사물을 이해 　-옹알이, 의성어/의태어(예: 아브아브/여보세요, 부~/부릉)

• 상징 행동(14~18개월) 　-자기중심적(물을 마시는 척, 빈 접시에서 과자를 　먹는 척, 화장하는 척) 　-단순 상징, 남에게 가장 행동(엄마에게 물을 먹여 　줌, 인형에게 화장을 시켜 줌)	• 상징, 표상에 대한 이해는 언어 발달로 　이어짐 　-어휘 발달(예: 물, 까까, 냠냠, 예뻐, 공주)
• 상징 행동 조합(18~24개월) 　-여러 가장 행동을 조합해서 적용 　(본인, 엄마, 인형에게 화장해 줌, 과자를 먹고 물을 　마시고 설거지함)	• 의미가 연결됨 　-낱말의 조합, 구문 발달의 기초 　(예: 엄마 와, 공주 물, 공주 예뻐)
• 계획적 행동, 물건 대치, 대행자 놀이(24~36개월) 　-없는 물건을 상상해 내거나 다른 물건으로 대신함 　(블록을 화장품으로 사용, 빗이 있는 것처럼 인형 　머리를 빗겨 줌) 　-다른 대상을 조작, 상징 행동을 계획 　(인형에게 화장해 준 후 본인이 인형 역할을 함)	• 상황이 논리적으로 연결됨 　-문장이 활발해짐, 문장 간에 인과성, 　논리성 발달 　(예: 공주 준비 다 했어요. 공주는 놀러 갈 　거예요. 엄마도 같이 갈래요?)

　아이는 하나의 장난감으로도 여러 놀이를 할 수 있고 제한된 놀잇 감으로도 다양한 놀이를 합니다. 놀잇감이 없어도 아이의 놀이는 계 속됩니다. 상징symbol, 가상pretend은 사물이나 사건을 다른 형태로 표상representation하는 것을 말합니다. 이는 언어의 본질과도 같습 니다. 따라서 아이의 상징 행동과 놀이 발달은 사고 발달과 언어 발 달로 이어집니다. 12개월은 아이의 상징 행동이 시작되는 시점으로 첫 낱말이 출현하는 시기와 일치합니다. 상징 행동의 조합이 보이며 단어가 연결되고 도식이 생기고 문법 규칙이 발달합니다. 일련의 상 징 행동들이 논리적으로 연결되는 것은 이야기story 형성으로 나아 갈 수 있으며 사회적 관계, 규칙, 관점들을 배우며 사회성으로도 확 장될 수 있습니다.

　초기의 사물 놀이 기술과 상징 놀이는 동시주목이나 상호작용의 결과로 나타납니다. 이는 언어 습득에서도 중요한 관계였습니다. 18개월 유아의 놀이와 언어 능력을 살펴보았더니 말이 늦은 아이는 상징 놀이 발달도 느렸습니다. 다른 사람을 대상으로 하는 상징 놀이의 출현(약 18개월)이 특히 언어 발달과 상관이 높았습니다. 언어 표현보다는 언어 이해와 더 관련이 높았습니다.

아빠가 바나나를 들고 전화받는 흉내를 낸다고 했을 때, 아이는 저것이 바나나지만 지금은 전화기 역할(표상)을 한다는 것을 이해해야 합니다. "아냐, 여보세요 아니야, 바나나야, 하지 마" 하며 진짜 전화기를 찾는 아이와 "(바나나 혹은 옆의 다른 물건을 귀에 대고)여보세요?" 하는 아이 중 누가 더 놀이와 언어 수준이 높을까요?

반면 만 3~6세 아동들의 상징 놀이 발달은 표현 어휘와 문법의 발달 사이에 유의미한 관계를 보였습니다. 혼자 하는 놀이보다 다른 사람을 끌어들이고 조작하거나 도구를 적용시키면서 상호작용이 증가합니다. 언어 표현이 증가합니다. 병원 놀이를 위해 아이는 인형에게 의사 가운을 입힙니다(단순 상징). 주사기가 안 보이자 볼펜으로 대신 주사를 놓습니다(물건 대치). 청진기도 두르고(상징 행동 조합), "어디가 아파요?" 묻고(대행자), 엄마에게는 다른 인형을 주면서 간호사 역할을 하게 합니다(역할 놀이). "엄마, '배가 아파요' 해!"(계획) 하면서 놀이 내용이 발전하고, 이것이 언어 발달의 기회가 되고, 언어 발달은 놀이를 더 풍부하고 다채롭게 합니다.

언어 발달을 돕는 놀이 방법과 부모의 역할

아이가 혼자 노는 시간도 필요합니다

놀이는 경쟁하고 긴장할 순간이 아닙니다. 단체 생활에서 종일 시달리고 온 아이는 혼자만의 시간 속에서 긴장감을 풀고 자신의 욕구를 풀기도 합니다. 자신이 주도하는 놀이 속에서 자신감을 회복하고 만족감을 느끼기도 합니다. 스스로 문제를 해결하고 책임질 수 있습니다. 아이가 자라면 독립심을 느끼고 혼자 있어도 불안하지 않고 안전하게 느끼는 때가 옵니다. 무한한 상상력을 키우면서 창의력을 발휘하기도 합니다. 차분한 감정을 얻고 내면을 조절하는 힘이 생깁니다. 25~48개월 무렵부터 또래와의 놀이에 대한 관심도 생기고 교류가 가능해집니다. 이전에는 혼자 놀이, 병행 놀이(같이 있으나, 각자 놀이)가 당연합니다.

- **아이의 집중력을 흩트리지 마세요**: "같이 놀아야지, 혼자 쓸데없이 뭐해?"
- **놀이 속에 교육이나 교훈적 요소를 개입시키려 하지 마세요**: "색깔 놀이 할까?" "하나 둘 셋 그 다음은 뭐지?"
- **섣불리 도와주지 마세요**: "엄마가 해 줄게, 그건 여기에 끼우는 거야."
- **비난하지 마세요**: "그게 뭐하는 거야? 만날 그 놀이야?" "아니지, 번개맨이 이겼잖아."

- **준비 없이 억지로 혼자 놀라고 강요하지 마세요:** "이제 혼자 노는 시간이야." "그런 건 엄마는 몰라." "엄마 청소해야 하니까 이거 갖고 놀아."

아이가 충분히 탐색할 시간, 혼자서 문제를 해결해 볼 시간, 본인의 욕구를 풀고 안정을 얻을 시간, 스스로 계획한 것을 시도해 보고 개척해 볼 시간으로서 혼자 놀이는 의미 있고 충분히 격려받아야 합니다.

나쁜 놀이는 없습니다

놀이의 첫째 조건은 재미입니다. 재미가 없으면 놀이는 중단됩니다. 어른들의 관점으로 놀이를 판단하면 안 됩니다. 48개월 이전에는 현실과 비현실을 분리하기가 아직 어렵습니다. 만화나 책에서 본 내용을 현실처럼 여기기도 하고 판타지가 동원될 수도 있습니다. 가상의 친구가 있는 아이는 상상력이 풍부하고 어휘력이 우수하다는 연구도 있습니다. 또래와도 호의적입니다.

밀고 때리고 쫓아가는 거친 신체 놀이도 그 과정에서 상대편을 고려하고 자신의 감정을 조절하며 사회적 기술을 배울 수 있습니다. 상대방의 입장, 감정을 파악하고 제지, 지시, 행위 요구를 하는 사회적 언어가 사용될 때 거친 신체 놀이도 친사회적인 역할을 할 수 있습니다(예: "여기 안에서만 잡는 거야, 밖에 나가면 못 잡아, 머리는 때리면 안 돼").

"우아, 신나 보인다~ 엄마도 같이 하고 싶어."

"(다른 인형 가져와서)안녕? 나는 뿡뿡이야~"

"이얍! 나는 세균맨이다~ 어떠냐!"

자기만의 세계에 갇힌 것은 아닌지 걱정된다면 친근하게 말하며 다가가 보세요. 아이의 눈이 반짝일지도 모릅니다.

아이 주도적 놀이를 이끄는 엄마, 가장 좋은 놀이 친구입니다

아이 주도적 놀이가 좋습니다. 놀이 파트너로서의 부모는 반응이 좋아야 합니다. 동시에 발판scaffolding을 만들어 주면 그 효과는 더욱 좋습니다.

12개월 미만의 아이는 언어, 몸짓, 감각의 협응이 미흡합니다. 따라서 부모가 적극적으로 개입하고 함께 놀이해 주는 것이 좋습니다. 12개월 미만 아이들의 놀이에서도 혼자 놀이할 때보다 부모와 놀이할 때 상상 놀이가 증가하였습니다. 아이가 하는 놀이를 부모는 언어로 반응합니다(예: "컵이네, 물? 물 먹고 싶구나"). 이는 아이의 어휘 발달(표현)과 관련됩니다. 엄마가 컵에 물을 따르고 물을 마시는 척합니다(예: 물 따라서 "꼴깍꼴깍, 와~ 시원해, 맛있다"). 아이는 엄마의 행동을 보고 사물의 기능을 이해하고 상징 놀이에 참여합니다. 이러한 부모의 놀이 행동과 언어가 모두 아이 발달에 영향을 미칩니다.

18개월은 상징 행동 수준이 도약하는 시기입니다. 장난감에 의존하던 아이가 다른 사물로 대체하는 놀이도 하며 부모나 인형을 끌어들여 자신의 놀이에 이용하기도 합니다. 엄마 아빠는 이전보다 아이를 따라서 조금은 편하게 놀 수도 있고 '이런 것도 하네' 하며 재미있게 관찰할 수도 있습니다. 부모와 상호작용하고 놀이를 할수록 아이의 놀이 빈도도 많아지고 발전하였습니다(감각 놀이〈상징 놀이). 부모가 아이에게 주도권을 주는 것은 여전히 중요합니다. 놀이 수준이 낮을수록 아이가 주도권을 갖는 것이 아이의 놀이 유지와 발전에 효과적이었습니다. 아이가 발달이 느리거나 언어수가 적다고 부모가 놀이를 이끌고 장난감이나 행동을 제시할 경우에는 아이의 무관심과 소극적 관찰만을 높일 뿐입니다. 부모는 아이가 하는 놀이에 반응하며 아이의 주도성을 끌어내야 합니다.

"물 먹고 싶구나? (물 따르는 흉내 내며)쪼르르~ 물 따랐어요. 아가가 물 마시네? 나도 물 마셔야지~. (인형을 가져와서)나도 물 마시고 싶어요, 물 주세요."

"빵빵~ 차가 가요, 나는 사람을 태워야지~ (레고를 가져와서)저도 타고 싶어요, 태워 주세요."

24개월 이후는 아이의 주도권이 확실히 높아지는 때입니다. 덜 의존적이 되고 스스로 주체가 되고 싶어 합니다. 엄마 아빠를 놀이 파트너, 역할자로서 조종하고 지시하려 할 것입니다. 주어진 역할을 성실하게 하면 됩니다.

"오, 이렇게 하니 재미있네."

"이야! 로봇으로 변신한 거야?"

"어디로 출동할까요?"

아이의 수준이 높을수록 격려, 인정, 아이의 의견 반영, 다양한 언어 자극이 효과적입니다. 놀이는 더 확장되고 말은 이야기가 됩니다.

아이가 커서 언젠가부터 친구를 쫓고 친구들과 있을 때 더 환하게 웃는다면, 엄마 아빠는 흐뭇하지만 서운하기도 합니다. 부모와 놀 때, 아이와 함께할 때가 부모의 영향력이 가장 크게 미칠 때입니다. 바로 지금입니다. 가장 중요한 것은 아이가 '주도적'으로 할 수 있게 부모가 '이끈다'는 것입니다.

PLUS INFO 내 아이에 맞게 언어 반응을 달리해 보세요

● 소극적이고 자신 없어하는 아이

자기유능감, 성공 경험을 높이고 격려, 칭찬, 시도하는 말을 많이 해 주세요. "이건 어떻게 하는 거지? 아이코, 엄마가 잘못했네." 엄마도 실수하고 모를 수 있습니다. 엄마가 해결사거나 완벽한 모습만 보이지 않아도 됩니다. 쉽고 간단한 놀이부터 시작하세요. 조용한 놀이 속에서도 "퍼즐 다 맞췄네, 네가 알려 줘서 엄마도 퍼즐 맞췄어! 멋지다"라고 하면 아이의 성취감을 높여 줄 수 있습니다.

"좋은 생각인데? 아하, 그런 방법이 있구나." "옳지! 잘했어!"

처음 시도는 크게 칭찬하고, 한 단계씩 차근차근 올라가게 해 주세요.

"괜찮아, 다시 하면 되지."

실수하면 얼마든지 기회가 있으니 다시 해 보라고 격려해 주세요. 비눗방울, 풍선 꼬리잡기와 같은 놀이를 시도해 보세요. 얌전한 우리 아이도 엉덩이를 들썩일 것입니다.

● 부정적 정서인 짜증, 반대, 방해가 많은 아이

이런 아이들은 놀이를 자주 중단합니다. 또래 관계에서도 거부당하고 그래서 더 공격적인 성향을 띠기도 쉽습니다. 언어 능력이 낮은 아이는 더 위축되고 또래의 반응에 민감합니다. 언어 능력이 높아야 자기 방어, 주장도 할 수 있는데 그럴 수가 없습니다. 혼자 놀이보다 엄마와 놀이하며 감정을 표현하고 사회적 언어를 경험하게 해 주어야 합니다.

"같이 노니까 재미있네, 네가 먼저하고 그 다음에 엄마가 해 볼까?"

"격파! 오, 구멍 났어, 자! 힘을 모아서 하나둘셋 빠샤!!"

"엄마는 작은 거 해 볼게, 큰 거는 네가 해 볼래?"

"잘 안 돼서 속상했구나, 이거 좀 어렵긴 하다, 그치?"

● 충동성이 강하고 독점적인 아이

아이의 마음을 공감하고, 마음 읽기를 말로 표현해 주세요.

"너는 쌓는 게 좋구나, 엄마는 나란히 하는 것도 좋아."

"(동물놀이를 하면서)사자가 무서웠는데, 지금은 괜찮네. 사자는 힘이 세니까 친구들을 도와줄 수 있구나. 고마워~~"

계획을 세우고 규칙을 이해하고 조절할 수 있는 활동도 좋습니다.

"도미노 다섯 개 세워 보자. 오, 조심조심~ 세웠다! 다음에는 열 개에 도전해 볼까?"

"배가 흔들리면 떨어져, 살살~ 살살해 보자. 앗! 도와줘요! 손잡아 줄 사람?"

"이건 어떻게 하는 거지?"(아이의 계획과 지시를 기다리기)

미디어를 보고 따라 말해요,
미디어를 많이 보면
언어 발달에 안 좋을까요?

- "35개월 아이예요. 밥 먹을 때나 외출할 때 만화를 보여 줬어요. 어느 날 아이가 만화에서 들은 대사를 말하더라고요. 놀 때도 만화 내용을 섞어서 하고요. 좋은 기능도 있구나 생각했어요. 그런데 아이가 영상에 열중하는 정도가 더 높아졌다는 느낌이 최근 들었어요. 대화를 하는데 갑자기 저를 따라 말하는 것이 많아졌어요. 제가 '한 번 더 해?' 하면 아이도 '한 번 더 해?' 해요. 언제는 혼자 한 번 더 하고 싶을 때도 혼잣말로 '한 번 더 해?' 하더라고요. 이제 와서 영상을 끊으려니 울고불고 난리예요. 어쩌죠?"

- "28개월 아이예요. 만화 캐릭터 이름을 잘 외워서 엄청 똑똑하다 생각했어요. 대사도 줄줄 외우기 시작하더라고요. 역할 놀이를 잘한다고 생각했는데 친구들과 놀 때 깜짝 놀랐어요. '걱정 마 내게 맡겨, 출동~!' '어어어 괜찮아 미안해 고마워.' '뿡뿡 뿡뿡맨한테 물어볼까? 뿡뿡맨 도와줘요!' 마치 혼자 상황극을 하고 있는 것 같았어요. 친구들은 처음에는 웃었지만 아이의 과장된 손짓과 말투를 보고 있으니 저는 덜컥 겁이 났어요."

● "30개월 아이예요. 말이 늦어 상담을 갔더니 제일 먼저 미디어 노출 시간을 물어보네요. 사실 제가 힘들기도 하고, 아이가 영상을 틀어 주면 집중도 잘하고 말은 못 해도 영상에 나왔던 행동을 잘 따라 하는 것이 신기해서 종종 영상을 보여 주긴 했어요. 그래도 교육용 프로그램, 노래, 동화 이런 거 보여 줬는데…."

텔레비전, 스마트폰, 태블릿, 컴퓨터 등등 아이가 미디어와 영상매체를 접할 수 있는 기회가 점점 많아집니다. 다양한 교육 프로그램이 나오고 있고 심지어 영상으로 말을 배웠다는 이야기도 들립니다. 엄마들의 고민이 또 늘었습니다.

유소아에게 스마트폰, 미디어를 제한해야 하는 이유

사실 어른들도 하루 종일 스마트폰을 가까이 합니다. 아이들이 영상에 빠져드는 것이 그리 이상한 일도 아닙니다. 아이들이 영상을 볼 때 가장 좋은 점은 엄마 아빠가 편하다는 것입니다. 그러나 많은 연구에서 미디어, 영상매체는 아이들의 언어 발달은 물론 뇌 발달, 애착 형성, 또래 관계, 사회적 행동에 모두 치명적이고 부정적인 영향을 미친다고 경고합니다. 시력 저하, 자세 변화, 숙면 방해의 문제도 있지만, 앞의 문제에 비하면 미미할 정도죠.

2017년 미국소아과학회American Academy of Pediatrics, AAP의 가이드라인에 따르면 만 2세 이전은 디지털 미디어를 철저히 제한하고, 만 2~5세의 경우도 하루 1시간 이내로 제한합니다. 이 경우에도 고

품질의 프로그램을 어른과 함께 시청하라고 권합니다.

미디어를 잘 활용할 경우 좋은 점도 있습니다. 재미있습니다. 시간 가는 줄 모릅니다. 덕분에 부모에게는 꿀맛 같은 휴식을 선사하기도 합니다. 식당이나 공공장소에서 아이를 조용하게 만들어 줍니다. 말로 다 전하지 못하는 추상적 개념이나 상상의 이미지를 실제로 구현해 줍니다. 어려운 내용의 이해를 돕기도 하고 간접 경험의 기회도 제공해 줍니다. 그러나 이는 스스로 통제하고 비판적으로 수용할 수 있어야 한다는 것을 전제로 합니다.

미디어를 똑똑하게 활용하기 위한 미디어에 대한 교육, 미디어 리터러시media literacy 개념도 도입되고 있습니다. 그러나 만 5세 이전의 유아, 미취학 아동들이 정보를 객관적으로 해석하고 비판적으로 받아들이며 시청량을 스스로 조절하기란 발달상 매우 어려운 일입니다.

미디어 자극은 매우 강합니다, 언어는 사고하고 추론해야 합니다

언어는 미디어에 비하면 느리고 힘든 과정입니다. 기술의 발전은 색채, 음향, 화면 구성의 질을 높였습니다. 빠르게 돌아가는 전개와 함께 한시도 눈을 떼지 못하게 합니다. 생각하고 이해하고 파악할 틈이 없습니다. 아이들의 만화에서는 항상 선이 승리하고 약자가 보호를 받습니다. 문제가 올바르게 해결됩니다.

그러나 아이들에게 남는 것은 다툼, 경쟁, 전쟁, 분쟁, 혹은 비현실적 방법의 문제 해결입니다. "빵빵맨을 부르면 돼"라거나, "뽀로롱뽀로롱 마술을 부려 볼까?", "왕자님이 구해 줄 거야"라는 식입니다. 미디어를 접한 아동에게는 긍정적인 상호작용보다 부정적인 상호작용이 모델링되기 쉽습니다. "약한 사람을 도와줘"라는 가치보다 "나쁜 사람은 혼나야 해"라는 부정적인 상호작용을 먼저 학습하고, "바지 내리고 엉덩이를 흔드는 것은 이상한 거야"라는 생각보다 "바지 내리고 엉덩이를 흔드는 것은 관심을 끌어, 웃겨"라고 잘못 해석합니다.

오히려 부정적인 사회적 행동(예: 폭력, 다툼)과 관계 형성(예: 경쟁, 시기)에 대한 사상motive을 형성하고 부정적 행동 전략을 내면화하여 이후 폭력적, 공격적인 행동으로 나타났습니다. 만 2세의 아이가 도움, 정의, 타협의 과정에 몰입할 리 없습니다. 권선징악, 인과응보의 교훈도 이해하기 어렵습니다. 싸우고 이기고 신나고 자극적인 장면만 남을 뿐입니다.

미디어는 일방적, 언어는 상호작용적이고 관계지향적입니다

아이는 상호작용을 통해 언어를 배우고 관계 속에서 익힙니다. 미디어는 상호작용할 시간을 뺏어 갑니다. 2020년 1월에 발표한 육아정책연구소의 보고서에 따르면, 스마트폰 최초 이용 시기는 만 1세가 45.1%로 가장 높았습니다. 동영상을 보여 주는 이유로 '아이에게 방해받지 않고 다른 일을 하기 위해서'가 31.1%, '아이를 달래기 위해서'가 27.7%였습니다. 2018년 과학기술정보통신부의 조사에서는 만 3세 이상 유아군 중 스마트폰 과의존위험군은 20.7%로 다른 연령대에 비해 가장 큰 폭의 증가세(+8.3%p)를 보였습니다(2015년 최초 조사 대비). 2011년 미국 소아과학회지에 실린 논문에서는 2세 이하의 아이가 1시간 동안 텔레비전을 보면, 부모와 소통할 시간을 52분 잃는 것이고, 창의적인 놀이를 할 하루의 시간 중 약 10% 정도가 줄어든다고 밝혔습니다.

과도한 영상물 노출로 병리적 증상을 보인 영유아를 조사하였더니, 12개월 미만부터 2시간 이상씩 영상물에 더 많이 노출되었습니다. 생후 6개월부터 거의 매일 4시간 이상씩 노출된 아이들도 있었는데, 이 아이들은 주 양육자인 엄마와 불안정 애착을 형성하고 있었고 자폐적 성향을 보였습니다. 상호작용의 결여는 언어 발달 지연, 정서 조절 문제, 기타 여러 행동 문제로 나타났습니다.

미디어는 수동적, 언어는 능동적입니다

상황은 항상 변하므로 그에 따라 경험하고 인지하면서 언어가 확장되어 갑니다. 친구가 다치면 "괜찮아? 아파?" 물어 보고 도와주어야 한다고 교육받을 수 있습니다. 그러나 친구가 "괜찮아, 안 다쳤어" 할 수도 있고 "아니야, 저리 가", "어, 너무 아파, 엉엉", "히히 장난이야~ 괜찮아"라고 할 수도 있습니다. 각 상황에 따라 "휴 다행이다, 알았어", "어떡해, 선생님한테 가자", "아이 깜짝이야" 등등의 행동이나 언어로 대처해야 합니다.

그러나 미디어로 말을 배운 아이는 자동적으로 "괜찮아 미안해 사랑해"라고 말합니다. 2017년 대한소아신경학회지에 실린 한 논문에서는 언어 발달 지연을 보이는 만 2~3세 아동들의 미디어 사용을 분석하였습니다. 이 아동들은 언어 발달이 정상인 아동들과 달리 대부분(90%)이 24개월 이전에 미디어에 노출되었고, 하루 2시간 이상 미디어를 보았으며, 부모 없이 혼자 시청하였습니다. 만화 시청이 가장 많았으나 노래, 율동, 학습도 있었습니다. 영상의 내용 자체는 정상 언어 발달 아동과 크게 다르지 않았습니다.

다른 연구에서는 간접 시청(보고 있지는 않으나 텔레비전이 켜져 있는 상태)도 가족들과의 시간을 줄이고 집중력을 방해하며, 언어 발달에 있어서도 직접 시청보다 간접 시청이 부정적인 영향을 미친다고 보고하였습니다.

자폐가 의심되어 치료실에 방문한 아이들 중에 미디어만 완전 차단해도 며칠 내에 눈빛이 달라지고 상호작용이 늘었다며 놀라는 부모들이 많습니다. 또래 관계에서도 미디어를 통한 부적절한 상호작용뿐 아니라 언어 발달 지연도 친구들로부터 멀어지게 만드는 요인이 됩니다. 언어적으로 대화, 협상, 논쟁, 반영이 어렵고, 당연히 갈등 상황에서 공격, 폭력적이거나 또는 회피, 위축되는 양상으로 대체될 수 있습니다.

2011년 미국 CNN에서 흥미로운 연구 결과를 방송했습니다. 스마트 기기를 과잉 사용하면 상대적으로 영상 속 세상보다 느리게 변하는 현실에 무감각해지고 팝콘처럼 팡팡 터지는 자극적인 것에만 반응하는 팝콘브레인popcorn brain으로 뇌 구조가 바뀐다는 것입니다. 스마트폰에 빠진 아이의 뇌를 촬영하였더니 우측 전두엽의 활동이 떨어졌습니다. 좌뇌, 우뇌를 골고루 사용하지 못하여 주의력 부족, 산만함, 과잉행동을 초래했습니다. 다른 감각에 비해 시청각 감각만 사용하기 때문에 타인의 감정 인지, 현실 세계 변화에 둔감합니다. 앞뒤 상황을 연결해 보고 추론해서 상황을 파악하기 귀찮아합니다. 힘들여 책을 읽고 생각하고 사고를 정리하려 들지 않습니다. 살펴볼 수록 스마트 기기는 우리 아이 언어 발달에 부정적이기만 합니다.

유소아의 스마트폰, 미디어 사용 기준

미국소아과학회AAP의 최근 지침을 적용하여 가이드라인을 정리해 보았습니다.

24개월 이전에는 미디어 접근을 금합니다

간접 시청, 교육적 프로그램도 옳지 않습니다. 핸드폰의 기능은 전화통화입니다. 아이가 너무 소리 지르거나 울어서 식당에 가기가 두렵다면 외출 시간을 줄이는 것이 방법입니다. 이 시기에는 그럴 만한 조절 능력이 없습니다. 말이 늦은 아이라면 더욱 철저해야 합니다.

만 2세 이후에도 미디어 허용은 최소화합니다(2~5세는 하루 1시간 이내)

시간표를 그리거나 표시하여 정해진 시간을 준수하고, 대화가 가능한 아이라면 볼 것, 볼 수 있는 것을 함께 정합니다. 아이는 시청 시간을 스스로 조절하기 어렵습니다. 스마트 기기도 어른을 통해 시작되었으니, 올바른 습관 들이기도 도와주어야 합니다.

우리 아이의 늦은 언어 발달이 미디어의 영향임을 알게 되었다면 최소한이 아니라 당장 끊어야 합니다. 점차 줄이는 것이 더 어렵습니다. 어린아이, 습관화된 아이는 그 상황을 받아들이기가 더 힘듭니다. 스마트 기기가 보상으로 주어졌다면 이 역시 위험합니다. 결국은 스마트 기기가 목적이 될 것입니다.

"이제 동영상 안 나와. 엄마가 미안해, 엄마가 힘들어서 영상을 너무 많이 보여 줬어. 근데 그러면 안 된대. 이제 놀이터도 가고 박물관도 가자. 놀이도 많이 하자."

아이 수준에 맞추어 이렇게 설명해 준 후 곧바로 실행에 옮깁니다. 아이의 하루가 영상 대신 부모와의 즐거운 시간으로 채워진다면 아이도 곧 잊을 수 있습니다.

미디어 시청은 부모와 함께합니다

혼자 텔레비전을 시청하면 부모와 교류하며 시청하는 것에 비해 언어 지연의 가능성이 8.47배 높다고 보고되기도 하였습니다. 부모와 함께한다는 것은 미디어를 상호작용의 도구로 활용한다는 것입니다.

부모가 함께 본다면 아이도 신기한 것을 공유하거나(화면을 가리키며 부모를 쳐다봄) 재미있는 장면에서 부모의 반응을 살필 수도 있습니다. 그럴 땐 "우아, 눈이 많이 내렸네. 어떡해! 눈 속에 묻혔어~"라는 식으로 반응해 보세요. 같이 보는 것이 더 재미있는 아이는 영상에 빠져 누가 뭐라 하는지도 모르거나 물어보면 귀찮다 하지 않습니다. 오히려 "어? 뭐야? 왜 그래?" 질문하고 능동적으로 정보를 구합니다.

부모도 적절한 질문을 통해 아이의 이해를 확인하고, 이해가 부족할 경우 설명을 덧붙여도 됩니다.

"얘 누구야? 친구들 뭐하고 놀아?"

"뽀로로 어디 가? 크롱은 어디 있어? 아, 썰매 타다가 눈 속에 갇혔네. 친구들이 못 찾고 있어! 친구가 혼자 갇혀서 무서웠겠다."

이야기의 교훈을 좋은 생활 습관, 행동으로 이어지게 할 수도 있습니다.

"삐삐가 자기 전에 치카치카 잘해서 충치 벌레 하나도 없었지?"

"꾸꾸는 우유도 잘 먹고 반찬도 잘 먹었지? 너도 꾸꾸처럼 먹어 볼래?"

놀이 속에서도 영상 내용을 재현하거나 역할 놀이, 그림 그리기, 만들기 활동으로 연계시키면 내용 이해는 물론 논리적인 응집이 단단해지고 창의적인 해결도 추구할 수 있습니다. 그러나 이러한 순기능의 역할은 아이의 기본적인 언어 발달이 이루어진 이후입니다. 부모가 아동의 기기 사용 시간을 조절하면 유아의 사회적 유능감 발달에 간접적인 영향을 미쳤습니다. 그러나 이는 부모가 아이의 스마트 기기의 미디어 사용 시간을 직접적으로 줄여 주었기 때문입니다.

부모도 영상 미디어가 아이에게 나쁜 것을 압니다. 그러나 스마트폰은 부모에게도 너무나 큰 유혹입니다. 그래서 자꾸만 긍정적인 대답을 기대하는지 모릅니다. 이제는 부모도 스마트폰을 내려놓고 아이에게 집중할 시간입니다. 부모의 역할을 스마트폰에게 맡기지 말아야 합니다.

'그러면 엄마 아빠는요? 우리는 스마트폰도 못 보고 무슨 낙으로 사나요?' 억울해하지 마세요. 스마트폰은 현명하고 절제력 있는 부모의 것 맞습니다. 부모가 필요한 연락을 주고받고 정보를 찾고 여가를 활용하기 위한 도구라면 아이에게 노출해도 상관없습니다. 그러나 동영상, 만화, 게임이 주된 목적이라면 부모도 분명 자제해야 합니다.

아, 뽀로로가 썰매 타다가
눈 속에 갇혔구나! 무서웠겠다.
친구들이 찾을 수 있을까?

뽀로로
쾅 했어!

21

"하지 마, 싫어!"
싫어병에 걸렸어요

- "30개월 여아예요. 요새 뭐만 하면 '싫어', 말만 붙이면 '싫어', 말 끝마다 '싫어'를 하루 백 번 하는 것 같은데 이해도 안 되고 들어줄 수도 없어요. 그래도 다 참으라는데 가능한 건가요?"

- "어제는 놀이가 끝나서 '이제 밥 먹자' 했는데 '싫어' 하고는 혼자 거실로 가서 또 놀더라고요. 이럴 때 어떻게 하면 좋을까요?"

  1. "그래? 또? 그럼 딱 한 번 만이다." 같이 놀아 준다.

  2. "놀이 하고 밥 먹기로 약속했잖아"라고 하고 식탁으로 데려온다.

  3. 식탁으로 올 때까지 계속 말한다.

  4. 몇 번 경고하고 안 들으면 강제로 데려 온다.

  5. 밥 먹으면 아이스크림 사 준다고 해서 데리고 온다.

  6. "혼난다." 으름장을 놓아 당장 오게 한다.

  7. "그래, 그럼 먹지 마." 내버려 둔다.

  8. "싫은 게 어디 있어!" 따끔하게 혼내서 엄마 말을 듣게 한다.

24~36개월 아이들이 가장 많이 쓰는 말이 "싫어, 아니야, 내 거야, 하지 마"라고 합니다. 지금도 아이의 "싫어"가 귀청에 울리는 듯합니다. 아무 이유도 없고, 맥락도 없고, 설득도 안 됩니다. 어느 날은 다정히 깨웠는데 눈 뜨자마자 "엄마 싫어"합니다. 나 원 참, 내 아이지만 엄마의 기분도 좋을 리 없습니다. 아무리 참으려 해도 언젠가 터지기 마련입니다. 부모들의 고민을 살펴보던 중 위에 적힌 것처럼 재미있는 퀴즈를 보았습니다. 답이 있을까요? 적어도 부모가 사용하는 방법은 있을 것 같습니다.

어느덧 만 2세를 지나 우리 나이로 세 살, 네 살이 되는 우리 아이, 참 많이 컸습니다. 언제 서나 싶더니 이제는 뛰어 내리고 말도 제법 통합니다. 아이 본인도 이제는 제법 할 만한가 봅니다. 꼭 손잡고 다니던 아이가 엄마 손을 뿌리치기 바쁩니다. 혼자서 하고 싶다고 합니다. 자립심, 독립심이 생겼습니다. 생각도 자랐지요. 예쁜 손을 내밀며 '주세요' 하던 아이가 '~할 거야!'라고 합니다. '내가, 엄마가, 내 거'라며 선도 확실히 긋습니다. 자기주장이 확실해졌습니다. 24개월 이후, 인지적으로 정서적으로 또다시 급물살을 타고 있습니다.

부정적 정서가 먼저 나타나는 이유

왜 이런 변화와 성장을 겪을 때마다 소리 지르기, 싫어, 아니야, 화, 짜증이 먼저 유발되는 걸까요? 연구자들은 누군가에게 내 뜻을 전달하기에 긍정적 정서보다 부정적 정서가 더 효과적으로 학습된다고 설명하기도 합니다. 웃는 것보다 울 때 보호받거나 수용되었던 경험이 많다는 것입니다. 영아기 울음이 그 예입니다. 기질적으로 까다롭거나 예민한 아이는 부정적 감정 표현이 많습니다. 부모의 부정적 정서 반응과 통제적 양육 태도도 서로 영향을 주고받습니다. 24~36개월 아이는 아직 내적 감정을 인식하고 사회적으로 잘 조절해서 표현하기도 물론 어렵습니다.

그래서 아이가 지금 "싫어!" 하는 데에는 여러 가지 뜻이 있습니다. 무언가 급하게 자기 의사를 전달하기 위해 다소 격한 표현을 떠올렸을 뿐입니다. 아직은 부정적 감정을 조절하고 제한하도록 훈육할 단계가 아닙니다. 부정적 감정이든 긍정적 감정이든 표현하고 해소하면서 순환되고 조절되는 연습이 필요합니다. 24~36개월을 지나는 지금은 언어 표현, 정서 표현, 사회적 표현들을 익히며 자라는 과정입니다.

아이의 언어는 아직 두세 낱말 조합이 주를 이룹니다. 간단한 인과관계를 말하지만 대부분은 경험적인 것, 자동적인 것 위주입니다(예: 왜 울어?-아파서/왜 좋아?-예뻐서). "~할 거야, ~할래"라고는 말하지만 "이럴 때는 어떻게 하지? ~하면 어떻게 돼?"와 같은 문제 해결, 미래 예측은 약합니다. 질문도 하지만 대답에는 크게 관심 없기도 하고, 관점도 자기위주가 많습니다. 만 4~5세 아이들이 "싫어"라고 말할 때는 왜 그런지, 엄마 아빠는 왜 이렇게 생각하는지, 지금 이게 왜 필요한지를 설명하고 서로 의견을 주고받을 수 있습니다. 그러나

만 2~3세 수준의 아이에게는 설득과 강요로 다가가는 경우가 많습니다. 아이가 본인의 의사를 적절하게 표현하도록 유도하는 것이 먼저입니다.

아이가 '싫어!'라고 할 때 부모는 심호흡을 한 번 하고, 상황을 먼저 둘러보세요.

아이의 '싫어'를 대하는 부모의 자세

행동 자제와 욕구 통제가 필요한 때도 있습니다

함께 약속하고 지키기로 했는데, 집에 갈 시간이 다 되었는데, 남의 것이라 가질 수가 없는데, 지금은 밤이라 나갈 수가 없는데 '싫어, 무조건 싫어, 내가 원하는 것을 하고 싶어'라고 하는 경우가 있습니다. 아이는 지금, 현재가 가장 중요합니다. 다음에, 내일, 미래는 영원히 오지 않을 것 같습니다. 그냥 엄마가 지금 못하게 나를 막는다고 생각할 수도 있습니다. 무엇이 중요한지의 무게 중심도 부모와 다릅니다. 늦은 밤 나가 놀면 친구도 없고 보이지도 않고 추워서 감기 걸린다는 것을 예상할 리 없습니다. 설사 감기에 걸려도 그것 때문이라고 생각하지 못합니다. '한번 해 보면 다시는 안 하겠지'라는 부모의 예상이 빗나갈 수도 있습니다.

밤에는 노는 것보다 잠을 자고 휴식을 취하는 것이 더 중요하다는 것은 어른들의 기준입니다. 그렇다고 '네 생각이 틀렸어, 엄마 말대로 해! 그렇게 하는 거야!' 해서는 안 됩니다. 이는 조절과 사회적응력을 기르는 것이 아닙니다. 사고의 유연성을 떨어뜨리고(뭐든 엄마에게 해달라고 하는 아이), 부정적 정서 표현을 더 조장하기도 하며(더 반항하는 아이), 부적절한 또래 관계(내 것만 추구하는 아이)로 이어질 수 있습니다.

아이의 하고 싶은 마음, 속상한 마음, 화나는 마음은 잘못되지 않았습니다.

"어쩌지, 지금은 할 수 없는데, 엄마도 진짜 속상하네."

아이의 마음을 온화하게 받아 주는 것만으로도 아이는 '아, 이것은 하면 안 되는구나'를 깨닫고 화를 누그러뜨리기도 합니다. "싫어"가 아니고 "또 놀고 싶어"라고 자신의 감정을 정확히 표현할지도 모릅니다. 아이의 의도와 정서를 인정하고 표현하게 하는 것이 적절한 정서 표현과 조절로 이어집니다(〈18. 계속 소리를 질러요〉 참고).

부모의 가치관이나 사회적 통념들도 일방적으로 전수되거나 훈육해서 가르칠 일이 아닙니다. 이 또한 부모의 정서 표현을 통해 관찰하고 상호작용을 경험하면서 재구성되고 형성됩니다. 유명한 마시멜로 실험에서 드러난 만족지연능력 즉, 다음의 더 큰 보상을 위해 현재의 욕구, 행동을 지연시키는 자기조절능력은 신뢰할 수 있는 약속이 보장되어 있었기에 가능했습니다. '후에 마시멜로를 정말 먹을 수 있다'라는 경험과 확신이 지금의 욕구를 참아낼 수 있게 한 것입니다. 긍정적인 상호작용을 통해 쌓은 부모와의 신뢰는 아이가 지금의 욕구를 미루고 부모의 말을 들어 보고 나의 행동과 계획을 수정하도록 해 줍니다. 또 다른 형태로 아이의 욕구는 충족되기도 합니다.

이 시기 대부분의 '싫어'는 의사소통의 한 방식입니다

통제하고 절제하여 긍정적인 표현으로 순화시켜야 할 교육의 대상이 아닙니다.

"싫어? 다른 거 먹고 싶다고?"

"이 옷 싫어? 안 예뻐? 그럼 어느 옷이 예뻐 보여?"

"싫어? 지금 양치 안 하고 놀아?"

아이가 하고 싶은 말을 대신해 준 예입니다. "뭐가 싫어? 왜 그런지 말을 해야 엄마가 알지, 왜 싫은데?"라고 묻기보다 "그럼 뭐할까? 뭐가 좋아? 뭐 하고 싶어?"라고 물어보는 것이 빠릅니다. 저절로 긍정 언어가 유도됩니다.

결정권을 주면 아이의 어깨가 더 으쓱해질 수 있습니다.

"네가 입고 싶은 거 골라 봐."

"아하, 다른 놀이를 하고 싶구나, 뭐할까?"

아이가 스스로 자기 의사와 대안을 제시하게 해 보세요. "뭐 신고 싶어?" 했는데 한여름에 털 부츠를 골라도 하는 수 없습니다. 털 부츠가 눈에 뜨인 것이 잘못입니다. 그 정도는 남들도 '에고, 아이랑 한바탕 했겠구먼' 하고 이해합니다. 사회적으로 물의를 일으키거나 남에게 피해를 주지 않는다면, 아이에게 신체적 손상을 입히지 않는 선에서 아이가 마음껏 실행해 보고 계획해 보고 수정해 볼 수 있는 기회를 주어야 합니다.

선택권을 줄 수도 있습니다. 아이에게 주도권을 넘기되 부모의 최종 한계선을 나타낼 수도 있습니다.

"그럼, 핑크 치마 입을래, 노란 바지 입을래?"

"양치하기 싫다고? 그럼 혼자 할래, 아빠랑 할래?"

"유치원 안 가? 그럼 병원 갈까?"

가끔은 극단적인 예도 효과가 있습니다. 단, 가끔입니다. 부정적 감정은 욕구 불만과 좌절의 신호기도 합니다. 발달단계상 독립심, 자기주장이 커지는 시기에 잦은 제한과 한계, 거절은 오히려 반항심을 낳습니다.

"그래그래, 휴지 뽑기 마음껏 해. 정리도 같이 하고."

"모래 놀이 하는 날이니까 원하는 만큼 해."

"컵에 따라서 마시고 싶었구나. 조심해서 마셔, 대신 정리도 네가 해야 해."

선택에는 책임이 따른다는 것을 이렇게 제시해서 알려 주세요. "거봐, 네가 하겠다고 해서 이렇게 됐잖아! 네가 다 치워"가 아닙니다.

"우아, 재미있다. 그래서 네가 모래 놀이를 하고 싶어 했구나. 다 놀았으면 모래 잘 넣어 두자. 그래야 다음에 또 놀 수 있겠지?"

"어떻게 하지? 맞아, 휴지로 닦으면 돼. 혼자 물도 따르고 흘리면 닦기도 하고, 우리 ○○이가 이제 형아 다 됐네."

아이는 자기의 의사를 표현해서 그것이 실현되었고 능력도 인정받았습니다. 게다가 상황에 대한 판단력도 생길 것입니다. 부모는 항상 아이의 의사를 지지해 주고 도움도 줄 수 있는 사람입니다. "아, 그게 하고 싶었구나, 혼자 하고 싶었구나. 해 봐, 엄마가 기다릴게. 혼자 하다가 안 되면 엄마에게 말해"라고 알려 주세요. 이 시기 아이들은 호기심이 많고 독립심도 강합니다. 그러나 내가 할 수 있는 것과 없는 것을 아직 판단하지 못합니다. 믿어 주고 기다려 주고 들어주는 엄마가 있다는 것을 알면 아이가 실컷 도전하고 도움도 기꺼이 청합니다.

아이가 포크를 주니 싫다고 합니다. 엄마가 "젓가락 하고 싶어?"라고 물으니 좋다고 합니다. 그런데 막상 젓가락질이 잘 안 되니 또 짜증을 내면, 엄마는 아이 말을 괜히 들어줬다고 생각합니다.

"젓가락으로 먹고 싶구나. 그런데 이 봐, 엄마도 잘 안 돼, 엄마가 도와줄 수 있으니 어려우면 말해."

"에고, 잘 안 되는구나. 봐봐~ 그냥 이렇게 해도 돼. 콕콕 찍어도 되지?"

이렇게 대안을 제시해 주세요. 괜한 자존심 싸움과 실랑이로 번지지 않도록 엄마 도우미 역할을 잘 유지해 둡니다.

말장난, 괜한 심통, 습관처럼 하는 "싫어"에는 단호하게 대처합니다. 밥 먹으라고 했는데 "싫어" 합니다. 그럴 때 "안 먹는다고?"라고 하면 "으앙~" 하며 냉큼 식탁으로 옵니다. 그러면 이렇게 엄마의 마음을 전해 보세요.

"네가 싫다고 하니까 밥 안 먹는다고 하는 줄 알았지."

"네가 자꾸 싫어 싫어 하니까 엄마 속상해. 엄마가 싫다고 하는 것 같잖아. '이렇게 하고 싶어요'라고 말해 주면 좋겠어."

"싫어싫어 청개구리 보내고 우리 아이 데려와야지! ○○아~ 지금은 엄마 이야기를 들어봐."

참, 그 전에 돌아볼 것이 있습니다. 부모가 아이의 '좋아'보다 '싫어'에 더 빠르게 반응하지는 않았나요? 아이가 '예쁘게' 자기표현을 할 때 더 많은 격려와 인정을 보여 주세요. 아이의 싫어병도 가볍게 지나갑니다.

피곤함, 긴장감, 두려움의 신호일 수도 있습니다

'이것도 싫다, 저것도 싫다, 그냥 내버려 둬'일 수도 있습니다. 에너지를 풀어 낼 야외 활동만큼 에너지를 채울 휴식 시간도 필요합니다. 놀이는 일상생활에서 쌓인 감정을 표출해 내고 즐겁게 조절할 수 있는 기회도 제공합니다. 일과가 너무 복잡하지는 않은지, 체력적으로 힘든 것은 아닌지 점검해 볼 필요가 있습니다.

아이가 심하게 부정적 감정을 보일 때 무시하거나 냉정하게 반응하는 것은 아동학대로 이어질 수 있다고 경고하는 연구자도 있습니다. 부정적 표현을 줄이려는 생각에 모른 척하고 무관심으로 일관한다면 아이는 '싫어'뿐 아니라 '좋아'도 제한할 것입니다. 아이의 고단한 마음을 말로 풀어 주세요.

"아이고, 우리 ○○이가 오늘 힘들었구나."

"그래, 오늘은 엄마랑 푹 쉬자."

"괜찮아, 아빠가 토닥토닥해 줄게."

아이와 엄마의 부정적 정서가 서로에게 얼마나 영향을 미치는지 알아본 연구가 있습니다. 다행히 아이들의 부정적 감정은 엄마의 온화함을 만났을 때 금방 안정적으로 바뀌었습니다. 엄마의 온화함이 아이들의 화를 낮추는 효과가 더 컸습니다.

엄마 아빠는 오늘도 아이들의 '싫어병', '아니야병', '내가내가병'에 맞서 잘 대처하고 있습니다. 더불어 아이들도 본인의 역량을 쑥쑥 키워 나가고 있습니다. 아이가 "싫어!"라고 외칠 때, 부모는 심호흡으로 마음을 가라앉힌 후 다가갑시다.

PLUS INFO '싫어싫어' 하는 아이들과 함께 읽으면 좋은 책

- 《모두 다 싫어》(나오미 다니스 글, 후즈갓마이테일)
싫다고 말하지만 한편 사랑받고 싶고, 이건지 저건지 모르겠는 주인공의 두 마음. '싫어'라고 말하는 아이의 마음을 알고 싶은 어른들에게도 좋은 책이에요.

- 《NO! 무조건 싫어!》(트레이시 코드로이 글, 애플비)
꼬마 꼬불소 라니가 어느날 "싫어"라는 말을 배웠습니다. 그런데 "싫어" "싫어"를 외치는 사이 라니는 혼자가 되어 버렸지요. 혼자 남은 라니가 새로 배운 말은 무엇이었을까요? 버릇처럼 싫어싫어 하는 아이들이 보면 재미있어할 거예요.

- 《화내지 말고 예쁘게 말해요》(안미연 글, 상상스쿨)

나쁜 말을 많이 하는 도치 머리 위로 나쁜 말 구름이 생겼습니다. 나쁜 말 구름을 없애기 위해 도치는 '난 ~ 좋겠어'라고 말하는 방법을 배웠어요. 아이와 함께 엄마도 긍정적인 표현을 익혀 보아요.

- 《'싫어', '몰라' 하지 말고 왜 그런지 말해봐!》(이찬규 글, 애플비)

마법에 걸려 '싫어, 몰라' 하던 주인공이 마법을 푸는 방법을 찾아갑니다. 우리 아이도 '싫어' 마법을 풀어 볼까요? 언어 발달 만 3~4세 수준의 친구들이 읽어도 효과가 좋겠어요.

이해가 부족해요,
질문을 못 알아들어요

- "25개월 아이예요. 단어도 많이 알고 가끔 문장을 이어서 말하기도 해요. 뭐 가져오라고 하면 가져와요. 그런데 이상하게 질문에 대답을 잘 못해요. '빵 먹을래?' 하면 '응' 하는데, '뭐 먹을래?' 하면 대답을 못 해요. '이거 뭐야?' 물으면 '빵'이라고 하는데, '뭐 해?' 하면 대답을 안 하네요. 질문을 못 알아듣는 걸까요?"

- "30개월 아이, 청개구리예요. 일부러 그러는 건지 못 알아듣는 건지 모르겠어요. 뭐 하라고 하면 고개 끄덕끄덕, 근데 엉뚱하게 하고 잊어버리고 빠뜨리고는 '어?' 완전 처음 듣는 말인 양 반응하네요."

- "34개월 아이예요. 한창 자기주장이 강해서 자주 싸우긴 해요. 그래서 규칙을 지키고 약속을 하려 하는데 잘 못 알아듣는 것 같아요. '손 씻고 과자 먹자, 알았지?' 하면 '네' 하고 계속 과자 달라고 해요. '과자 먹고 싶어요, 주세요'만 해요. 씻어라, 안 된다, 더럽다, 배 아프다, 아무리 말해도 몰라요. 고집이라기보다는 제가 과자를 안 주는 것으로 아는 것 같기도 해요. 어떻게 이해시키죠?"

아이의 단어 표현이 늘고 가끔 문장 같은 말도 합니다. 엄마가 새로운 표현을 해 주면 "어?" 관심도 갖고 "응, 거봉이야, 진짜 크지? 이건 포도가 아니라 거봉이래. 거봉 먹어 볼래?" 하면 "응, 거봉"처럼 어려운 말도 제법 따라 하고 익힙니다. 신이 나는 엄마, 아이에게 하는 지시와 질문도 많아집니다.

단어 습득 과정과 유사하게 아이의 언어 이해는 전체 맥락, 상황, 언어적 단서를 종합적으로 참고하고 해석하면서 발달합니다. 만 2세 이전에는 아직 맥락에 의존해서 이해합니다. 24개월 이후에 문장이 출현하여 문장 수준에서의 언어 발달이 활발해지면서 맥락 없이도 언어를 이해하기 시작합니다.

그런데 이제 막 문장을 만들어 가는 시기에 "어디 갈래?" "점심 뭐 먹을까?" "할머니가 과자 사 주셨어?"라고 물어보면 어떨까요? 아이는 갑자기 사방에서 공이 날아오는 느낌일 것입니다. 아이의 이해 수준을 높여 주고 싶다면, 아이의 이해 수준을 파악하여 답이 나올 수 있는 질문을 해야 합니다.

이해 수준을 높이기 위한 세 가지 접근 방법

질문이나 지시 자체를 어려워한다면, 쉽고 간단하게 해 주세요
수동적인 반응을 요하는 질문에는 쉽게 반응하지만, 대답을 요하는 질문에는 어려워합니다.

- **지시 수행 질문**: "○○을 가져오세요." "□□해 보세요."
- **예/아니요 질문**: "~에요?" "~할까요?"
- **보기가 있는 선택형 질문**: "○야, □야?", "○도 있고 □도 있네, 뭐할까?"
- **보기가 없는 개방형 질문**: "뭐야?" "누구야?" "뭐할까?"

같은 단계에서도 쉬운 것과 어려운 것이 있습니다.

- **1, 2, 3단계 지시 수행**: "자동차 가지고 올래?"→"버스랑 택시 가지고 올래?"→"버스랑 택시랑 트럭 가지고 올래?"→"버스랑 곰인형이랑 사과 가지고 올래?"
- **단서 있는/없는 지시 수행**: (무언가를 가리키면서)"이게 뭐야?" vs "자를 때 쓰는 것이 뭐지?", "휴지로 닦고 쓰레기통에 버려." vs "휴지로 닦고 책장에 놓아."
- **의문사 질문**: (만 2세)"뭐야?/누구야?"→(3세~4세6개월)"어디야?/왜?/어떻게 하지?/언제?"→(5세 이후 꾸준히 발달)"누구를?/뭐가?/(시간 개념이 들어간)언제?" 등
- **구체적/추상적 질문**: "동그랗고 빨간 과일이 뭐지?" vs "네가 좋아하는 과일이 뭐지?", "선을 따라서 그려 볼래?" vs "예쁘게 그려 볼까?"
- **언어적인 복잡성**: "손 씻어. 밥 먹어" vs "밥 먹기 전에 손 씻어", "아가가 옷 입었어?" vs "아가가 옷 입혔어?"

한 낱말 단계의 아이(12개월)에게는 지시 하나, 두 낱말을 조합하는 아이(24개월)에게는 지시 둘, 문장이 길어지는 아이(36개월)에게는 지시 세 개나 그 이상이 적정 수준입니다. 우리 아이가 아직 한 낱말 수준인데 "장난감 통에서 소방차랑 네모 블록 꺼내와" 하면 어려워할 수 있습니다. 관련이 있고 평상시 짝꿍 친구들로 놀이했다면, 낱말을 꽤 이어 말하기 시작했다면 '소방차와 소방서', '숟가락과 포크', '아가 인형과 가방'처럼 쉬운 단계부터 시도해 봅니다.

음식의 종류와 개념이 없는 아이에게 "뭐 먹을래?" 하면 어려워합니다. 빵, 사과가 있는 식탁 앞에서 묻거나, 냉장고를 열어 보게 하거나, "엄마는 빵도 먹고 싶고, 사과나 치즈도 먹고 싶다. 너는 뭐가 좋아?"라고 묻는 등 아이에게 단서와 보기를 주는 방법은 다양합니다. 아이가 엄마의 질문 수준을 어려워한다면 엄마의 질문 수준을 낮추어야 합니다.

어휘 이해가 어려운 경우, 동작과 표정으로 단서를 충분히 주세요. 엄마가 무언가를 가리키며 "뭐야?" 하면 무언가를 물을 때 '뭐/무엇'이 쓰인다는 것을 알게 됩니다. 엄마가 두리번거리며 "어디 있지? 어디?", "여기?", "아니야? 그럼 어디! 어디 있지?" 하면 두리번거리고 가리키는 몸짓을 통해 '어디/장소'라는 개념 이해를 돕습니다.

숟가락과 포크를 가져오라고 했는데 자꾸 둘 중 하나만 가져온다면, 한 손을 펴서 "숟가락", 다른 한 손을 펴고 "포크 주세요"라고 하여 '두' 가지를 가져와야 한다는 것을 주지시켜 주세요.

빨리/천천히, 위/아래/앞/뒤, 높게/낮게, 크다/작다와 같은 추상적인 개념들도 아이 입장에서 충분히 행동으로 보여 줄 수 있습니다. 평상시 숨바꼭질 놀이로 위치 개념(책상 밑에 있네, 책상 위에도 있네, 책상 옆에 있어)을 연습했다면 준비된 엄마입니다.

"(손가락 하나)먼저 책 보고 (손가락 둘)다음 블록 하자"로 순서를 보여 주세요. 관련 물건을 차례대로 준비하고(책, 블록, 인형을 줄 세워 준비해 둠) 하나씩 해 보기도(책→블록→인형 놀이) 순서의 개념을 알게 해 줍니다.

질문을 이해시키는 것이 목적이지, 대답하게 하는 것이 목적이 아닙니다.

집중하지 않는다면, 집중하게 해 주세요

아이가 부모의 말에 집중하지 않았을 수도 있습니다. 부모의 질문에 관심이 없었거나 다른 것에 몰두해 있었을 테지요. 무엇을 가져오려 했으나 가다가 다른 장난감에 정신이 팔렸을 수도 있고, 버스를 찾느라 택시 찾는 것은 잊었을 수도 있습니다. 집중력, 단기 기억(short-term memory, 입력된 자극이 의식 속에 잠시 유지됨, 의미가 있고 반복되면 장기 기억long-term memory에 저장됨), 작업 기억(working memory, 기능을 수행하기 위해 필요한 정보들을 단기 기억에 유지시키고 이를 계획하고 조작하여 실행함), 실행 기능(목표 달성을 위해 자신의 정서, 사고, 행동들을 조절 관리함)은 다소 유사한 방식으로 언어 능력과 연결됩니다. 어느 것이 선행되는지는 명확하지 않으나 서로 영향을 주고받는 것은 분명합니다. 지능은 정상인데 언어 발달만 늦은 단순언어발달장애 아동들은 단기 기억과 작업 기억의 용량과 수행 정도가 낮았습니다.

집중력은 다른 자극을 통제하며, 목표 과제에 선택적으로 오래 집중할 수 있게 하는 힘입니다. 이러한 기능들은 특히 언어 이해와 관련이 있습니다. 지금 나누는 대화에 필요한 많은 정보를 단기 기억에 머물게 하면서 관련 의미나 문법적 요소, 사회적 관계, 음운(소리) 규칙들을 한꺼번에 빠르게 분석하고 처리해야 합니다(작업 기억). 동시에 여러 의미를 가지는 단어나 필요 없는 자극 정보들은 제거하거나 미루어 두어야 합니다(집중력). 이렇게 해서 복잡한 문장을 이해할 수 있습니다(언어 이해). 이러한 능력들은 만 3세부터 급격히 발달하여 만 4~5세에 안정적인 발달 수준에 도달합니다.

부모의 지시나 질문을 듣게 하려면 먼저 아이가 엄마 아빠에게 주목(주의집중)하게 해 주세요. 아이들, 특히 남아들은 다중 작업 multitasking에 약합니다. 주목시키는 가장 쉬운 방법은 부모의 얼굴이나 눈을 바라보게 하는 것입니다. 단, 표정은 온화해야 합니다. 무서운 표정, 엄한 표정은 상호작용의 시작이 아닙니다. '엄마가 너에게 할 말이 있단다'-'네? 엄마 뭐예요?'의 관계를 먼저 만드세요.

마찬가지로 물어보고 싶은 대상이나 상황이 있다면 그것에 주목을 시킵니다. 이상적인 것은 아이가 볼 수 있는 것에 대해 물어보는 것이고, 그것이 아니라면 대상을 직접 보여 주거나 가리키기, '아까 놀이터에서 미끄럼 타던 그 아이'로 대상을 확실하게 정해 주어야 합니다. 그러나 제1 원칙은 부모를 위해 아이의 호기심과 집중을 자주 끊어서는 안 된다는 것입니다.

질문을 자꾸 잊는다면 기억 용량을 늘려 주세요

질문을 이해하지 못하는 것이 아니라 자꾸 잊어버리는 것이 문제라면, 기억의 용량을 늘려야 합니다. 표현하는 문장 길이에 따라 기억할 수 있는 정도가 다릅니다. 문장을 말한다는 것은 낱말로 표현할 때보다 단기 기억이 늘었다는 것을 의미합니다. 아이의 정보 기억력과 처리 속도를 높여 주어 언어 이해력에도 기여해 봅시다.

이어 말하기, 행동 이어하기는 기억 확장에 좋은 놀이입니다.

- 만세→(다음 사람)만세+머리에 손→(다음 사람)만세+머리에 손+앉기→(다음 사람)만세+머리에 손+앉기+일어서기
- "코코코코 눈!"→(다음 사람)"코코코코 눈! 입!"→(다음 사람) "코코코코 눈! 입! 코!"
- "동물원에 가면 사자도 있고"→(다음 사람)"동물원에 가면 사자도 있고, 호랑이도 있고"→(다음 사람)"동물원에 가면 사자도 있고, 호랑이도 있고, 원숭이도 있고"

"마트에 가면~", "장난감 가게에 가면~", "우리 집에 가면~" 등등으로 활용할 수 있습니다. 보통 단기 기억의 최대 용량은 7개이지만 범주화를 잘하면 단기 기억의 단위를 늘릴 수 있습니다. 놀잇감을 정리할 때 종류별로(자동차/블록/책/인형) 넣기, 빨랫감 주인별로 정리하기, 같은 색깔이나 모양별로 장난감/음식/옷 찾기 등 일상생활 놀이도 많습니다. 숫자 거꾸로 말하기, 의미 없는 말 따라 하기(예: 부바

라붑바붑바바, 빠삐똥뚱)는 널리 알려진 기억력 과제입니다.

위의 활동은 집중력에도 기여합니다. 또는 왕 놀이(왕으로 정한 사람의 말만 행동으로 하기), 특정 낱말에 특정 행동하기 놀이도 재미있습니다(예: 〈토끼와 거북이〉 이야기를 듣거나 책을 읽으며 토끼가 하는 말을 행동으로 따라 하기/'토끼'나 '거북이'라는 단어가 나오면 일어나거나 박수치기). 말하는 사람, 행동하는 사람의 역할을 바꾸면서 아이에게도 기회를 주어 보세요.

강요된 질문이었다면, 아이가 무시했을 수도 있습니다

지시적, 통제적, 권위적, 강압적 태도는 아이의 언어 발달에 부정적입니다. 부모의 강압적인 양육 태도는 아이가 다른 계획을 하지 못하게 합니다. 부모의 방식에 순종하게 하고 다양한 관점과 마음 상태를 경험하지 못하게 합니다. 게다가 비일관성이 높으면 아이는 부모와의 상호작용에서 신뢰를 느끼지 못합니다. 실행 기능이 낮고 언어 발달도 느립니다. 부모의 질문이나 지시로 주의를 돌리지 못하고 자신의 관심과 욕구를 조절하지 못합니다.

부모의 온정적이고 논리적인 양육 태도는 아이에게 긍정적인 정서를 더 경험하게 하고 전두엽의 발달을 촉진합니다. 부모가 아이를 지지하고 아이의 관심과 마음을 잘 수용하면, 아이도 자신의 관심을 억제하고 자신에서 타인으로 관심을 전환할 수 있습니다. 실행 기능들의 발달이 촉진됩니다. 마음 이론(theory of mind, 나와 남의 마음/정서/심리 등의 상태를 아는 것)이 발달합니다. 부모와의 상호작용을 즐

226

깁니다. 내가 무엇을 하고 있었더라도 엄마 아빠의 부름에 집중력을 다원화하여 부모에게 관심을 주고 기꺼이 응하려는 태도를 보입니다.

아이가 안 듣거나 혹은 이해 못 한 질문에 대해 한 번 더, 더 크게 반복하는 것은 효과가 없습니다. 다른 전략(이해를 돕거나 주의를 끄는)이 필요합니다. 아이가 안 들었을 때에는 더욱 그러합니다. 게다가 부모는 이미 화가 났다는 것이 더 큰 문제입니다. 이럴 경우 많은 부모가 설명, 설득, 훈계를 합니다.

"씻어야지, 손이 더럽잖아. 손에는 세균이 많아서 안 씻으면 뱃속에 들어가. 먹기 전에 손 씻기로 약속했지? 손 안 씻으면 과자 안 줘! 빨리 손 씻어."

아무리 간단하고 짧게 말해도 아이가 수용할 수 있는 양적·질적 한계를 넘어섭니다. 아이의 집중력은 떨어지고 수용보다는 거부가 앞섭니다. 만약 훈육해야 하는 상황이라면, 어쩔 수 없이 지시해야 하는 상황이라면 설명보다 행동으로 해 주세요.

"씻자"라고 말하고 세면대로 데려갑니다.

"빨리 가야 해"라고 말하고 불 *끄고* 같이 나갑니다.

아이가 부모의 질문에 관심이 없고 이해하려는 노력도 적다면 평상시 상호작용을 더 단단히 하여야 합니다. 아이를 지지하고 수용하고, 일관되지만 따뜻한 한계선인지 다시 점검해 보세요.

아이가 말을 잘 이해하지 못한다고 걱정하지 마세요. 잘 이해할 수 있게 부모가 바꾸어 주면 됩니다. 아이의 언어 수준에 맞추고, 이해 전략을 키우고, 상호작용의 힘을 단단히 한다면 아이의 집중력도, 부모를 향한 마음도, 언어 능력도 높아질 것입니다. 시험에서 많이 틀린다고 걱정만 해서는 다음 시험을 잘 볼 수 없습니다. 같은 시험지를 또 풀라고 해 봤자 결과는 비슷합니다. 무엇을 틀렸는지 왜 틀렸는지 알아내서 다음에는 맞출 수 있게 하면 됩니다.

아직도 단어로만 말해요, 문장으로 이어지지 않아요

- "29개월 여아예요. 단어는 꽤 말해요. 100개 이상? 엄마, 아빠, 할머니, 먹을 것, 탈것, 장난감 이름들 거의 말할 수 있어요, '하지 마, 내 거야, 주세요, 없어' 이런 말도 합니다. 그런데 이미 문장 구사가 자유로운 또래 아이들도 있더라고요. 말도 많고 할 줄 아는 말도 많은 걸 보면서 갑자기 우리 아이가 늦은 것은 아닐까 걱정돼요."

- "30개월 남아예요. 말이 느려서 열심히 말 걸어 주고 놀이도 많이 해서 최근 단어가 좀 늘었어요. 자동차를 좋아해서 택시, 버스, 트럭, 오토바이는 잘 구별하고 말도 비슷하게 해요. 문장은 언제쯤 될까요? 문장으로 계속 말해 주는데 단어만 따라 해요. 어떻게 하죠?"

- "28개월 아이예요. 운동 발달, 눈맞춤 다 괜찮아요. 옹알이도 제법 했던 것 같아요. 그런데 말이 늦어요. 지금 단어는 50개 정도 하는 것 같아요. '이게 뭐야?' 하긴 하는데 다른 문장은 없어요. 최근에 동영상도 다 끊었어요. 이후 조금씩 느는 것 같은데 두 돌이 넘어서니 유치원에서도 친구들과 차이가 많이 나는 것이 느껴지네요."

12개월에 첫 낱말, 24개월에 두 낱말 조합(문장), 이는 많이 알고 있는 대표적인 언어 발달 지표입니다. "엄마 빵." "이거 아니야." "아빠 해." 두 돌을 전후하여 아이들은 단어들을 연결하여 말하기 시작합니다. 문장이 시작되는 것이지요. 우리 아이 언어 발달도 잘 따라오고 있나요?

문장으로 말하기 위한 준비

문장이 시작되기 위해서는 단어, 어휘량이 많아야 합니다. 18개월 전후하여 나타나는 어휘 폭발기에는 어휘를 습득하는 요령이 생기면서 아이들은 빠르게 어휘를 쌓아갑니다. 24개월을 전후하여 아이가 스스로 표현하는 어휘는 약 300개(연구에 따라 200~500개) 정도가 됩니다. 말하지는 못하지만 알고 있는, 물어보면 가리키거나 고르거나 가져올 수 있는 어휘는 그 이상일 것입니다. 스스로 표현할 수 있는 어휘가 많다는 것은 다양한 의미를 알고 표현할 수 있다는 것입니다. 조합할 대상이 많아졌습니다. 문장으로 발전할 가능성이 있습니다.

단어 간의 의미 관계를 이해해야 합니다. 문장을 형성하는 초기에는 조사, 연결어미와 같은 문법형태소 없이 단어만 조합합니다. 예를 들면 "엄마 줘"(엄마가 줘), "아빠 회사"(아빠의 회사, 아빠가 회사에)라는 식이죠. 전보를 치는 것 같다고 하여 전보식 문장이라고도 합니다. 그러나 어순이 비교적 우리말 문법 규칙에 맞고 일관되어 형태소가 없이도 의미가 잘 전달됩니다. 아이가 단어 간의 의미 관계를 이해한다는 것입니다.

뭔가를 해 달라고 할 때는 대상을 앞에 둡니다. "해 이거"라거나 "열어 문"이라고 하지 않고, "이거 해", "문 열어", "머리 빗어"라고 하지요. 누군가에게 요구할 때는 "빵 엄마", "줘 엄마"라고 하지 않고 "엄마 빵", "엄마 줘", "엄마 빵 주세요"처럼 그 사람을 먼저 말합니다. 장소나 소유자도 "학교 가", "엄마 가방"처럼 먼저 언급합니다. 스스로 문법 규칙을 터득해 가는 아이의 능력은 놀라울 정도라 일찍이 촘스키는 아이의 생득적 언어습득기제에 대해 주창한 바 있습니다.

대화와 부모의 언어 습관이 중요한 발현 요인이자 기폭제가 되는 것도 분명합니다. 의사소통 과정에서 아이는 정보를 구체적으로 언급해야 할 필요성을 점점 더 느끼게 됩니다. 아이가 엄마 아빠를 부르면 부모는 다양한 상황에서 적절한 관계를 연결시켜 묻고 대답하고 강화시켜 주세요.

"줘요? 뭐 줘요?" "딸기? 딸기 줘요?"

"아가 뭐 먹어요? 딸기 먹어요?"

"누구 줄까요? 아가? 아가 거구나~ 아가에게 줄게요."

"엄마"만 부르던 아이가 "엄마 줘", "엄마 딸기", "엄마 딸기 줘", "엄마, 나 딸기 줘", "엄마, 나에게 딸기 많이 주세요"와 같이 발달하게 될 것입니다.

초기 문장 발달에 중요한 의문사는 '무엇, 누구, 어디'입니다. 단어

가 문장에서 어떤 역할을 갖고 사용되는지(의미 관계) 알아야 대답할
수 있으며 문장 표현으로 응용할 수 있습니다.

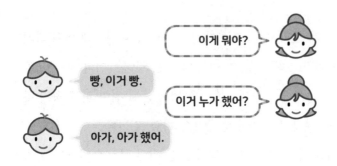

아이는 24개월 이전에도 대상을 가리키며 "뭐야?" "누구야?"라고
물으면 "딸기", "엄마"라고 대답할 수 있습니다. "어디야?" 하면 "집",
"어디 가?" 하면 저기를 가리키듯이 익숙한 장소에 대한 질문에도 반
응합니다. 맥락을 떠나 문장 안에서 의문사를 이해하는 연령은 '무
엇'은 만 2세 6개월 이전, '누구'는 만 2세 6개월 이후부터 만 3세 이
전, '어디, 왜'는 만 4세입니다(이해했다고 보는 기준은 의문사로 질문했을 때
바르게 반응하는 비율이 75% 이상일 때로 봄). 책을 보거나 놀이 중에 "친구
가 뭐 먹어?", "친구가 뭐해?", "빵은 누가 먹었어?"와 같은 질문에 대
답할 수 있게 되는 것입니다.

이 모든 준비가 되었나요? 단어 조합, 문장 형성을 위한 단계별 과
제를 소개합니다.

어휘량 늘리기와 조합하기

어휘를 많이, 다양하게 확보해 주세요

구체적인 명사는 필수입니다. 실체가 있는 사람, 사물에 대한 명칭은 다행히 쉽습니다. 직접 보지는 못했지만 알 수 있는 대상으로 점차 확대시켜 나갑니다. 종류별(예: 먹는 것, 입는 것, 탈것, 동물)로 확대시키고 장소별(예: 집 안 물건, 놀이터, 마트, 바다), 의미별(예: 비 → 우산/장화/구름/젖다/춥다, 주차 → 택시/트럭/자동차/버스/자전거 등)로도 확장시켜 나갑니다.

"파인애플은 못 먹어 봐서 몰라요." "바다를 안 가 봐서요." "동물을 안 좋아해요." 이런 말은 핑계입니다. 아이가 관심 있는 분야부터 시작하되, 관심의 폭도 늘려 줄 수 있어야 합니다. 예를 들면 "버스 타고 코끼리 보러 가야지"라고 하면 탈것에서 동물로 관심을 전환시킬 수 있고, "배 타고 바다에 가야지", "비행기 타고 하늘로 날아가자", "차 타고 마트에 가자"라고 하면 탈것을 해당 장소로 확대시킬 수 있습니다.

동작어, 상태어를 알아야 주어+서술어의 기본 문장이 형성됩니다. 어휘 발달 초기에는 명사가 50% 이상을 차지했지만 이후 인지가 발달하면서 18개월 이후에는 서술어도 눈에 띄게 발달합니다. '주세요'부터 시작하여 '와, 가, 앉아, 아야/아파, 타, 지지/더러워, 뜨거, 안녕, 예뻐, 냠냠/먹어, 안아, 아니야, 빼/벗어, 꺼내'는 20개월 전후 아이들이 많이 사용하는 어휘입니다. 크기와 양, 수의 개념을 정확히 파악하지는 못해도 긍정적인 어휘(많아, 커)는 직관적으로 빨리 익힙니다.

'또, 더, 이거, 여기, 이쪽, 지금'과 같이 문법적인 기능을 담고 있는 어휘의 발달도 문장을 만드는 데 유리합니다(예: 빵 또, 또 줘, 빵 여기, 이거 빵). 위/아래/앞/뒤/옆과 같은 위치를 나타내는 어휘도 대상과 연결지어 익힐 수 있습니다(예: 의자 밑에, 위에 앉아).

어휘는 평생 언어 능력을 대변할 정도로 중요한 요소입니다. 약 50개의 표현 어휘 수준이면 단어 조합이 가능하긴 합니다. 그러나 하나의 덩어리 수준의 조합(예: '이 모야/이게 뭐야, 엄마 해/엄마가 해, 이 아이야/이거 아니야' 등과 같이 하나의 어휘처럼 사용되고 습관적으로 익히는 것, 그리고 이때 비슷한 구조의 다른 문장 '저건 뭐야, 아빠 해, 이거 맞아' 등은 출현하지 않는 경우)이 아니라 문장 형태로서 기능하는 문장, 문법형태소의 출현을 기대할 수 있는 문장으로 언어 발달이 이어지기 위해서는 기초, 즉 어휘가 밑바탕을 이루어야 하고 지속적으로 습득해 나가야 합니다.

어휘들을 의미적으로 결합시켜 주세요

'사과, 포도'는 두 낱말 조합이나 문장이 아닙니다. 열거이지요. "사과 줘"는 '무엇을 어찌하다'라는 의미 구조를 갖춘 문장입니다. 후에 문법형태소가 갖추어지면 "사과를 줘", "사과만 주세요" 등의 완벽한 문장으로 발전할 수 있습니다. 이러한 의미 관계는 아이가 본인의 의도를 좀 더 명확하고 구체적으로 직접 나타내고자 할 때 시작됩니다.

동시에 문법 규칙을 터득하며 완성됩니다. 사과가 갖고 싶으면 "사과", "줘"보다 "사과 줘"가 확실합니다. "줘 사과"는 안 된다는 것을 압니다. 이것을 성공하면 "물 줘/공 줘/바지 줘" 등으로 연결할 수 있습니다. 한편 "사과 줘"는 "사과 먹어/사과 좋아/이거 사과/사과 또/사과 맛있어/사과 빨개/엄마 사과" 등으로 확장될 수 있습니다.

2세 초반의 아이들이 문장을 형성하는 과정은 이처럼 주로 행위를 중심으로, 주제를 중심으로 발전합니다. 행위(예: 먹다, 입다, 주다, 타다)를 중심으로 행위자(예: 엄마, 아빠, 아가)가 있고, 대상(예: 빵, 바지, 과자, 버스)도 있습니다(예: "엄마 먹어, 과자 먹어" → "엄마 과자 먹어"). 새로운 말, 중요한 말을 먼저 말하면서 의도를 강조하기도 합니다(예: "이거 아빠"라는 말에서 강조하고 싶은 '이거'를 먼저 말함으로 이것이 '아빠' 것임을 의도함).

2~3세 아이들이 많이 쓰는 의미 관계는 '누가 ~하다'(아가 먹어, 아빠 가, 엄마 코~, 아가 쉬), '무엇을 ~하다'(빵 먹어, 까까 줘, 빵빵 타, 문 열어), '누구의 무엇'(아가 빵빵, 엄마 가방), '누가 어디에'(엄마 의자/엄마 의자에 앉아, 아빠 회사/아빠는 회사에 있어, 아가 여기/아가 여기에 놔), '누가 무엇을'(아가 공/아가가 공을 찼어요, 엄마 물/엄마가 물을 마셔요), '이것은 ~다'(이거 빵, 빵빵 없어, 이거 아니야)입니다.

종합해 보면, 아이들이 좋아하는 까까(과자)로 유도할 수 있는 문장은 다음과 같습니다. 아이가 까까를 찾을 때, "까까 없네, 까까 줘, 아가 까까, 까까 나와, 까까 있네, 까까 먹어, 까까 맛있다, 까까 좋아, 까까 냠냠, 까까 없다, 까까 또, 엄마 까까(엄마 까까 주세요)." '까까' 대신에 다른 대상(우유, 빵빵, 양말 등)을 넣으면 역시 무수한 문장이 만들어집니다.

문장 만들기 놀이

아이가 알고 있는 어휘, 많이 표현하는 의도에서 출발하며 반복되는 구조 안에서 연습합니다. 처음에는 하나의 구조 안에서 단어 하나만 바꾸는 상황을 좀 더 많이 연습합니다(예: 사람을 태움, 1~3명의 사람을 등장시켜서 같은 상황 반복). 하나의 구조가 익숙해지면 다음 상황으로 진행하면서(사람 태움 → 어디에 감 → 사람 내림) 다른 의미 관계를 연습해 봅니다.

도로 놀이

어휘 확장	문장 유도
• 사람: 아빠, 엄마, 아가, 언니, 누나, 동생, 친구, 선생님, 경찰, 소방관, 의사, 운전사 • 탈것: 자전거, 오토바이, 차, 버스, 택시, 트럭, 포크레인, 경찰차, 구급차, 소방차 • 장소: 집, 마트, 학교, 유치원, 놀이터, 병원, 경찰서, 소방서, 주차장, 세차장, 도서관, 공원 • 동작: 타다, 내리다, 가다, 멈추다, 주차하다 • 상태: 빠르다, 느리다, 천천히, 많다, 재밌다, 멀다, 가깝다	• 아빠/엄마/아가 + 타/내려 • 자전거/오토바이/차 + 타/내려 • 집/마트/학교 + 가 • 자전거/오토바이 + 느려 • 차/버스/택시 + 빨라 • 경찰서/소방서/주차장 + 멀어/가까워

자동차 좋아하는 아이, 탈것 종류를 알고 있을수록 유리합니다.

사람 레고/스티커/그림, 탈것 레고/스티커/그림을 이용합니다.

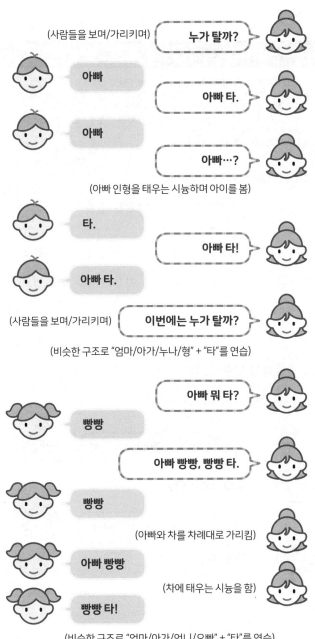

마트 놀이

어휘 확장	문장 유도
• 먹을 것: 과일(사과, 포도, 감, 귤, 배, 딸기, 사과, 파인애플, 키위, 수박), 채소(상추, 당근, 시금치, 감자, 배추, 파, 양파, 마늘), 빵(단팥빵, 피자, 도넛, 꽈배기), 간식(과자, 아이스크림, 마이쮸, 초콜릿), 어패류(생선, 조개, 멸치, 오징어), 육류(고기), 음료(물, 요구르트, 주스), 반찬(달걀, 김, 두부) • 동작: 담다, 사다 • 상태: 좋다, 싫다, 많다, 적다, 크다, 작다, 무겁다	• 생선/달걀 + 여기 • 사과/상추/피자/과자 + 사/담아 • 과자/고기 + 좋아/싫어 • 아빠/엄마/아가 + 물/주스/요구르트

심부름 좋아하는 아이, 먹을 것 종류를 알고 있을수록 유리합니다.

살 것 그림, 모형, 스티커, 자석 등을 이용합니다. 종류별로 분류하며 이름을 알아갑니다.

● 심부름하기 상황 설정

("○○ 좋아, ○○ 사"라는 문장을 유도하기)

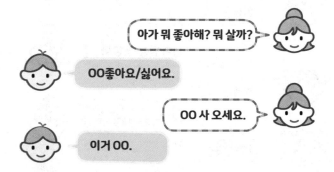

238

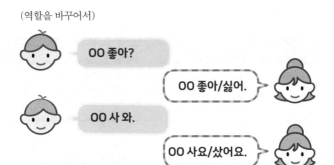

(역할을 바꾸어서)

OO 좋아?

OO 좋아/싫어.

OO 사 와.

OO 사요/샀어요.

● 사 온 음식을 소유자별로 분류, 정리하며 말하기

"아빠 피자, 엄마 물, 아가 과자네."

"과일(은) 여기, 빵(은) 여기."

도구 게임

어휘 확장	문장 유도
• 사물: 빗, 머리, 거울, 얼굴, 휴지, 바닥, 컵, 물, 가위, 종이, 비누, 손 • 동작: 빗다, 보다, 닦다, 따르다, 자르다, 씻다	• 머리/얼굴/바닥/물/종이 + 빗다/보다/닦다/ 따르다/자르다

사물 기능과 이름을 아는 아이, 행동 표현을 잘하는 아이에게 유리합니다. 빗, 거울, 휴지, 컵, 가위, 비누 등 실제 사물 혹은 그림 카드를 준비합니다. 문제를 내는 사람이 사물 혹은 그림 카드를 보고 행동으로 표현합니다. 맞추는 사람은 그 행동을 문장으로 표현하고(예: 머리 빗어) 사물이나 그림 카드를 선택합니다. 아이가 먼저 문제 내고 이후에 엄마가 문제를 냅니다(엄마가 문장을 모델링해 줄 수 있음).

누가누가 할까요 놀이

어휘 확장	문장 유도
• 동물: 강아지, 고양이, 사자, 호랑이, 소, 돼지, 양, 원숭이, 악어 • 동작: 먹다, 자다, 일어나다, 앉다, 오다	• 강아지/고양이/사자 + 먹어/와 • 아빠/엄마/아가 + 강아지/고양이/돼지

일상생활에서 적용 가능한 놀이입니다. 식사할 때나 화장실 등에서도 할 수 있습니다. 동물 인형을 준비합니다.

"누가누가 할까요? ♪ 엄마는 강아지, 아빠는 고양이, 아가는?"

뒤이어 아이가 대상을 고르고 문장으로 말하게 할 수 있습니다.

"이거 누가 할까요? 아빠가 할까요? 아가가 할까요?"

"누가누가 먹을까/올까/씻을까? ♪"

식사할 때, 화장실 들어갈 때 등 얼마든지 다양하게 표현을 바꿀 수 있습니다.

왕 놀이

어휘 확장	문장 유도
• 신체: 머리, 어깨, 팔, 다리, 발, 손, 허리, 엉덩이 • 동작: 올리다, 내리다, 돌리다, 앉다, 서다, 춤추다, 걷다, 뛰다	• 머리/어깨/팔 + 올려/내려/돌려

일상생활에서 적용 가능한 놀이입니다.

왕을 정한 후, 왕이 말하는 대로 하거나, 왕이 말하면서 어떤 행동을 하면 그대로 따라합니다.

예를 들어 왕이 "팔 올려, 다리 들어, 엉덩이 흔들어" 등의 동작을 말하면 그대로 행동합니다. 방향(위/아래/오른쪽/왼쪽)을 첨가해도 되고, 기억 확장으로 응용하여 "오른손 왼손 들어, 손 내리고 다리 들어"와 같이 두 가지 이상의 동작을 시킬 수도 있습니다. "○○ 가져와", "물 마시고 컵은 엄마에게 줘"와 같은 심부름이나 일상생활 동작을 흉내 내게 할 수도 있습니다.

순서를 바꾸어 아이가 문제 내게 해 보세요.

일상생활의 먹고("○○ 먹어"), 입고("○○ 입어/벗어"), 씻고("○○ 씻어"), 자는("○○ 침대에 누워") 모든 행위에서 문장 만들기 활동은 가능합니다. 아이의 어휘 수준과 좋아하는 활동 범위 안에서 놀이 수준과 목표 문장을 끊임없이 고민해 보세요. 단서의 수준도 다릅니다. 바로 답을 알려 주고 모방시키기보다 행동으로(타는 것을 보여 주기, 엄마와 자동차를 번갈아 보기), 언어 모델링으로("엄마 타? 아빠 타?") 조절해 보세요.

두 단어 조합이 생기면 그 다음은 세 단어 조합입니다. 문법구조(조사, 연결어미 등)도 생깁니다. 문장이 더욱 정교하고 완성되어 갑니다. 앞에서 소개한 놀이들은 기초 문장을 형성하는 데 도움이 됩니다. 수준에 따라 난이도는 얼마든지 조정해도 됩니다. 아이의 반응에 따라 부모의 반응도 점차 익숙해질 것입니다.

아이가 한 말에 한 단어만 더 붙여 보세요. 알고 보면 참 쉽습니다. 주의할 점은 아이가 바로바로 따라 하지 않더라도, 내 마음 같지 않더라도 절대 실망하지 않는다는 것입니다.

아이가 무엇을 원하는지
몰라서 답답해요

- "아이가 뭐라고 하는데 무슨 말인지 모르겠어요. 설명도 안 되고, 계속 똑같이 말해요. 그럴 때 '응, 알았어, 그랬구나'라고 해 주는데 이제는 아이도 엄마가 말을 못 알아듣는다는 걸 아는 것 같아요. 저나 아이나 둘 다 찜찜한 마음으로 대화가 끝나는 경우가 많아요. 답답하기만 하네요."

- "30개월, 미운 네 살 아이예요. 아이가 말이 느리긴 했는데 이젠 고집까지 더해지니 의견 충돌이 많아요. 그런데 저는 여전히 아이가 무슨 말을 하는지 잘 모르겠고, 아이는 징징대거나 화내는 일도 많아졌어요. 말을 계속해 주고 이럴 때 이렇게 말해야지 알려 주는데 말은 늘지 않네요."

- "34개월, 네 살 남아예요. 말이 늦게 트여서일까요? 발음도 너무 안 좋아요. 말도 뒤죽박죽이니 저조차도 못 알아듣는 것이 많아서, 아이가 너무 답답해해요. 어느 날은 울면서 말하더라고요. 자꾸 되묻게 되는데 아이는 더 힘들어하고…. 어떻게 해야 할까요?"

아이가 말이 많아지고 길어졌지만, 여전히 대화는 어렵습니다. 아이가 하고 싶어 하는 만큼 언어 발달이 따라오지 못하는 것 같아 서로 답답합니다. 어떻게 하면 좋을까요?

독립심이 커지면서 감정 표현도 가능해지는 시기

12개월 무렵 아이의 독립심과 자율성은 커집니다. 혼자 걷기 시작하면서 스스로 하고자 합니다. 탐험의 욕구가 강하고 사물의 인지가 생기며(24개월~) 호기심도 커져 갑니다(36개월~). 하고 싶은 말과 행동이 많고 다양해집니다. 우유만 먹던 아이가 밥을 먹고, 반찬을 먹고, 과일을 먹고, 기호 식품(사탕, 초콜릿, 음료수 등)까지 섭렵하게 되니 먹을 것만 해도 얼마나 다양해졌나요? 다양해졌으면 동시에 세밀하고 분명해져야 합니다.

"밥 말고 빵이요." "밥이랑 고기만 먹을 거야, 김치는 매워서 싫어."

"사탕 왜 안 돼요? 나도 사탕 사 주세요."

감정 및 정서의 분화도 활발합니다. 감정을 내면화하고 상황에 따라 기분을 연결지어 표현할 수(36~48개월) 있습니다.

"공놀이 하니까 신나." "니가 내 거 가져가서 화나."

"엄마가 내 말 못 알아들으니 답답해." "나 혼자 만들어서 뿌듯해."

자기주도적인 욕구가 여전히 강하지만 상대방에 따라 타인의 감정을 느끼고 반응에 신경쓰기도 합니다(48~60개월). 감정의 표현은 감정을 인식하고 스스로 조절할 수 있는 힘으로도 연결됩니다.

이 모든 것이 조화롭고 균형 있게 발달하면 얼마나 좋을까요? 그런데 발달 속도가 조금 느린 아이도 있습니다. 다른 아이는 스스로 잘 해나가는 것 같은데 우리 아이는 단계마다 고비가 오는 것도 같습니다. 슬기롭게 나아갈 방법을 또 찾아봅시다.

아직 언어 표현이 원활하지 않아서, 언어가 연령에 비해 느려서 조금 답답하다면, 아이가 무슨 말을 하고 있는지, 무엇을 원하는 잘 모르겠다면 다음의 세 단계로 적용해 보세요.

- 1단계. 아이의 비언어적 의사소통과 평소 행동, 성향, 주변 환경에 부모의 민감성을 높입니다. 아이의 말에 대한 해석 능력이 좋아집니다.
- 2단계. 아이의 표현은 일단 받아 주는 태도로 응합니다. 아이는 부모가 못 알아들어도 실망하거나 포기하지 않게 됩니다.
- 3단계. 1, 2단계가 성공적이었다면 다음은 부모의 촉, 감각대로 밀어붙여도 좋습니다. 아이의 틀린 말에만 집중하면 틀린 말만 계속 들립니다.

의도를 잘 표현하게 만드는 3단계 대화법

1단계. 배경 정보를 활용하세요

아이는 아직 정확한 단어, 말보다 비언어적 의사소통(표정, 몸짓, 발성)을 더 많이 사용합니다. 언어 발달에 문제가 있는 아이일수록 연령이 높아져도 몸짓의 사용이 일반적인 언어 발달 속도를 보이는 아동들에 비해 줄어들지 않았습니다. 여전히 행동으로 정보를 추가하고 있다는 것입니다. 무슨 말인지 모르겠다면 아이 입만 보지 말고 좀 더 멀리에서 아이의 전체 행동, 더불어 주변 사물들을 살펴보세요. 아이가 그 말을 하게 된 계기가 된 사건, 정보들이 있을 것입니다.

어제 재미있게 했던 장난감을 오늘 찾을 수도 있고(예: 엄마 잡아당기며 "어~~ 어~~" = "어제처럼 말 태워 주세요"), 신발장에서 알 수 없는 고집을 피운다면 책에서 본 장화가 생각나서 그럴 수도 있습니다(예: "아니야, 아니야" = "장화 찾아 주세요"). 목욕 중에 아이가 손을 내밀며 "푸푸" 해서 "다했어? 꺼내 줘?"라고 물었지만, 아이는 계속 손을 주물거리며 "푸푸" 합니다. "아, 푸푸 물총, 물총 갖다 줘?" 물총을 갖다 주면 됩니다. 어투도 분명 다릅니다. '뭔가 좋은가 보네, 뭐를 달라는 거네, 하지 말라나 보다' 정도는 높낮이, 억양으로도 충분히 파악 가능합니다.

발음이 부정확한 아이도 자기만의 패턴을 갖는 경우가 있습니다. [ㄱ]을 [ㄷ]으로 바꾼다거나 받침을 다 생략하는 등 일정한 오류를 갖는 아이가 있습니다. 발달 과정에서는 이러한 오류 패턴이 좀 더 일관적입니다. 예를 들어 말을 줄여서 말하는 아이라면 "아추"(아이스크림), "엘베"(엘리베이터)라고 할 것입니다. [ㄷ]과 [ㄱ] 발음을 혼동하는 아이라면 "나고 꼬끼 강근"(나도 토끼 당근), "꼬끼 강근 꼬꼬 하꺼야"(토기 당근 뽑기 게임할 거야), [ㅅ] 발음이 어려워서 [ㄷ]이나 [ㅈ]으로 대신하는 아이라면 "차가"(사과), "띠또"(시소), "버려죠"(벗겨 줘)라고 하는 식입니다. 아이의 오류 패턴을 읽으면 엉뚱한 말도 이상하게 잘 들립니다.

부모가 모르는 상황일 수도 있습니다. 어린이집에서 배운 노래, 텔레비전 광고, 아빠가 무심코 했던 말에서 기인했을 수도 있습니다. 가능한 후보군들을 떠올려 보세요. 어린이집 귀가 후 아이 언어나 감정 표현이 많다면 어린이집 선생님에게 아이의 활동이나 주로 하는 놀이, 어울리는 친구에 대한 정보를 받는 것이 좋습니다.

2단계. 공감과 칭찬으로 받아 주세요

아이의 표현에는 '어머! 네가 먼저 말 걸어 주니 고맙다, 아하! 그런 표현도 하는구나, 오호! 그렇게 말할 수도 있구나'라는 심정으로 대해 주세요. 무슨 말인지 하나도 모르겠더라도 당황하지 마세요. 서로 마주 보고 있다면 대화는 아직 끊긴 것이 아닙니다. 여러 번 언급했듯이 온화한 반응, 수용적인 태도가 중요합니다.

아이들은 포커페이스poker face를 할 줄 모릅니다. 아이들의 거울신경은 부모의 표정을 모방하게 하고 이를 학습시킵니다. 거울신경mirror neuron은 사람의 행동, 움직임에 반응하는 뇌신경입니다. 다른 이의 행동, 특히 표정에 민감하게 반응하여 따라 하게 하고(모방) 같이 느끼게 하고(공감) 이해하게 합니다. 거울신경은 36개월 이전에 활발하게 발달하는데, 부정적 감정을 많이 마주한 아이는 부정적 감정이 많습니다. "뭐? 뭐라고? 이거? 아님 저거?" 부모가 자신도 모르게 찡그리고 긴장하고 때로는 걱정스런 표정을 지으면 그 감정이 아이에게 고스란히 전해집니다. '엄마 아빠가 내 말을 알아듣기 위해 고생하는구나, 힘들구나, 어렵구나, 화가 났구나'로 느껴집니다. 거울신경의 반응에 따라 아이도 부모처럼 얼굴을 찌푸리고 화를 느낍니다. 아이의 화난 표정에 부모도 화가 납니다.

밝은 미소, 칭찬, 긍정적인 언어만으로도 뇌의 혈류량이 급격히 늘어났습니다. 짜증, 비난, 무시는 뇌 혈류량을 급격히 감소시켰습니다. 긍정의 표현이 뇌 발달을 촉진합니다. 아이가 다른 표현, 부가적인 설명을 더해 볼 수 있도록 촉진해야 합니다.

3단계. 의도를 알고 표현 방향을 알았다면, 상황을 해결하세요

1, 2단계를 거치면서 부모도 조금 감을 잡았고 아이도 아직 부모와의 끈을 놓지 않고 있습니다. 그렇다면 문제 해결 가능성은 더욱 높아집니다.

● **"아하, 이거! 이거라고?"** 아이의 의도와 표현을 정확히 파악했다면 정확한 언어 표현과 함께 아이의 의도와 요구를 실현해 주세요. 아이가 부모를 끌어당기며 "어~~ 어~~" 하면, "말 태워 줘? 어제 재미있었지? 히이이힝~~ 말이에요, 말 타세요" 해 주세요. 아이가 고개를 저으며 냉장고를 가리키면 "사과?", 아이가 고개를 저으며 "으~" 하면 "아니야? 딸기?", 다시 고개를 저으며 "아이~" 하면 "포도?" 그제야 끄덕끄덕하면 "아~ 포도. 포도 먹고 싶었구나. 포도 주

세요?"라고 표현을 알려 주세요. 아이가 "포도"라고 따라한다면 가장
이상적입니다.

● **뭔지는 알 것 같은데 정확하게 모르겠다면, 아이의 표현과 행동
과 발화를 따라 해 보세요.** "아빠 바빠 아아아다, 엄마 바빠 노요요다,
오빠 바빠 오오오다." 꼭 해결해 주고 실현해 주어야 하는 상황만 있
는 것은 아닙니다. 모르는 노래도 아이가 하는 대로 따라 하다 보면
아이가 율동을 더하게 되고, 엄마 나름대로 따라 하며 의미를 찾는
것도 재미있습니다. 아이가 울면서 "지지~ 지지~" 합니다. '지지가
뭐지? 지지 달라는 건가?' 엄마는 지지가 무엇을 가리키는지만 찾으
려 하지 마세요. 엄마도 우는 흉내를 내며 '지지~' 해 보세요. 아이가
손을 만집니다. 엄마도 손을 만집니다. "아하! 지지했구나. 손이 지지
해서 그렇구나? 아이구, 손이 더러워졌네. 손 닦아 줄게." 거울신경은
엄마가 아이를 이해하고 의도를 파악하는 데도 도움을 줍니다.

아이가 자꾸 "꼬끼강근"합니다. 엄마도 "꼬끼강근, 꼬끼강근?" 하
면 아이는 답답하다는 듯 "꼬끼 강근!" 합니다. 엄마가 틀린 것은 알
지만 본인 발음이 틀리다는 것, 고칠 줄을 몰라서 그렇습니다. 아이
가 깡충 흉내를 내며 "꼬끼 강근"이라고 하면 참 좋습니다. 나름의 전
략을 사용하는 것이지요. 아니면 엄마가 전략 사용을 돕습니다. '코
끼리?' 코끼리 흉내를 내거나 '고기?' 냠냠 먹는 시늉을 하면서 아이
가 '토끼 당근'을 설명해 보도록 유도해 보세요. 그러다가 그냥 흉내
놀이로 이어지는 경우도 많습니다. 관심이 다른 데로 자연스레 옮겨

져도 괜찮습니다. 소통이 이어지고 있다는 점에서 일단 괜찮습니다.

● **정말 모르겠다면, 깨끗하게 인정합니다. 모를 수 있습니다.** 부모가 모르는 무언가를 아이가 원할 수도 있고 미숙한 아이와의 낱말 맞추기는 분명 어려운 문제입니다. "아우 미안해, 그거 하고 싶은데 뭔지 몰라서 미안해, 속상해, 다음에 엄마가 꼭 해 줄게." 꼭 안아 주세요. 아이도 답답하고 속상했지만 엄마의 마음을 받아들일 수 있습니다. 알아들은 척, 못 들은 척하거나 화제를 급하게 돌리거나 "그래그래 그랬구나, 어어어" 식의 무성의한 반응은 아이의 표현 의지를 꺾을 뿐입니다. "다음에 그거 꼭 찾아 줄게." "속상해요? 엄마도 속상해. 그런데 오늘은 퍼즐 맞추자. 히피(?)는 다음에 꼭 하자." 아이가 인정받으면 차선의 제시도 받아들일 수 있습니다. 이후에 그때 몰랐던 단어를 알아냈다면 모래 속에서 진주를 찾은 것처럼 기쁠 것입니다.

● **들어줄 수 없는 말도 있습니다.** 하면 안 되는 것, 할 수 없는 것은 굳이 정확한 표현을 유도하려고 애쓰지 마세요. "사탕 주세요, 사탕"이라고 말하게 몇 번이나 시켜 놓고 "그런데 사탕은 안 돼" 하면 안 됩니다. "사탕은 하나 먹어서 안 돼, 사탕은 밥 먹고 먹기로 했잖아." 들어줄 수 없는 이유를 간단히 설명한 후 선을 그어 주세요. 이유를 장황하게 설명해 보았자, 아이는 (연령상) 이해가 되지 않으며 (정서상) 받아들일 준비도 안 되어 있습니다. 타협이나 설득의 대상이 아닌 것은 길게 설명할 필요가 없습니다. 아이가 조른다고 선이 무너

지거나 움직여서는 안 됩니다. "던지면 안 돼, 때리지 마." 안 되는 것을 확실히 알고 징징대고 울고 화내고 떼를 써도 변함없다는 것을 알면 아이도 더 이상 요구하지 않습니다. 대신 감정과 허용 가능한 범주 내의 요구들은 부모가 잘 수용해 준다는 것을 알면, 약속을 꼭 지킨다는 것을 알면, 아이도 다음 기회를 위해 현재를 미루어 두고 당장의 욕구를 포기하고 감정을 조절할 수 있습니다.

● **아이가 피곤해서 몸이 안 좋아서 힘들어서 그럴 수도 있습니다.**
뭐라뭐라 알 수 없이 짜증내고 화내고 작은 일에 투정 부릴 때도 있습니다. "왜 그래? 뭐 때문이야? 뭔지 알아야 들어주지"라며 아이가 설명할 수 없는 것을 굳이 묻지 마세요. "힘들었구나, 피곤해?" "뭐가 그리 속상할까" 하며 기분을 알아줄 때입니다. 동시에 부모의 마음에 '참을 인忍'이 새겨지는 순간입니다.

아이도 부모 말을 100% 다 이해하면서 따라오지는 않았습니다. 나는 영어를 한마디도 못하는데, 미국인이 영어로 영어를 가르쳐 준다고 생각해 보세요. 그 미국인을 마주하는 것이 고역일 것입니다. 그래도 우리 아이는 그 어려운 시간들을 잘 참고 따라와 주었습니다. 다행히 아이 마음을 잘 알고 아이 말을 잘 알아듣는 것은 부모입니다. 엄마가 너무 잘 알아서 척척 다 해 주어도 안 되지만 너무 몰라서 옆집 엄마처럼 대해도 안 됩니다. 이제는 몰라서 답답하고 화나는 부모의 마음을 조금만 누그러뜨릴 때입니다.

말을 따라 해요, 자기 말보다 따라 하는 말이 많아요

- "35개월 여아예요. 잘은 못해도 대화는 가능해요. '뭐 해줘, 뭐 보고 싶어 틀어줘, 이거 싫어'처럼 하고 싶은 것은 대부분 말해요. 그런데 최근에 제 말을 많이 따라 해요. 긴 말은 다 따라 하지 못해서 어물거리기는 하는데 그래도 자꾸 따라 하려고 해요. 하는 말 중 반은 따라 하기 같은데 원래 그런가요?"

- "35개월 남아예요. 말이 빠른 편은 아니었는데 최근에 말이 길어졌어요. 그런데 자꾸 따라 말해요. 바로 따라 한다기보다는 비슷한 상황이 나오면 제가 했던 말을 그대로 해요. '초록불에 건너야 해'라고 했는데 길거리를 돌아다니며 '초록불에 건너야 해'라고 몇 번을 말하더라고요. 하루는 아빠를 찾기에 아빠는 회사 갔다고 이야기 해 주었더니 아빠가 집에 왔는데도 계속 '아빠는 회사 갔어, 아빠는 회사 갔어'라고 말하더라고요. 이것도 반향어라고 하던데, 왜 이럴까요?"

- "30개월 아이예요. 대답을 안 하고 제 말을 따라 해요. '갈까?' 하

면 '싫어' 하긴 하는데 어느 때는 '갈까? 갈까?' 하면서 쫓아다니고 '이거 뭐야?' 하면 '이거 뭐야? 이거 뭐야?' 하면서 돌아다녀요. 몰라서 그러는 건지, 장난하는 건지 화가 날 지경이에요. 어떻게 해야 하나요?"

아이는 관찰하고 모방하고 익히며 언어를 배웁니다. 새로운 어휘를 알려 줄 때 "이건 ○○야, ○○! 너도 해 봐, 따라 해 봐" 하며 직간접적으로 모방을 유도하기도 합니다. 그런데 아이가 스스로 따라 하는 말이 많아질 때가 있습니다.

반향어echolalia는 상대방의 말을 그대로 따라서 반복하는 병리적 언어 현상에서 나온 용어입니다. 자폐 스펙트럼, 지적 장애 아동들에게서 많이 보입니다. 상대방의 말을 무의미하게 바로 반복하는 것을 '즉각 반향어', 과거에 들었던 말을 현재 상황과 관련이 없음에도 반복하는 것을 '지연 반향어'라고 합니다. 이는 의사소통할 의도는 적으나 기억력이 좋은 자폐 아동들 특성상 나타나기도 하며, 한편 상대방의 말을 이해하지 못해서 나온 반응이기도 합니다.

반향어의 기능 알기

의사소통하려는 의도도 많고 상호작용도 활발하며 언어 발달도 꽤 이루어 가고 있는 아이들의 따라 말하기, 반향어는 무엇일까요? 반향어의 기능을 보면 알 수 있습니다. 반향어는 주로 상대방의 말을 잘 이해하지 못했을 때 되물어서 확인, 연습해 보는 기능을 합니다. 단어를 처음 말하고 연관 짓던 초기의 언어 습득, 발달 과정과 유사합니다.

이러한 반향어는 언어 발달 과정 중의 하나라고 봅니다. 자폐 아동들에게서도 반향어가 있는 아동은 언어가 전혀 없는 경우에 비해 언어를 발달시킬 가능성이 현저하게 높았습니다. 우리 아이의 따라 말하기, 반향어, 그 이면을 자세히 살펴보아 주세요.

말이 이해가 안 돼서 되뇌는 중이에요

주된 원인은 부모의 질문이나 말이 어려워서입니다. 모방은 아이에게 자연스러운 것이었습니다. 새로운 말은 어쨌든 모두 부모에게서 나온 것이니까요. 부모 말을 따라 하다 보면 저절로 이루어지는 것이 많았습니다. 질문이라는 것은 알겠는데(억양이 올라가니까) 무엇을 물어보는지, 어떻게 대답해야 하는지 몰라서 따라 해 보는 것입니다. 그러면서 시간도 벌고 그게 무엇인지 머릿속에서 정리도 해 봅니다.

엄마들도 누가 "뭐 먹을까?" 물어볼 때 딱 떠오르는 것이 없으면 반사적으로 "뭐 먹을까?" 따라 하면서 고민해 본 경험 있을 것입니다. 아이들도 엄마가 "밥 먹을까?" 하면 어떤 경우 "밥 먹을까 싫어" 하고 대답합니다. 따라 하면서 대답을 찾았습니다. 이럴 때 "아~ 밥 먹기 싫어?"라고 모델링해 주었다면 훌륭합니다. 시간을 충분히 주었는데도 여전히 따라 하는 말이 주라면 아직 아이가 답을 찾지 못한 것입니다.

이럴 땐 쉽게 풀어서 말해 주면 됩니다. 물어보고 대답하는 것이 익숙하지 않다면 "이거 해? 하자", "뭐 먹을까? 고기 먹자" 하고 엄마가 답을 함께 주어도 좋습니다. 아빠와 함께 "아빠, 이게 뭐예요?" 물어보고 아빠가 "이건 양말"이라고 대답하는 활동을 보여 주세요. 다음은 아이에게 "이게 뭐예요?" 똑같이 물어보아 아이가 "양말"이라고 대답할 수 있게 합니다. '양말'을 몰라서가 아니라 물어보면 대답하는 것, 차례turn-taking를 알려 주는 활동입니다.

"뭐 먹을까?"가 선택의 폭이 너무 넓어서 어려운 질문이었다면 "뭐 먹을까? 고기 먹을까? 국수 먹을까?"로 보기를 주세요. 고르기도 어려워한다면 아이가 좋아하는 것으로 먼저 답해 주어도 됩니다. "고기 먹을까? 국수 먹을까? 엄마는 고기, 고기 먹고 싶다." "고기 먹고 싶어요." 답을 정해 주는 것이 아니라 묻고 대답하는 과정을 보여 주는 것이 목표입니다.

"입구에 꽂아." 이때 '입구'가 뭔지, 어디인지 몰라 "입구에 꽂아"라고 따라 하면서 찾고 있다면 "여기, 여기가 입구야, 여기에 이렇게 꽂아" 보여 주고 행동하면서 알려 줍니다.

나/너, 여기/거기와 같은 대명사는 관점을 이해해야 하므로 어렵습니다. 엄마가 "내가 할까?" 하면 아이가 "내가 할까?" 하면서 본인이 합니다. 엄마 쪽을 가리키며 "여기야?" 하면 아이가 "여기야?" 하면서 본인 쪽을 가리킵니다. "아, 나도 하고 싶었는데, 너도 하고 싶었구나", "나는 여기, 너는 거기"와 같이 상대적인 어휘를 번갈아 가면서 말해 주세요.

앞서 아빠와의 활동도 다시 응용해 보세요. "아빠에게 잠바 입혀 달라고 해"라고 하면 아이가 "잠바 입어#X@~" 혹은 "잠바 입혀 달라고 해"라고 따라 합니다. "아빠에게 '잠바 입혀 주세요~'라고 해"라고 풀어 주면 보다 쉽습니다. 엄마가 '잠바 입혀 주세요' 부분을 말할 때 좀 더 아이 같은 억양으로 표현해 준다면, 아이가 평상시 '~주세요, 해 주세요' 표현을 잘한다면 더 빨리 이해할 것입니다.

상황을 판단하고 납득하려고 노력하고 있어요

엄마들은 특히 아이가 문장을 따라할 때 걱정스러워합니다. 그렇지만 긴 문장, 복잡한 문장은 아이가 이해하기 더 어렵습니다. 상황과 연결시키면서 이해하려 하고 다른 상황에 응용도 시도합니다.

신호등에 대한 이야기는 아이에게 꽤나 중요하게 느껴졌을 것입니다. 신호등과 함께 엄마의 "파란불이 켜지면 건너, 빨간불은 안 돼"를 입력하고 '이럴 땐 이렇게 해야 한다'는 규칙을 만드는 중입니다. 어휘를 습득할 때도 아이는 맥락을 통해 이해하고 받아들입니다. 그래서 "신호등, 신호등, 신호등" 반복해서 아이에게 주입시키려 하는 것은 언어 습득의 자연스러운 과정이 아닙니다. 단어뿐 아니라 문장 수준에서도 다양한 맥락과 표현으로 아이의 언어 활용도를 높여 주세요.

'아빠가 없었고, 아빠는 회사에 갔고, 그런데 왜 지금은 여기 있지?' 아이는 헷갈릴 수 있습니다. 회사가 무엇인지, 갔다가 돌아온다는 개념, '아까'와 '지금'의 시간 변화 등 아이가 인지해야 하는 정보가 많습니다. "아빠는 회사 갔어"를 중얼거리면서 아이는 '회사는 매일 갔다가 다시 돌아오는 거고, 아까는 회사에 있었고 지금은 집에 온 거고, 일찍 올 때도 있고 늦게 올 때도 있고…' 뭐 이런 생각을 하며 상황을 판단하는 중일 수 있습니다.

책이 찢어진 것을 발견했습니다. "동생이랑 읽다가 찢어졌어, 괜찮아 엄마가 붙였어"라고 해도 아이는 책이 찢어진 것이 계속 마음에 걸립니다. "동생이랑 읽다가 찢어졌어, 동생이랑 읽다가 찢어졌어. 내 소중한 책이 또 찢어지면 어쩌지. 다시 새 책이 될 수는 없을까. 아, 왜 찢어졌을까." 아이는 속상한 마음을 표현하며 상황을 받아들이는 중입니다.

아이가 빙긋 웃어서 엄마가 "귀여워"라고 했더니 선생님이 웃었다고 선생님께 "귀여워"합니다. 상황에 대한 이해는 충분합니다. 그러나 아직 존대, 사회적 통념에 대한 이해가 부족한 것입니다. 의사소통 의도가 없는 무의미한 반향어가 아닙니다.

"어? 아빠 회사 갔다고 했는데, 왜 여기 있지? 회사 갔다 집에 왔어요? 아 집에 왔구나."

"너도 어린이집 갔다가 지금은 집에 왔지? 아빠는 회사 갔다가 왔대. 저~기 회사 갔다가 후다닥 집에 왔어. 너랑 놀려고 빨리 왔지."

이렇게 아이 눈높이에서 설명해 보세요.

"맞아, 여기도 신호등이 있네, 파란불 켜질 때까지 기다리자."

다른 표현으로 이해를 도울 수도 있습니다. 같은 의미의 다양한 표현으로 확장해 주세요.

"속상하다, 책 조심해서 봐야겠다, 동생이 아직 아가라서 그랬어."

"오, 이 책은 깨끗해."

아이의 마음을 읽어 주고, 아이가 그 감정을 충분히 해소했다면 다른 곳으로 관심을 옮겨 주어도 좋습니다.

"선생님도 미소가 예쁘시네. 너는 귀여워~ 선생님은 아름다워요~"

상황에 적절한 언어 표현으로 이어질 수 있도록 도와주세요. 연습이 되면 오히려 아이가 "엄마, 이렇게 하는 거 맞지?" "파란불이 켜지면 건너죠?" "왜 아빠 왔어요?" "지금은 왜 안 돼요?"라며 확장해서 질문하고 탐구할 수도 있습니다.

"예"라고 대답하는 거예요

아이들은 "싫어/아니야"를 먼저 배운다고 합니다. 그렇다면 "네/맞아요"는 어떻게 표현할까요? 엄마가 "빵 먹을래?" 할 때 아이가 "빵 먹을래?" 하면서 옵니다. "네, 빵 먹을래요"라는 뜻입니다. 엄마에게 "가자? 가자?" 하고 쫓아다닌다면 아마도 "엄마, 가요"라고 말하고 있는 것이 맞습니다.

말하는 사람(청자)과 듣는 사람(화자)을 구분하기 어려울 때도 비슷합니다. 엄마에게 와서 "우유 먹을까?", 본인이 울음을 그치고 "울지 마", 무엇을 도와달라고 할 때 "엄마가 해 볼까?"와 같은 표현도 지연 반향어라기보다는 적절한 표현을 찾지 못한 것입니다. 비슷한 상황에서 엄마가 했던 말을 생각해 냈는데 자기표현으로 바꾸지 못했을 뿐입니다.

반향어에서 중요한 것은 아이의 숨은 의도입니다. 의도를 알아차리고 적절한 자기표현으로 유도해 주면 따라 말하기는 자연적으로 줄어듭니다. 평상시 엄마가 모방을 강조했다면(예: "도와주세요 해야지"), 질문이 많았다면(예: "뭐 했어? 누가 했어?"), 엄마 주도적이었다면(예: 엄마가 바라는 대로 "이거 할까?", "지금 갈까?") 아이는 좀 더 수동적일 수 있습니다. 창의적인 표현을 시도하기보다 엄마 말을 따르는 것을 선택했을 수도 있습니다. 엄마가 여러 번 말하는 습관, 한 번에 잘 안 들어주는 태도가 아이를 조금은 강박적으로 유도했을 수 있습니다. 그러나 아이가 엄마에게 스스로 말을 걸고 대답하고 질문하고 있다는 것에 먼저 주목하세요. '이럴 때는 어떻게 말해요?'라고 묻고 있습니다.

아이가 "엄마가 해 볼까?"라고 한다면 적절한 표현으로 말해 주면 됩니다. "엄마 도와줘요, 하고 싶은 거야? 엄마 도와줘요, 이거 열어

주세요~ 한 거구나."

아이 또한 "빵 먹을래" 똑같지만 억양을 내리며 긍정의 신호를 보낼 수 있습니다. "네, 대답해야지", "도와주세요 라고 하는 거야"라고 직접적으로 알려 주어도 됩니다. 그러나 이 역시 또 다른 따라 말하기를 유도한다면 간접적으로 모델링해 주는 것이 느리지만 적절한 반응입니다.

재미있어서 기억하고 싶어서 자꾸 꺼내 보는 거예요

단순히 재미있어서 따라 하는 경우도 있습니다. 동영상에 나왔던 재미있는 대사, 지하철이나 엘리베이터에서 "문이 닫힙니다, 문이 열립니다", 주차장 안내요원이 건네는 "안녕하십니까" 등은 그때의 장면, 재미있는 말투가 강력하게 결합되어 아이 기억에 심어진 것입니다. 놀이하거나 심심할 때 문득 떠오를 수 있습니다. "아이고 죽겠다 아이고 죽겠다." 할머니의 말투가 흥미로워서 끊임없이 반복하는 아이도 있습니다.

부모 입장에서는 이해가 안 되지만 아이 편에서는 재미있을 수 있습니다. 신기한 장면이었을 수 있습니다. 비슷한 상황에서 나온 표현이라면 부모도 함께 받아 주되 조금 응용해도 됩니다.

"방문이 닫힙니다, 빨리 들어오세요."

"가게 문이 닫힙니다, 빨리 와서 사세요~"

"안녕하십니까, 어서 오세요, 좋은 하루예요~"

"누가 내 머리에 똥 쌌어? 너야? 너야? 아 도대체 누구야?"

모방은 창조의 어머니라 했습니다. 놀이에 맞추어 상황에 맞추어 더 재미있고 다양하게 꾸며 보세요. 아이도 재미있어하며 자기만의 표현을 찾으려 할 것입니다.

하나의 사건들이 모여 전체를 만듭니다. 작은 일들이 모여 과정을 이룹니다. 아이 행동, 말 하나를 보면 걱정되는 순간들이 꽤 있습니다. 걱정할 만한 것인지, 왜 그러한 것인지를 보면 걱정보다 이해가 먼저 될 것입니다. 아는 것이 병이 되지 않으려면 부모도 정확히 알고 있어야 합니다. 카더라 통신으로부터 자유로울 수 있어야 합니다.

 우리 아이 이렇다면, 전문가의 도움이 필요해요

- **전반적인 의사소통 의도, 사회성이 부족할 때**: 눈맞춤, 대화 차례 지키기, 상호작용, 공동관심의 어려움. 또는 상황에 맞지 않거나, 무의미하거나, 의사소통 의도가 없는 반향어를 할 때.
- **자발적인 질문, 요구, 수정이 어려울 때**: 엄마 말을 따라 하고, 아이가 표현하는 말의 대부분이 반향어이고, 엄마가 모델링해 주거나 수정해 주어도 고쳐지지 않음.
- **단조롭고 기계적인 말투일 때**: 억양이 단조롭고 기계적임. 로봇이나 자동응답시스템(ARS)에서 나오는 듯한 말투가 지속됨. 말투뿐 아니라 동작, 표정도 (상황과 관련 없이) 과장하여 따라함.

우리 아이는 지금	이렇게 놀아요	예

• 역할 놀이가 활발해짐
 	
• 일상생활을 재현하는 활동이 많아짐
 	
• 상상 놀이, 문장 표현 가능
	• 복잡해진 역할 놀이
	  –대행자 놀이
	  (인형이 아빠, 엄마인 것처럼 놀이함. 자기가 인형을 업고 엄마처럼 "나 엄마야, 아가야 울지 마" 하거나, 가방을 들고 언니처럼 "언니 갔다 올게" 함)
	  –대상에 따라 목소리, 행동을 흉내 냄("어흥 잡아먹겠다." vs "야옹 살려주세요.")
	• 물건 대치 상징: 블록을 자동차로 대체하거나, 손으로 머리 빗는 흉내를 냄.
	• 상상해서 만들기, 꾸미기
		• 소꿉놀이(아이스크림 카트, 주방 놀이, 공구 놀이, 목욕 놀이), 인형(콩순이 시리즈, 달님이 시리즈, 말하는 삐약이), 동물원, 블록, 자동차 확장(캐리어카, 차고지, 움직이는 기차, 상황 설정하여 놀이)
		• 점토, 모래, 스티커 꾸미기
		• 활동극(동화 내용 재현, 실상황 재현하며 '불났어요!, '택배 왔어요' 등 상황극)
		• 주제별 그림책(과일/동물/사람), 반복되는 운율이나 장면이 있는 상황책, 생활 습관/규칙책

간단한 문장(두 단어 조합)이 나타나는 시기입니다. 단어 간의 의미 관계를 발달시킵니다. 상징 행동 또한 복잡해져서 역할 놀이가 가능해지고 놀잇감이 없으면 꾸며 내거나 있는 척하기도 가능합니다. 역할 놀이를 통해 이야기를 만들고 그 안에서 문장을 연습할 기회를 많이 주는 것이 좋습니다. 성별, 취향에 따라 선호도가 생깁니다.

콩순이, 달님이 같은 인형과 함께 하는 놀이나, 움직이거나 변신시킬 수 있는 놀이를 좋아하기도 합니다. 인형은 아가가 되기도 하고 동생이 되기도 합니다. 작동 완구는 로봇이 되었다가 공룡이 될 수도 있습니다. 엄마와 아이가 서로 역할을 나누고(엄마: 악당, 아이: 번개맨/ 엄마: 아빠, 아이: 엄마) 역할에 맞는 목소리, 대화를 설정합니다. "엄마, 밥 줘요, 배고파요, 두부 맛있다, 두부 또 줘요"와 같이 의미를 연결시켜 문장을 이어

갑니다. 문장 길이가 짧은 아이라면, 아이가 "밥" 했을 때 엄마가 "밥 줘요?"라고 늘려 주면 됩니다.

일상생활과 비슷한 생활 습관 책은 아이의 생활에도 도움이 됩니다. 놀이로 연결해서 그림책 내용을 재현하면 이야기 꾸미기의 부담이 적어 더 재미있습니다.

"불났어요 살려주세요 / 불났어요 불났어요 애앵애앵 / 소방차 도와주세요~ 소방차 출동!"

이제는 놀잇감이 매번 필요 없을 수도 있습니다. 북채를 소화기로 대신해도 좋고 박스로 소방차를 만들어도 좋습니다. 아이의 상상력을 돕고 '~만들어요, ~붙여요, ~주세요'와 같이 비슷한 문장을 여러 번 사용할 수 있어 문장 발달에도 이롭습니다.

Chapter 4

만 3~4세

문법구조를 깨달아요,
아이 말이 정교해져요

답은 잘 안 듣고
계속 "왜? 왜?" 물어요

- "36개월 아이예요. 질문이 많으면 똑똑하다던데, 그런 아이의 질문을 잘 받아 주고 대화를 이어가면 좋다는데…. 처음에는 질문하는 모습이 마냥 귀엽고 신기했어요. 우리 아이의 말을 기록하기도 하고 성심성의껏 대답도 해 주었어요. 그런데 지금은 솔직히 지쳐요. 아이의 질문은 점점 많아지고 저는 점점 녹초가 되어 가네요. 저만 그러는 거 아니죠?"

- "37개월이에요. '왜' 질문이 시작되었는데 쉬지를 않아요. '왜, 왜, 엄마 왜?' 잘 대답해 주려고 하긴 하는데 저도 모르는 게 있고, 대답하기 어려운 상황도 있어요. 매번 다 정확하게 대답해 줘야 하나요?"

- "39개월 아이, 끝도 없는 질문에 머리가 어질어질합니다. 반대로 제가 질문하면 '몰라' 성의 없게 대답하면서 저에게만 계속 물어요, 책을 읽어 주거나 뭔가 이야기를 하려면 쓸데없는 질문을 해서 맥이 빠지고요. 결국 '그만해'라고 하게 되는데 이런 질문은 왜 하는 건가요?"

제 아이가 네 살 정도 되었을 때 일입니다. 아이와 같이 길을 가는데 맞은편에서 승려복을 입은 여승이 걸어오고 있었습니다. 아이가 손가락으로 그분을 가리키더니 묻습니다. "저거 뭐야?"

네 살은 4초마다 엄마를 불러서 네 살이랍니다. 우리 아이들 질문에는 참 '웃픈' 일들이 많습니다.

호기심이 많아지는 만큼 질문도 많아지는 시기

36개월 언어 발달의 큰 특징은 문장의 발달입니다. 단순히 두 단어를 붙이던 것에서 나아가 어휘가 큰 폭으로 확장되고 문법구조도 생기면서 문장이 본격적으로 사용됩니다. '왜' 의문사와 부정어 사용, 의도, 시제 사용이 특징입니다. 질문, 거부, 의사 표현이 활발하고 분명해집니다. "아빠, 과자 왜 안 사왔어? 과자 안 먹었잖아, 아빠가 지난번에 사 준다고 했잖아."

질문을 통해 정보를 얻고 대화를 이어갈 수 있다는 것을 압니다. 내 생각과 느낌, 의도를 표현하려고 애씁니다. 주변에 관심을 갖고 알고 싶어 합니다. 그러나 아직은 질문 기술이 부족하고 답하는 기술은 더욱 부족합니다. "왜? 근데 왜? 왜 그래?" 끊임없이 물을 수 있습니다.

정서상 가장 발달을 보이는 부분은 호기심입니다. 나, 사물, 주변 사람에 대한 관심에서, 보다 넓고 근본적인 호기심이 생기기 시작합니다. "왜"라는 의문사는 지적 호기심이 왕성해졌음을, 인지 발달이 이루어지고 있음을 알려 줍니다. 그러나 유아기(2~7세)의 인지 발달은 아직 직관적이고 자기중심적입니다. 이기적이란 의미가 아닙니다. 객관적인 사실에서 근거하지 않고 자신의 경험을 일반화합니다.

남의 관점을 알고 이해하기 어려워, 남도 나와 같은 생각, 지각, 감정을 갖는다고 생각하고 출발합니다. 예를 들면 엄마 선물로 막대 사탕을 줍니다. 본인이 좋아하니까 엄마도 좋아한다고 생각하는 것입니다. 인과관계에서도 나 중심적 사고는 여전합니다. 사물에 생명이 있다고 생각하고(예: "인형 아야 해"/인형을 때리면 인형이 아프다고 생각함), 사물이 인간을 위해 존재한다고 생각합니다(예: "하늘을 누가 파랗게 칠했어?"). 엉뚱한 인과관계로 곤혹스러울 때도 있습니다(예: "내가 아가 미워했어, 아가 아파 엉엉"/자기가 아가를 미워해서 아가가 감기에 걸렸다고 생각함). 아이의 질문에 엄마가 대답하기가 어려운 이유입니다.

그러나 아이의 질문에 성심으로 응하고 적절히 대응한다면 다음과 같은 효과를 기대할 수 있습니다. 첫째, 대화가 확장되어 아이의 이해 폭이 넓어지고 표현력이 풍부해집니다. 둘째, 아이가 존중 받고 독립체로 인식되어 긍정적인 자아개념, 자신감, 주도성이 발달합니다. 셋째, 지적 호기심이 충족되면서 탐구심, 배움의 동기, 학습 능력의 기초가 형성됩니다.

아이의 질문을 대하는 부모의 태도

아이의 질문에 중요한 것은 대답보다 태도입니다. 아이가 질문하면 일단 엄마는 아이 쪽으로 몸을 돌려야 합니다. 같이 고민하고 해결하고 받아 주는 태도를 보여야 합니다. 엄마도 아이의 질문이 파악될 것입니다. 의외로 매순간 답을 찾지 않아도 됩니다.

진짜 궁금해하는 질문에는 제대로, 정석대로 대답해 주세요

스님을 처음 본 아이는 머리, 복장 모두 신기했을 것입니다. "아, '누구세요?'라고 물은 거지? 스님이야, 우리 옷이랑 다르네." 종교, 복장 등에 대해서는 알 리 없지만 명칭에 대해 알려 주고 아이가 호기심 가지는 부분에 대해서는 이야기해 볼 기회를 가질 수 있었습니다. 직업, 복장에 대한 이야기로 이후 책이나 활동으로 확장하기도 편했습니다.

"이게 뭐지? 이거 해?"와 같이 사물의 이름을 묻고 허락, 확인을 받으려던 질문 수준에서 나아가 36개월 이후의 아이들은 확실히 고차원적인 정보를 요하는 질문을 합니다. 궁금한 것은 쉽고 간단하게 답해 주세요. 아이가 계속 똑같은 질문을 한다면 답이 이해되지 않아서 그럴 수도 있습니다. 아이의 이해 수준에서 알려 주세요.

아이 입장에서 충분히 고려해 볼 만하다면 스스로 답을 찾게 하여 아이의 사고력을 자극합니다. 이로써 질문하는 요령도 생깁니다. 질문에서 중요한 것은 답이 아니라 답을 찾는 과정입니다.

"생각해 보자, 너는 어떻게 생각했어?"

"이거 우리 ○○책에서 봤지? 그거랑 비슷하지 않아?"

"혹시 ○○ 때문인가? 네 생각은 어때?"

부모도 모르는 것이라면 이렇게 말해 주어도 됩니다.

"와, 그건 엄마도 어렵네. 같이 생각해 볼까?"

"그거 책에서 봤던 것 같아. 집에 가서 찾아보자."

"아빠가 잘 아는 건데, 저녁에 네가 물어 볼래?"

생각해 보고 찾아가는 과정을 통해 탐구심과 학습 방법을 찾을 수도 있습니다. 책을 찾아보거나 답을 알고 나서는 실험, 만들기, 주제 확장으로 연계할 수도 있습니다.

"아하, 이런 거구나. 우리도 이거 만들어 보자. 다른 것도 찾아보자."

관계는 단단해지고 뇌 발달은 활발해집니다.

아이: 엄마, 눈은 왜 동그라미예요?

엄마: 그러네! 우리 아들 눈동자가 정말 동그라네. 엄마 얼굴이 비칠 것 같아.

아이: 어? 나도 엄마가 보여요. 왜 보여요?

엄마: 눈이 하는 일이 보는 거니까. 이봐, 엄마 눈이 오른쪽, 왼쪽, 위, 아래로 움직여. 동그라미라서 잘 움직여.

아이: 왜 움직여요?

엄마: 앞도 보고, 옆도 보고, 아래에 뭐가 묻었나 하고 아래도 봐야 해서.

아이: 뒤는 왜 안 봐요?

엄마: 엄마도 뒤를 보고 싶은데, 어떻게 뒤를 보지? 눈이 안 돌아가는데?

아이: ……. (고개를 돌리며)이렇게요.

엄마: 오호! 그렇게 보는 게 낫네!

NG 못 들은 척하거나, "원래 그런 거야", "지금은 몰라도 돼, 나중에 배워", "엄마가 지금 바빠서 나중에 알려 줄게" 식으로 회피하거나, 스마트폰에서 찾으며 즉각적인 대답에만 몰입하는 경우, "별게 다 궁금하네" 하며 아이의 질문을 무시하는 경우.

관심, 상상력 발동, 재미있는 이야기를 하고 싶어 질문할 때도 있습니다

과학적 사실, 논리적인 근거를 바라기에는 아이가 아직 어렵습니다. 아이가 인식하는 인과관계도 주관적이고 엉뚱하기까지 한 시기죠. 타인의 관점을 이해하려면 만 5세는 넘어야 합니다. 아이의 대답에 문학적 상상력, 창의력, 재치를 더해 보세요. 마음껏 상상하고 즐길 수 있습니다. 생각을 나누고 표현하는 힘이 생깁니다. 정서가 다양해지고 사고가 유연해집니다.

아이: 하늘은 왜 파래요?

엄마: (빛의 산란 때문이지요. 이 내용은 초등학교 4학년 과학에서 배우게 됩

니다. 빛, 공기 입자, 산란 등등은 아무리 쉽게 이야기해도 어렵습니다.)

누가 하늘에 물감을 쫙 뿌렸대. 그런데 그중에 파란색이 가장 많이 묻었대. 네가 뿌린 거 아냐?

아이: 푸힛, 아닌데요, 난 빨간색이 좋아요.

엄마: 오, 거 봐. 저녁에는 하늘이 빨갛게 변하는데 우리 딸이 그랬구나.

아이: 그럼 밤은 왜 까매요?

엄마: 해가 없어서 그렇지. 불이 꺼지면 깜깜하잖아.

아이: 아니에요. 내가 검은 물감을 뿌려서 그래요. 푸히히.

NG "뭐야 말도 안 돼", "그런 게 어디 있어? 엉뚱하긴" 하며 무시하거나, "장난이야, 엄마도 몰라" 우스개로 취급하거나, "네가 몰라서 그러는 거야" 하며 답을 회피하는 경우.

'제 입장은 달라요, 제 말을 들어주세요' 신호일 수 있습니다

"아빠 왜 자요?" 아이가 묻습니다. "아빠가 피곤해서 그래." 아이가 또 묻습니다. "아빠 왜 피곤해요?" "아빠 회사 다녀왔잖아." "아빠 왜 많이 자요?" "일이 힘들었나 봐. 많이 주무셔야 또 힘내지." "아빠 왜 힘들어요?" 아이가 궁금한 것은 아빠가 어디가 아픈지, 얼마나 힘든지가 아닙니다. 왜 나랑 안 놀고 자는가입니다.

"아빠랑 놀고 싶었구나. 그런데 아빠가 잠을 자서 아쉬워?"

아이의 서운한 마음을 알아주는 것이 먼저입니다.

산타 할아버지는 왜 겨울에 와요?

(지금 오면 안 돼요?)

 겨울 나라에 사니까.

 왜 겨울 나라에 살아요?

(가을 나라에도 살면 안 돼요?)

집이 거기니까.

 근데 왜 우는 아이한테 선물 안 줘요?

(나 울었는데, 어떡해요?)

울면 나쁘잖아, 씩씩하고 엄마 말 잘 들어야지 선물 주는 거야.

 울면 왜 나빠요?

(난 안 나빠요.)

울면 안 되지. 떼쓰고 울면 안 돼, 엄마 말 잘 들어야 착한 거잖아.

 왜 착해요?

(왜 착해야 해요? 착한 아이만 정말 선물 줘요?)

어? 왜 그래? 아직 겨울도 아닌데 왜 산타 할아버지를 찾아? 아직 멀었으니까 자꾸 울지 마. 그러다 진짜 산타 할아버지가 선물 안 준다.

 으앙~~

자라고 눕힌 아이가 "밤은 왜 있어요? 밤에 왜 자요? 밤에는 호랑이가 왜 나와요?"라고 묻는 것은 더 놀고 싶다는 뜻입니다. 막히는 도로에서 "차가 왜 안 가요? 차가 왜 많아요?"라고 묻는 아이에게 교통 체증에 대해 설명해 줄 필요가 없습니다. "그러게, 차가 왜 이렇게 느리지? 빨리 가고 싶다." 빨리 가고 싶고 차에 있기 싫은 아이의 마음을 알아주면 됩니다. "추우면 왜 아이스크림을 못 먹어요? 이건 누가 먹었어요?" 이는 본인도 아이스크림을 먹고 싶다는 것입니다.

엄마가 책을 읽어 주는데 아이는 자꾸 딴 것을 묻습니다. "놀부는 왜 점이 났어요? 흥부는 왜 흥부예요? 이거는 왜 반짝거려요?" 아마도 책이 재미없거나 어렵거나 이야기에 집중이 안 된다는 것입니다. 아이가 궁금해하는 것을 중심으로 하는 이야기를 시작하는 것이 좋습니다. 질문에 숨은 뜻을 읽어야 합니다.

NG "그만해, 왜 자꾸 물어?" "쓸데없는 거 묻지 마." "할 말 있으면 그냥 하는 거야." "오늘따라 왜 그래?"

그저 말을 걸고 싶을 때도 있습니다

관심받고 싶고 같이 놀고 싶고 장난치고 싶을 때도 있습니다. "엄마, 이거 뭐야, 이거 왜 그래?" 질문해서 엄마의 관심을 얻고 싶습니다. "그게 왜? 근데 왜? 그래서 왜?" 계속 말꼬리 잡고 이어지는 질문은 그저 말장난, 엄마가 자신에게 뭐라고 해 주는 것이 좋아서 그럴 수도 있습니다.

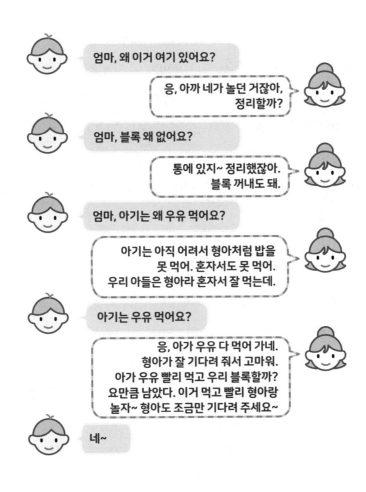

엄마, 왜 이거 여기 있어요?

응, 아까 네가 놀던 거잖아, 정리할까?

엄마, 블록 왜 없어요?

통에 있지~ 정리했잖아. 블록 꺼내도 돼.

엄마, 아기는 왜 우유 먹어요?

아기는 아직 어려서 형아처럼 밥을 못 먹어. 혼자서도 못 먹어. 우리 아들은 형아라 혼자서 잘 먹는데.

아기는 우유 먹어요?

응, 아가 우유 다 먹어 가네. 형아가 잘 기다려 줘서 고마워. 아가 우유 빨리 먹고 우리 블록할까? 요만큼 남았다. 이거 먹고 빨리 형아랑 놀자~ 형아도 조금만 기다려 주세요~

네~

"이게 뭐라고? 엄마가 아까 뭐라고 했지? 이거 왜 그래?"

반문해 보세요. 아이는 이미 다 알고 있습니다. 괘씸하게 생각하지 마세요. 아이는 아직 자신이 원하는 것을 적절한 질문의 형태로 만들 수 없습니다. 말놀이나 아이가 원하는 놀이로 자연스레 이어가세요.

지금 너무 바쁘다면 아이에게 진심으로 말할 수밖에 없어요.

"엄마랑 놀고 싶구나~ 그런데 미안해. 엄마 이 일만 얼른 할게. 이 것 봐. 여기까지만 정리하면 끝나. 엄마가 이 일을 해 놔야 남은 시간 동안 놀 수 있어. 그럼 네가 놀 수 있게 여기에 블록 준비해 줄까?"

그러면 아이도 엄마의 상황을 이해할 수 있습니다.

NG "엄마 바빠, 왜 자꾸 물어?" "아빠에게 물어봐." "책 있잖아, 찾아봐." "알 면서 왜 그래?"

질문이 벅찼던 어느 날은 급기야 네 살 딸아이에게 5분간 말 안 하 고 있기 게임을 제안했습니다. 통할 리 없습니다. 호기심이 폭발하니 과학 전집을 사야겠다고 들떠 있던 엄마는 온데간데없습니다. 전집 도 사실은 아이의 질문으로부터 피하기 위함이었는지도 모릅니다.

그런데 아이의 발달 과정에서 질문을 많이 하는 쪽은 항상 엄마입 니다. "뭐 했니? 뭐 먹었니? 이건 왜 안 하니? 왜 그래? 어떻게 할 거 야?" 게다가 엄마의 질문은 다소 불순합니다. 캐묻고 조정하고 설득 하기 위한 것이 많습니다. 아이의 질문에 정확한 답을 찾는 데만 집 중하지 마세요. 아이의 질문은 순수합니다. 서툽니다. 왜 묻는지 살 피고 때로는 질문을 잘 들어 주는 것으로도 효과적입니다.

뜬금없는 이상한 말, 버릇없는 말, 장난스러운 말에 어떻게 반응하나요?

아이들이 많이 자랐습니다. 한창 귀여울 때입니다. 아이들의 귀여운 어록도 쏟아지지만, 한편에서는 말썽꾸러기 세 살, 미운 네 살도 난리입니다. 왜 이럴까요?

엄마 아빠에게 의존하던 아이들이 '나'를 찾고 '스스로' 하기 시작합니다. 그러나 아직은 부모의 손이 필요하기도 하고, 부모도 해 주고 싶고 해 주어야 한다는 생각에서 완전히 벗어나지 못했습니다.

'내가 내가' 하고 싶은 것도 많고 '왜 왜' 궁금한 것도 많습니다. 그러나 여건이 안 되기도 하고, 아이가 할 수 없는 것도 있고, 해서는 안 되는 것도 있습니다. 논리적, 과학적, 추상적 개념을 다 이해하고 받아들이기에는 아직 인지 학습이 덜 발달되기도 했습니다.

문장이 길어지고 문법형태소의 사용도 늘었습니다. 새로운 표현도 금방 배우고 익힙니다. 발음이 정확하지는 않아도 일상 대화는 대부분 알아들을 만합니다. 그러나 자기중심으로 상황을 이해하고, 말의 앞뒤가 안 맞고 논리적 연결도 부족합니다.

무수한 에피소드와 이벤트를 만들어 가는 이 시기, 부모도 현명하게 밀당의 기술을 익혀야겠습니다.

자기중심으로 말하기와 비논리적 표현을 받아 주는 방법

상상력 vs 비현실적

"귀엽긴 한데 자꾸 엉뚱하게 말해서 헷갈리거나 곤란할 때가 있어요."

　-**"로봇 지금 주문해, 주문하면 되잖아, 주문했는데 왜 안 와?"**(마술사 주문이 아니라고)

　-**"나 이빨 요정 만났어, 이빨 요정이 내 이빨 가져가는 거 봤어."**(엄마를 시험하는 건가)

　-**"우리 아빠는 비행기 타고 회사 간다~"**(아빠가 날아왔다고 하긴 하더라)

만 2~4세, 아이의 상징 행동, 상상 놀이가 활발합니다. 언어로 자신의 상상을 말하고 호기심을 표현합니다. 우리는 이것을 '독창적이다', '창의적이다'라고 하면서 이를 추구하기도 합니다. 아이의 창의적인 상상력은 만 4세에서 4세 6개월에 절정을 이룬다고 합니다. 어린이집이나 유치원 등의 기관에 다니고 일반적인 규칙 규범들을 지켜야 하고 또래들 간의 사회적 경험을 겪으면서 점차 현실에 맞추고 따르게 됩니다(5세~). 만 5세 이전의 아이들은 본인의 호기심과 상상력을 표현하는 데 있어, 이것이 현실인지 진실인지 고민하지 않고 떠오르는 대로 말합니다. 만화영화나 동화 속 이야기로 놀이하면 좀 더 공상적으로 보일 수 있습니다. 차가 말을 한다거나 날아다닌다거나 아빠가 고릴라로 변신한다거나 등등입니다.

아이의 상상력을 굳이 깨뜨릴 필요는 없습니다. 경험을 통해 스스로 알게 될 것입니다. 아빠가 슈퍼맨이 아니라고 해서 아이가 낙담하거나 실망하지도 않을 것입니다. 걱정할 필요 없습니다. 오히려 이 시기 아이들의 상상력은 사고의 유연함, 문제 해결의 다양성, 정서의 융통성으로 발전시킬 수 있습니다.

"아하, 그런데 아빠는 마술사가 아니어서 로봇이 바로 못 와. 가게에 '로봇 배달해 주세요' 했어. 택배 아저씨가 내일 가져다 주신대."

"아 그랬구나, 엄마도 어렸을 때는 이빨 요정 만났는데."

"응, 책에서 본 게 생각났구나. 맞아, 비슷하네?"

"우아, 멋진 생각이네. 그래, 그렇게 하면 좋겠다."

"엄마는 지금 마법의 양탄자를 부를 수 없는데, 어떻게 하지?"

창의적 사고를 촉진하는 부모의 양육 행동은 '지지'입니다. 아이의 마음을 지지해 주고 자유로운 사고를 허용하며 흥미를 길러 주면서 지도가 필요할 때는 해결 방향을 제시해 주어야 합니다.

NG "그런 건 없어, 그건 만화에서나 나오지." "말도 안 되는 소리, 그건 다 꾸며낸 거지." 좌절감, 고지식함을 부르는 말들.

비의도적 vs 의도적 거짓말

"잘 몰라서 그러는 건지, 알면서도 그러는 건지 거짓말을 해요."

-**"내가 안 했어요."**(이거 네가 바닥에 그린 거잖아)

-**"내가 안 그랬어, 친구가 먼저 때렸어."**(친구는 살짝 만진 거고, 너는 의도적으로 밀었잖아)

-**"아빠가 놀아도 된다고 했어요."**(아빠는 밥 먼저 먹고 하라고 했는데)

거짓말 논쟁은 만 3세부터 시작됩니다. 아이의 주도성은 커지는데 사회적 규칙, 도덕적 규범, 혹은 양육자의 가치로부터 제한받기 시작합니다. 그래서 자신의 행동을 숨기거나 유리하게 돌리는 말을 할 수 있습니다. 국내 한 연구에서 거짓말을 시작하는 연령을 실험해 보았더니 만 3세 아동도 22%가 의도를 가지고 거짓말을 하였습니다. 만 3세 정도가 되면 이익을 위해, 혹은 사회적으로 받아들여지기 위해 자신의 행동을 감출 수 있다고 합니다. 그러나 다른 연구에서는 3세가 거짓 행동을 해도 자신의 거짓말을 고백해서 금방 들통이 나거나 속이려고 하다가 실패하는 확률도 많다고 합니다. 도덕적 판단도 정확하지 않고 남의 의견을 고려하는 것도 정교하지 않다고 합니다. 나를 포장하거나 숨기는 데도 익숙하지 않습니다.

이 시기의 아이들은 상황 판단이 아직은 객관적이거나 다변적이지 않습니다. 아이는 친구가 자리를 맡아 놓았다가 잠시 비운 것을 모르고 그 자리에 앉았습니다. 그럴 때 아이가 "아니야, 내가 먼저 앉았어"라고 하는 말이 딱히 거짓말이라고 할 수 없습니다. 친구가 아이에게 비키라고 했고 친구의 목소리가 컸을 뿐인데 "친구가 먼저 때렸어요, 나한테 소리 질렀어요"라고 말할 수 있습니다. 아이가 그렇게 느꼈다는 것이지요. 의도와 결과를 구분하지 못하기도 합니다. "내가 안 그랬어요"(밀려고 한 것이 아니에요), "내가 안 했어요"(난 그냥 지나가던 길이었어요. 친구 블록을 쓰러뜨리려고 한 것이 아니에요).

이럴 땐 잘못한 것이라고, 나쁘다고 말하기 이전에 상황을 설명해 주세요.

"너도 몰랐겠다. 친구가 먼저 여기 앉았는데, 잠깐 화장실 갔다 온 거래. 어쩌지?"

"맞아, 친구도 놀라서 크게 말했나 봐. 그래서 너는 그 친구가 화낸 줄 알았구나. 엄마도 누가 갑자기 소리 지르면 깜짝 놀라."

"너도 놀랐지? 옆에서 친구가 블록을 쌓고 있었는데 몰랐구나. 친구가 블록을 열심히 쌓았는데 네 손에 부딪쳐서 쓰러졌어, 그래서 친구가 속상해서 우는 거야."

아이도 그 상황에 놀라고 당황스러울 수 있습니다. 의도하지 않은 상황이 벌어졌고 옳지 않은 결과를 보고는 속이거나 감추려 할 수 있습니다. 아이의 마음을 읽어 주되, 상황은 객관적으로 말해 주세요. 죄책감 대신에 상황을 판단하고 바르게 행동할 용기를 심어 주세요.

정말 모르고 하는 거짓말도 있습니다. 과거 일이 기억나지 않는 경우도 허다합니다. 제멋대로 해석하거나 이해가 덜 되었을 수도 있습니다. "내가 안 그랬어요!" 엄마가 주입한 약속에 아이가 덜 집중하고 그냥 "네네" 했을 수도 있습니다. 생각 없이 했던 장난인데, 나중에 추궁받게 되어 난감해하는 경우도 있습니다. "우리 아빠 사장님이에요"라는 아이의 말은 아빠를 대단하게 느끼는 아이 나름대로의 찬사입니다. '사장님'을 내세워 과시하려 하거나 주목받으려는 뜻은 없습니다. 왜 거짓말하냐고 몰아세우기보다 "그렇게 생각했구나"라는 식으로 사실을 확인할 수 있도록 알림, 정보를 제공해 주세요.

명령하고 통제하는 부모의 아이는 자발적인 의지보다 부모의 판단을 강요받습니다. 수동적이고 부모의 눈치를 봅니다. 책임도 부모에게 있으므로 도덕심과 행동의 결과 사이에서 갈등할 일도 적습니다. 연령에 따른 도덕 교육의 필요성보다 부모의 언어 통제(직접적 명령/지시적 부모 vs 규칙과 상황에 필요한 설명을 해 주고 스스로 통제할 기회를 주는 부모)가 아이의 거짓말과 도덕성 발달에 더 영향력을 미칩니다. 도덕성은 강요가 아니라 자율성에 달려 있습니다.

NG "하지 마, 그만해." "이렇게 하는 거야." "잘못했으면 핑계대지 말고 사과해." 부모가 세상의 잣대임을 주입하는, 도덕적 판단을 막는 말들.

말장난 vs 말대꾸

"어디서 배웠는지 어른들 말을 쓰는데, 버릇없는 애가 될까 걱정이에요."

  -**"아빠는 스마트폰 하면서 나는 왜 안 돼요?"**(대드는 건가?)

  -**"그러니까, 내가 몇 번을 말해."**(그건 내가 너한테 하는 말이지)

  -**"어, 엄마 머리가 사자 같아요."**(칭찬인지 약 올리는 건지)

만 3~4세의 언어 발달은 빠릅니다. 기관을 다니기도 하고 동네 친구들, 형님들 언어도 빠르게 익혀 옵니다. 말놀이도 하고 엄마 억양을 흉내 내면서 재미있다고 웃을 수도 있습니다. 억양이 주는 의미의 변화, 미묘한 어감의 차이도 느낍니다. 덕분에 언어 발달이 급속도로 진전을 보입니다. 그런데 가끔 실수도 합니다. 정확한 의미 혹은 사회적 통념은 알지 못한 채 어른들의 말, 은어를 흉내 내기도 합니다. 동생에게 하는 "너 이렇게 하면 죽어"는 협박이 아니라 걱정이고 강조입니다. "이 바보야!" "치사해!" "흥칫뿡!" 정말 많이 화가 났다는 뜻입니다.

"화가 많이 났어? 속상하구나. 이제 '속상해'라고 말하면 엄마가 네 마음을 더 잘 알 수 있을 것 같아."

"그렇게 답답했어? 아빠가 네 마음을 몰라 줘서 서운했구나. 이제는 아빠가 네 말을 잘 들을게. 너도 아빠에게 예쁘게 말해 줘."

아이가 쏘아붙이는 말에 발끈하기보다 이렇게 아이의 숨은 마음을 먼저 헤아려 주세요. 아이도 엄마의 말을 금방 알아들을 것입니다.

아이는 말이 가지는 다양한 의미, 비유적 표현, 흉내 내는 말도 조금씩 알아갑니다. 그러나 아직 상대방의 마음을 헤아리지는 못합니다. 자기중심에서 재미있는 말을 합니다. 주목받고 싶어서 혹은 단순히 누구와 말을 시작하려고 꺼내기도 합니다.

여자 친구가 바지를 입고 왔는데 아들이 칭찬이랍시고 "너 대장 같다" 그럽니다. "엄마 나 응가했어" 해서 "어??" 놀라 뛰어가니 "아니야~" 장난을 칩니다. 말이 가지는 힘을 아이가 알고 있습니다. 올바르게 쓸 수 있도록 도와주세요. 3세 아이들이 엄마 선물을 고를 때는 대부분 본인이 좋아하는 것을 선택합니다. 엄마가 좋아하는 것이 따로 있을 거라고 미처 생각하지 못합니다. 내가 좋아하니까 엄마도 좋아한다고 생각합니다. 당연히 타인의 마음, 입장을 이해하기 어렵습니다. "네가 그렇게 하면 엄마는 어떻겠어?", "친구 기분이 어떨까?"라고 물으면 아이는 이해가 안 됩니다. '내가 좋으니 엄마도 좋지 뭐' 그런 입장입니다. 서로 다른 마음과 믿음에 대한 이해는 4세 후반부터 가능합니다.

"여자 친구는 대장이라고 하는 것보다 공주가 좋대."

"엄마 깜짝 놀랐어."

이렇게 이해시키려 하기보다 상대방의 마음은 이렇다는 것까지만 말해 주세요. 아이의 표현을 비난하기보다 〈피노키오〉, 〈양치기 소년〉, 〈청개구리〉 이야기를 들려주는 것이 도움됩니다.

아이들은 어른 흉내를 좋아합니다. 엄마 신발, 화장품, 아빠 가방 뿐 아니라 아빠 말투를 따라 하면서 마치 어른이 된 양 좋아합니다. 스스로 "유치하다 유치하다" 하지만 속마음은 그 놀이가 좋습니다. 평상시 자기에게 영향력이 큰 부모의 말은 그래서 더 주의해서 익혀 둡니다. 부모의 평소 말투를 돌아보세요. 부모 말투를 따라 하는 아이의 말에 뜨끔하다면, 고쳐야 할 사람은 아이가 아니라 부모입니다.

NG "나쁜 말 하면 안 돼, 너 나쁜 애야?" "그런 말 하는 친구랑 놀지 마." "그거 누구한테 배웠어? 또 하면 혼나!" 당혹감, 부끄러움, 죄책감을 부르는 말들.

자기주장 vs 고집

"이제 말 좀 한다고 뭐라 하는데 그냥 우기는 건 어떻게 해요? 고집불통이에요."

　－"이거 내가 좋아하는 신발이에요, 이게 예뻐요, 이거 신을래요." (과해 과해, 너무 과한 패션)

　－"콩은 맛이 없어요, 딱딱해요, 안 먹어요." (골고루 먹어야 튼튼해진다고 백 번 이야기해도 안 들음)

　－"왜 자야 해요? 놀면 안 돼요? 엄마도 늦게 자잖아요." (아… 엄마 자고 싶어)

발달심리학자 피아제는 0~6세 아동들이 하지 못하는 것이 '논리적 사고를 필요로 하는' 문제 해결이라고 하였습니다. 아이들은 이제 언어적 상호작용에 익숙합니다. 자기 의사를 말로 내보이고 자기 뜻을 관철시키고자 하지만, 그 이유라고 하는 것이 어른들이 보기에는 한참 어립니다. 그래서 '결국 자기 마음이라는 거네' 싶습니다.

아이들에게 "왜 그래야 하는지 말해 봐, 그게 왜 하고 싶은지 설명해 봐"라고 다그치기보다, "네 생각은 그렇구나, 엄마 생각은 이래" 하고 상황에 대해 간단히 설명해 주는 것으로 충분합니다. 타인의 마음 읽기와 같습니다. '문제를 해결하는 방법은 여러 가지가 있단다, 네 방법도 훌륭하지만 다른 방법도 있으니 살펴보자'는 식입니다.

"콩이 딱딱해서 싫구나. 그런데 아빠는 콩도 먹고 멸치도 먹고 김도 많이 먹었어. 그래서 이렇게 튼튼해졌지."

"오늘 구두를 신고 싶었구나? 엄마는 네가 체육복 입었으니까 운동화가 잘 어울릴 것 같아. 오늘은 운동화 신고 내일 예쁜 원피스에 구두 신으면 어때?"

이 시기에는 아이가 자신의 의견을 표현해 보는 것이 중요하므로 아이의 표현을 무시하지 말고 우선 있는 그대로 받아 준 후 부모의 생각도 공유해 주세요.

언어 능력, 특히 수용 언어는 공감 능력과 관련성이 높고, 표현 언어는 논리성, 사건의 관련성과 연관됩니다. 마음도 언어도 추상적이고 상징적인 것이라는 점에서 유사합니다. '이해하다, 안다, 생각하다, 원하다'와 같은 어휘를 이해하는 것은 마음을 이해하는 것으로 발전합니다. '~해서/~하니까 …하다', '~는 …때문이고', '~하려고 했지만 …하다'와 같은 표현은 정보를 연결시키고 상대방을 설득시킵니다. 언어 발달을 통해 아이의 주장에 힘을 실어 주세요. 놀이와 대화, 심부름하기, 번갈아 가며 이야기 꾸미기, '이럴 땐 어떻게 할까' 퀴즈 내기와 같은 활동으로 상황 전개, 의견 수용의 경험을 늘립니다.

아이의 자아와 현실은 커 가면서 양육자와 끊임없이 부딪칩니다. 아이는 본인의 한계를 시험하면서 자라고 부모는 사회적 울타리 안에서 아이의 행동을 다듬으려 할 것입니다. 원칙은 일관성입니다.

"10시가 되면 자야 해. 엄마는 너보다 할 일이 많아서 조금 늦게 잘 수도 있어. 그런데 너는 푹 자고 쉬는 게 더 중요해. 그래야 내일 또 놀 수 있어."

원칙은 설득의 대상이 아닙니다. 이랬다저랬다 하는 규칙은 반항

하고 싶게 만듭니다. 태도는 일관되게, 규칙의 범위는 관대하게 허용하여 아이가 스스로 고민하고 시도해 볼 수 있는 기회를 주는 것이 부모의 역할입니다.

NG "자꾸 고집부리지 마, 엄마 말대로 하는 거야." "그래, 그건 네 마음대로 해, 한 번만이야." 어떤 말도 안 통하는 부모, 때는 통하는 부모의 말들.

말이 언제 느나 걱정하던 때도 잠시, 이제는 아이의 말이 너무 많아 고민이 생깁니다. 그런데 지나고 보니 그때가 가장 예뻤던 것 같습니다. 육아 선배들은 앞으로 더 힘든 날이 온다고 말합니다. 아이들에게 때마다 발달 과업이 있듯이 부모에게도 항상 숙제가 있는 것 같습니다. 오늘을 잘 넘겨야 행복한 내일이 올 것이라 믿으며 내 아이의 가장 예쁜 오늘을 기억하세요. 과거에 대한 후회도 그만, 미래에 대한 두려움도 그만 떨쳐 봅시다.

말을 더듬어요

- "38개월 남아예요. 남자아이지만 말이 빨라서 크게 걱정 안 했는데 최근 '어, 어, 어, 근데 근데'가 많아졌어요. 말 시작할 때 주로 '어, 어' 하는데 중간에도 하고, 그러다 보면 마음이 급해서 더 많이 하는 것 같아요. 괜찮다고 말해 주지만 더 안 좋아지는 것은 아닌지 걱정입니다."

- "40개월 여아예요. 어느 날부터인가 '어어엄마' 하길래 대수롭지 않았는데 점점 더 심해졌어요. 유치원에서도 선생님이 말씀하시더라고요. 지금은 '어어어어엄마, 이이이게 왜왜왜왜~~그래' 하고 하다가 말을 끊거나 울먹이기도 하더라고요. 잘 들어주려고 하는데 아이가 힘들어하는 것을 보니 제 마음도 찢어져요. 치료를 받아야 할까요?"

- "46개월 아들이에요. 말이 느린 아이였는데 요즘에는 문장으로 말하긴 해요. 그런데 갑자기 말을 더듬어요. '어어어어어엄마, 무무무무물을 주세요.' [ㄴ, ㅁ, ㅇ]으로 시작하는 말을 더 잘 더듬는 것 같

아요. 안 그래도 더딘 아이인데 더듬다 보니 말도 더 짧아지는 것 같네요. 어쩌죠?"

생각해 보면 어른들도 말을 더듬습니다. 갑자기 사람들 앞에 서게 될 때, 화가 나서 부부 싸움을 하는데 내가 질 것 같고 마땅히 내세울 것은 없을 때, 익숙하지 않은 주제에 대해서 이야기할 때도 "음, 어, 그러니까, 음 음 음" 같은 소리가 들어가기도 하고 더 긴장되어서 꼬이고 "그런 거야~, 그랬잖아!" 성급히 말을 끝내기도 합니다. 그렇지만 크게 문제 삼지 않는 이유는 아마 일시적이고 누구나 그럴 수 있다고 생각하기 때문일 것입니다.

생각과 표현과 발음의 부조화, 말더듬

아이들도 발달 과정에서 자연스럽게 말더듬는 모습을 보이다가 사라지기도 합니다. '말더듬stuttering'은 말이 부드럽게 나오지 않고 말의 흐름이 방해받는 현상입니다. '비유창성'이라고도 합니다. 발달 과정에서 나타나는 비유창성은 주로 만 2~5세 사이에 나타나며 50~80%는 1년 이내에 자연적으로 회복됩니다. 정상적 비유창성입니다.

만 2~5세에는 언어 발달이 급속도로 이루어집니다. 무엇보다 표현 언어가 눈에 띄게 발달합니다. 길게 말하고 복잡한 문장들을 말하기 시작합니다. '이것은 ○○이다'에서 '나는 ~라고 생각한다', '이

것은 ○○해서 □□하고 그래서 나는 ××하고 싶다'는 식으로 생각, 느낌, 지식을 담아내기 시작합니다. 발음도 신경쓰게 됩니다. 이 과정 중에서 의도와 발음과 표현이 삐그덕거리면서 부조화를 이루고, 속도에도 차이가 생기면 중간에 말이 끊어집니다.

언어 발달이 늦은 아이뿐 아니라 발달 속도가 빠른 아이에게서도 비유창성이 나타날 수 있습니다. 부모가 말이 빠르고 강압적이며 지시적일 경우 아이가 심리적인 압박을 더 느낄 수 있으나 부모의 양육 태도를 원인으로 단정하기는 어렵습니다. 심리적 충격을 받거나 말 때문에 심한 창피를 당한 후 급작스럽게 나타나는 경우도 있지만, 대부분은 이전부터 내재적인 요인이 있었을 것이라고 봅니다. 많은 학자는 유전, 언어 환경, 심리적 요인이 복합적으로 작용한다고 봅니다. 모든 발달이 경쟁적으로 빠르게 발달하는 시기에, 말더듬 아동에게는 말하기 위한 말언어 기제가 조금 더 취약한 것으로 보입니다.

다행히 대부분의 비유창성은 별다른 치료 없이 저절로 나아집니다. 말더듬에 대한 저명한 학자인 배리 기타Barry Guitar 교수가 그의 저서《말더듬Stuttering》에서 밝힌, 안심해도 되는 정상적 비유창성의 특징은 아래와 같습니다.

● **비유창성 횟수가 적습니다:** 100단어를 말할 때 더듬는 횟수가 10회 이하의 비율입니다.
● **비유창성 양상도 단순합니다:** 말 사이의 '음, 어'와 같은 간투사가 간혹 쓰입니다. 단어 전체(예: 엄마 엄마가)나 음절 단위 반복

(예: 엄엄엄마)이 주로 나타납니다.

- **비유창성 이외의 행동적인 반응은 없습니다:** 말만 비유창합니다. 말을 더듬을 때 눈을 깜빡이거나 고개를 흔드는 것 같은 부수 행동이 동반되지 않습니다. 더듬는 말을 피하거나 다른 말로 바꾸려고 하지 않습니다. 긴장하지 않습니다.

- **말더듬을 스스로 의식하지 않습니다:** 아이가 말을 더듬더라도 별로 신경 쓰지 않습니다. 하던 말을 계속하고, 말하는 것을 두려워하거나 자기가 말을 더듬는다고 느끼지 않습니다.

정상적 비유창성이어도 오랫동안 지속되거나 경계선적 말더듬, 혹은 진짜 말더듬으로 나아가지 않도록 유의해야 합니다. 시작의 원인은 불분명했지만, 말더듬을 지속시키거나 악화시키는 데는 아이를 둘러싼 언어 환경이 크게 영향을 미칩니다. 아이에게서 비유창성이 나타났다면 우선 부모와 가정의 환경 변화가 먼저입니다. 치료의 개념이 아니라 아이가 자연스럽게 넘어갈 수 있도록 도와야 합니다.

말더듬을 넘길 수 있도록 돕는 부모 대화법

부모의 말은 좀 더 천천히, 더 쉽고 편안해야 합니다

아이에게 '천천히 해라, 짧게 말해라'라고 할 것이 아니라 부모가 천천히, 짧게 말해야 합니다. 속도를 늦추는 것만으로도 심리적인 여유가 생깁니다. 다음 단어를 생각할 시간, 조음기관을 준비할 여유가 충분해집니다. 그런데 아이에게 '천천히 말해, 끊어서 말해'라고 하면 지키기가 어렵습니다. 오히려 '내가 말을 더듬어서 그렇구나' 하고 생각합니다. 부모가 여유를 가지고 쉽게 말해 주어야 합니다. 아이는 부모의 말을 들으면서 배웁니다. 아이에게 바라는 대로 부모가 모델링해 주세요.

어절 단위로 2초 이상 충분히 쉰다 생각하고 말해 보세요.

"우리 (1, 2초) 사과 (1, 2초) 먹을까? (1, 2, 3초) 사과 (1, 2초) 먹고 (1초) 싶다."

"우우 리이"처럼 모음을 조금 늘린다 생각해도 쉽습니다. 노래하듯, 읊조리듯 억양을 살리면서 하면 자연스럽습니다. 천천히 말하면 자연스레 톤이 자상하고 온화해집니다. 아이가 대화하는 데 부담이 적어집니다. 말소리가 부드럽고 조용해집니다. 성대나 조음기관의 긴장이 낮추어지고 막힘이 덜 나타납니다.

행동은 빨리 하면서 말만 천천히 하기는 어렵습니다. 생활 전반에서 시계를 조금 늦추세요. 봐주고 풀어 주라는 것이 아닙니다. 촉박하게 돌아가던 생활 습관에 여유를 허용해 주세요. 기관에 다니고 학습을 시작하면서 아이가 너무 피곤해하지는 않는지, 생활 습관을 잡는다고 주도성을 준다고 재촉하지는 않았는지, "우리 ○○이 훌륭하다, 넌 최고다, 혼자서도 잘하네, 이렇게 빨리 끝내다니"와 같은 칭찬으로 아이를 등떠밀지는 않았는지, 가족이 많아서 서로 자기 할 말을 하느라 바쁜 환경은 아닌지, 경쟁적인 게임을 즐기고 흥분이 많은 놀이를 즐기지는 않는지 전반적인 검토와 수정이 필요합니다.

아이의 말을 충분히 들어 주고 인정해 주어야 합니다

아이가 단어를 반복하거나 중간에 쉼이 있어도, 끊거나 대신 말하거나 수정하지 마세요. 부모가 안절부절못하고 안타까워하거나, 반대로 격렬히 응원하는 듯한 표정과 몸짓도 드러내지 마세요. 말더듬 치료에서 '둔감화desensitization'는 중요한 요소입니다. 특히 어린아이들이 말더듬을 인식할 때 드는 주 감정은 수치, 공포, 분노, 절망, 무기력, 부정적 자기정체입니다. 그러면 말더듬 증상이 더욱 악화됩니다. 부모 역시 동일합니다. 부모가 부정적인 마음을 은연중에 드러내면 아이도 곧 자기 말이 이상하고 불편하다는 것을 느끼게 됩니다.

아직 아이가 말더듬을 인지하지 못하는 지금은 부모가 아이의 말더듬에 둔감해야 합니다. 아무렇지 않은 듯 자연스럽게 받아들이고 인정해야 합니다. "더듬으면 어때, 그래도 괜찮아. 더듬긴 했어도 잘했어"라는 응원의 말도 필요 없습니다. 말더듬 자체에 둔해지고 무시하고 덜 예민해져야 합니다. 그래야 말에 신경 쓰지 않습니다.

부모가 둔감화가 되면 아이가 말을 더듬어도 편하게 들을 수 있습니다. 아이도 부모의 반응에 신경 쓰지 않고 자기 말을 이어갑니다. 아이가 말을 끝내고 나서도 1, 2, 3을 센 후 시간 간격을 두고 질문하거나 다음 말을 꺼내세요. 아이의 말 하나하나에 과한 표정이나 반응보다 온화함, 평정심을 유지하는 것이 더 중요합니다. 어렵거나 많은 질문은 언어적 부담을 줍니다. 다시 해 보라고 하지 마세요. 부모는 그저 느리고 쉽고 부드러운 대화를 유지하면 됩니다. 아이가 스스로 말 속도를 조절하고 단위를 나누면서 유창성을 회복해 나갈 것입니다.

아이와 유창한 대화 시간을 늘려 보세요

생활 속에서 앞에서 말한 두 가지 방법을 지속적으로 유지하기 힘들 수도 있습니다. 생활 습관과 말 습관을 하루아침에 바꾸기는 쉽지 않습니다. 일상에서 노력하는 가운데 집중적인 시간도 가져 보세요. 하루 20분 놀이면 충분합니다. 자기 전 책 읽기, 일과 시작 전 계획 세울 때, 하원 시간과 같이 매일 반복되는 활동 시간을 유창성 만드는 시간으로 정해도 좋습니다. 이 시간만큼은 엄마 아빠가 아이에게 느리고 쉽고 부드러운 말하기를 실천하세요. 아이의 반응도 충분히 기다려 주고 인정해 줍니다. 놀이는 긴장감이 높고 경쟁적이고 복잡하고 새롭고 빠른 것보다, 쉽고 간단하고 일상적인 놀이가 좋습니다. 이 시간을 갖는 목표는 아이가 편안한 가운데서 유창한 말을 보다 많이 하게 하는 것입니다.

"딸이랑 노니까 재미있다, 이렇게 놀이 하니 참 편안하다, 우리 딸이랑 있으니 행복하다."

칭찬은 이렇게 하는 것이 적절합니다. "우리 딸 말 잘했어, 예쁘게 말하네, 편하게 말하네, 하나도 안 더듬었어"도 사실은 말에 대한 평가입니다. 적절한 칭찬의 말이 어렵다면 그저 온화한 미소, 눈 맞추기, 천천히 고개 끄덕이기, 아이와 마주보기만으로도 좋습니다. 아이가 편안한 마음을 느끼고 부담 없이 말하고 유창성을 경험해 보는 시간을 만들어 주세요. 이러한 시간이 쌓이면 평소 말 습관과 경험으로 확대될 것입니다.

아이의 말더듬을 마주하는 일은 생각보다 괴롭습니다. 안타깝고 걱정됩니다. 어느 날은 매우 유창한데 어느 날은 또 갑자기 더듬고, 아이도 이를 힘들어하기도 합니다. 이 어려움이 계속될까 두렵습니다. 그러나 중요한 것은, 초기 말더듬은 아이에게 말 거는 사람들의 변화만으로도 긍정적인 효과를 볼 수 있다는 것입니다. 그동안 아이를 너무 조였던 부모라면 그냥 편히 두기만 해도 자연스레 좋아집니다. 컴퓨터가 버벅대고 로딩이 느릴 때는 사용하지 않는 프로그램을 닫아 메모리를 정리해 주면 되듯이, 말이 느느라 조금 버거운 아이에게 여유를 줘 보세요. 부모도 아이도 마음이 편해야 합니다.

우리 아이 이렇다면, 전문가의 도움이 필요해요

- **비유창성의 빈도가 높을 때:** 말할 때마다, 단어마다 말더듬이 나타 남(100단어 중 말더듬 10회 이상은 경계선적 말더듬).
- **비유창성의 양상이 심할 때:** 막힘이 빈번하게 나타남(후두긴장과 함 께 말을 시작하기 전에 혹은 말하다가 중간에 끊김, 호흡이 끊기듯 멈춤, 긴 장과 떨리는 증상이 함께 보이기도 함. 예: "엄마⋯⋯⋯ 사과 주세요"). 또 는 단어 일부분, 소리 일부분의 반복(예: "ㅅㅅㅅㅅㅅㅅ사과")과 연장 (예: "ㅅ~~~~~~~사과")이 빈번함.
- **말더듬과 함께 부수적 행동이 나타남:** 말더듬을 피하기 위해 혹은 말더듬에서 탈출하기 위해 표정이나 행동이 함께 나타남(예: 말 더 듬으며 눈 깜빡임, 머리 흔들기, 손으로 허벅지를 침), 더듬지 않기 위해 다 른 표현을 하거나 말을 멈추거나 다른 단어를 선택함(예: '사과'에서 더듬을 것 같아서, "엄마 나 빨간 과일 주세요" 또는 "아냐, 그거 싫어, 안 먹을 거야"라고 말함).
- **말더듬을 인식하여 부정적으로 표현하거나 말하기를 꺼림:** 말하 기 전에 긴장하고 당황함. "나 말 못 해, 안 해." "친구들이 놀려, 안 하려고 하는데 자꾸 이상하게 나와." "말하기 너무 힘들어."

어휘력을 늘리고 싶어요

- "16개월인데 아직 엄마밖에 못해요."
- "27개월, 문장으로 말하려고 하는데 어, 어, 하며 몸으로 말하고 안 되면 떼를 써요."
- "37개월, 질문이나 지시를 잘 이해 못해요. 다시 되묻고, 딴소리 하고 자기 말만 해요."
- "40개월, 책을 읽어 줘도 흥미도 없고 이야기에 관심이 없어요."
- "45개월, 친구들이랑 대화할 때 엉뚱한 말을 하기도 하고, 있었던 일을 물어도 대답을 잘 못해요."

'어휘력'의 사전적 의미는 어휘를 마음대로 부리어 쓸 수 있는 능력입니다. 어휘의 뜻을 많이 알고 있어야 하고(이해), 필요할 때 빨리 생각해 내어야 하며(인출), 적절한 상황에서 바르게 사용할 수 있어야 합니다(표현). 6~7세가 되면 아이의 언어는 대부분 완성됩니다. 일상 대화에 큰 문제없이 우리말 문법구조도 습득합니다. 이제부터 아이의 언어는 세련되어집니다. 문장이 보다 매끄러워지고 내용도 논리적이고 유기적으로 변합니다. 인지, 사고가 발달하는데 이를 증명하는 것은 어휘의 양과 질입니다. 영유아기는 물론 성인에 이르기까지 계속 발전해야 하는 것은 바로 어휘력입니다.

어휘력을 키우기 위한 두 가지 습관

앞에서 문의한 부모들의 질문에서 말하는 아이들의 문제 행동에 대한 공통된 요인은 어휘력 부족입니다. 아는 만큼 보인다고 했습니다. 언어를 발달시키는 근본은 어휘 지식입니다. 이를 바탕으로 더 많은 정보를 얻고 더 깊은 내용을 전달할 수 있습니다. 국내의 한 연구 결과, 만 5세 때 어휘력이 좋은 아동은 초등학교 1학년 때 읽기, 쓰기, 어휘 검사에서 높은 점수를 받았습니다. 특히 독해력과 논리력에 어휘력이 큰 영향을 미쳤습니다. 초등학교 3학년 때까지 관찰한 다른 연구에서도, 만 5세 때의 어휘력은 초등학교 3학년의 어휘력과 읽기 이해력으로 여전히 이어졌습니다. 유아기부터 새로운 어휘에 관심을 가지고 습득해 나가는 힘을 길러야 하는 이유입니다.

유아기에 어휘력을 기르기 위해서는 두 가지 습관을 만들어 주는 것이 필요합니다.

- 다양하고 많은 어휘를 접하고 활용해 보아야 합니다.
- 무슨 말일까? 이건 무슨 뜻일까? 유추하고 질문하고 찾아보아야 합니다.

기본적인 고려 사항과 대화법이 준비되었다면(〈12. 단어가 늘지 않아요, 계속 '엄마'만 말해요〉 참고), 실전에서 적용해 봅니다. 언어 능력이 36개월 이상의 수준이 될 때 적용하면 효과가 좋습니다. 많은 연구에 의하면 어휘력 확장에 가장 좋은 활동은 부모와의 상호작용과 책 읽기였습니다. 도서가 어휘력 증진에 좋은 이유는 책을 통해 다양한 경험을 하고 정보를 얻기 때문입니다.

그러나 더 중요한 요인은 책을 통해 부모와의 상호작용을 늘리고 언어적 자극을 받기 때문입니다. 그래서 아이가 혼자 읽는 것보다 같이 읽는 것이, 눈으로 읽는 것보다 소리 내어 읽고 듣는 것이, 내용만 읽는 것보다 관련 활동을 함께하는 것(말놀이, 그림 카드 활용, 역할극, 상호작용)이 어휘력 향상과 이해 촉진에 더 효과적입니다.

문장 표현이 활발하지 않은 아이는 낱말 수준부터 시작하되, 간단한 문장을 함께 이용하여 문장 사용을 돕습니다(예: "~찾았다", "이거는 ~야"). 문장이 활발해지면 어휘를 사용하여 문장을 만들고 이야기 활동을 늘립니다. 우리 아이에게 맞는 적절한 수준과 방법을 찾아보세요.

낱말 수준을 키우는 방법

일상생활 어휘 익히기

- **숨은그림찾기**: 그림 자료에서 숨은 그림이나 틀린 그림 찾기
- **숨바꼭질**: 실제 사물을 집 안에 숨기고 찾기
- **틀린 그림 찾기**: 거실에 물건을 늘어놓고 아이가 기억하게 한 후 술래가 물건 바꾸어 놓고 달라진 부분 찾게 하기
- **주제별 스티커 붙이기**: 동물, 식물, 곤충, 바다생물, 과일 등을 흩어 놓고 주제별로 묶어서 스티커 붙이기
- **알쏭달쏭 상자**: 일상생활용품을 상자 안에 넣고 아이가 손으로 만져서 알아맞추기, 어려워하면 단서 제공하기(예: 그림 그릴 때 써, ○○○ 세 글자야, '색'으로 시작해)
- **도블(보드게임)**: 카드를 한 장씩 넘겨서 더미 카드와 내 카드에서 공통적으로 있는 사물 이름 맞추기(예: 고양이+똑같다)
- **고피쉬 한글 가나다(보드게임)**: 각자 카드를 나누어 갖고 사물 이름을 말하면서 겹치는 경우 상대방의 카드를 가져오기
- **빙고, Zingo(보드게임)**: 그림이나 스티커 이용하여 빙고판(주제별: 동물/물건/색깔/가족 등) 만들기, 빙고 보드게임 이용하여 같은 그림 나오면 단어 말하고 빙고 완성하기

동작어, 상태어, 개념어 익히기

- **스피드 퀴즈**: 엄마가 동작으로 설명하는 어휘를 아이가 말하기

(예: 뛰다, 걷다, 앉다/좋다, 예쁘다, 따갑다, 춥다), 아이가 어려워하면 아이와 함께 문제를 내고(내면서 어휘 설명) 다른 사람이 맞추기

● **수수께끼**: 기능(예: ~하는 거, ~할 때 쓰는 것은 무엇일까?), 분류(예: 동물/먹는 것/장소예요~), 반대(예: 크다의 반대말은?) 등으로 주제를 정해서 문제 내기

● **감정판**: 표정 스티커 혹은 표정 그림 그리기로 오늘의 기분 기록하기(예: 기쁨, 슬픔, 화남, 즐거움, 속상함, 무덤덤함, 무서움 등)

● **책**《신기한 낱말그림책 형용사편》(김철호 글, 아울북): 그림으로 어휘를 알기 쉽게 설명하며 반대말이나 비슷한 말도 짝지어 소개하고 있음. 엄마가 읽어 주고 아이가 표정이나 행동으로 따라 하며 어휘 익히기, 어휘 넣어서 짧은 글짓기, 나는 이럴 때 이런 기분이 들어 표현해 주기(형용사편 이외에도 명사, 동사 등의 시리즈가 있으므로 참고)

● **책＋동사 그림 카드**: 책에 나오는 어려운 어휘는 그림 카드(해당 어휘를 나타내는 사물, 주인공의 동작, 표정 등을 따로 크게 그리거나 복사하여 카드를 만듦)를 이용하여 부각시킴. 책을 읽은 후에도 해당 카드만 이용하여 어휘 익히기, 짧은 글짓기, 내용 말하기로 활용 가능(예:《환상의 정글 숨바꼭질》(페기닐 글그림, 보림)＋숨어 있는 동물 그림/복사코팅본)

● **소꿉놀이, 역할 놀이**: 마트, 병원, 유치원, 경찰서, 소방서, 주유소, 주차장 놀이, 엄마 아빠 놀이, 요리하기 등을 하며 각 역할에 맞는 사물 정리, 스티커 붙이기, 만들기

분류하기

● **고래가족(보드게임)**: 모양에 따라 분류하기, 같은 모양(□△○) 고래를 빨리 찾는 사람이 승리, 기억력 게임과 병행 가능

● **S'Match!(보드게임)**: 숫자, 색깔, 종류의 속성에 따라 카드 분류하기, 기억력 게임

● **셀렉타 뷰르펠즈베르그(보드게임)**: 옷(모자, 상하의)의 색깔(노, 빨, 파, 초, 분, 보), 머리 길이, 자세 등의 조건을 만족하는 난쟁이 찾아내기, 난이도에 따라 조건 수 조절 가능(예: "윗옷 아래옷이 같은 색인 난쟁이를 찾아라", "위아래 옷 색깔이 같아요, 모자 색이 초록색이에요, 서 있어요, 누구일까요?")

말놀이

● **끝말잇기, ~로 시작/끝나는 말**: 단어에서 한 글자(음절)씩 분리하고 합성이 가능한 경우 시도 가능(예: "부로 시작하는/끝나는 말?"(부자, 부모, 부메랑 / 공부, 두부, 어부), "자전거의 자를 맨 끝으로 보내면?"(모자), "거미 더하기 줄은?"(거미줄) 등 다양하게 활용 가능)

● **생각나무**: 생각 모으기, 마인드맵mind map, 주제(인물, 오늘 경험한 일, 장소 등)에 대해 떠오르는 어휘 말해 보기, 종이에 그림/스티커 붙이며 분류하기

문장 수준을 키우는 방법

단어 수준 놀이의 확장

● **수수께끼, 스무고개, 삼행시, 짧은 글짓기:** 주제별 어휘 혹은 함께 본 책에서 나왔던 어휘나 이야기로 수수께끼 내기(아이가 출제자), 엄마가 생각해 낸 어휘를 아이가 질문하면서 추론하기(스무고개 예: 사람입니까? → 가족입니까? → 남자입니까? → 어른입니까? → 정답: 아빠), 삼행시, 사행시 등 첫 글자로 시작하는 문장 연결하여 자연스러운 이야기 만들기, 제시한 어휘로 짧은 글짓기

● **생각나무:** 낱말 수준에서 만든 생각나무 응용, 제시된 어휘로 문장 만들기, 하나의 이야기를 만들어서 발표하기(예: 동물에는 사자, 코끼리, 고양이, 강아지가 있고 사자는 육식동물, 코끼리는 초식동물, 고양이랑 강아지는 잡식 동물이다), 뉴스 보도하기, 가족 활동지 만들기

● **역할 놀이 확장:** 사회적 역할 하기(엄마 아빠 놀이/마트, 경찰서, 소방서 놀이 등), 내가 요리사가 되어 엄마에게 요리 가르쳐 주기

어휘 활용하기

● **접속사 이야기 만들기:** 서로 문장으로 이어 말하되 접속사(그리고, 그런데, 그래서) 사용하여 다음 문장 잇기(예: 나는 오늘 밥을 먹었다 그리고? → 김치도 먹었다 그리고? → 멸치도 먹었다)

● **나만의 책 만들기:** 매일 혹은 주말에 경험한 특별한 일을 이야기로 나눈 후 엄마가 스티커, 그림으로 기록함, 그림을 보고 아이가

다시 말해 보기, 책으로 엮어 만들기

● **독후 활동:** 책 읽고 동사 그림 카드 이용하여 말 만들기, 등장인물 역할 나누어 연극하기(손인형, 인형탈), 놀잇감(예: 동물책-동물 인형)으로 재현하기, 관련 내용 퀴즈 내고 맞추기

저희 아들은 또래보다 글자를 일찍 익혔습니다. 덕분에 혼자 책을 보는 시간도 늘었습니다. 아들이 한동안 고사성어, 속담책을 보던 때였습니다. 뭘 알고나 읽나 싶으면서도 은근히 기특했는데 역시나였습니다. 하루는 차려진 식탁을 보고는 "와, 진성수찬이네" 합니다(진수성찬 ○). 친척들이 다녀간 어느 주말, "오늘 할머니 할아버지도 뵙고 좋았지?" 물으니 "십년감수했지"합니다(??). 훗날 아이가 혼자 책을 잘 읽게 될 때에도 아이가 책 내용을 모두 이해하고 알아갈 것이라고 믿지 마세요. 초등 저학년 때까지도 엄마가 어휘를 사용할 수 있는 환경을 만들어 주면서 아이가 새로 익힌 것들을 충분히 연습할 기회를 주어야 합니다.

유아의 경우 더 합니다. 책이 어휘 향상에 좋다고 무조건 책만 읽히고 주입시키는 것은 시험만 잘 보는 아이를 만드는 것과 비슷합니다. "이거 뭐야?" "책." 이렇게 대답했다고 '책'을 안다고 믿지 마세요. 아이가 적절한 상황에서 스스로 그 단어를 정확하게 말했을 때가 그 어휘를 아는 것입니다.

단어만 나열해요,
문법구조에 실수가 많아요

- "38개월 여아예요. 요즘 말을 배우느라 한창 예뻐요. '내가 내가' 하기도 하고 '나도 나도' 하기도 해요. '할머니 어디 가셨어?' 하면 '집에' 해요. 그런데 '내가 내가'는 하는데 '엄마가'는 안 해요, '집에'를 하면서 '유치원 가자'라고만 해요. 제가 '유치원에 가자'고 해도 계속 '유치원 유치원'이라며 제가 틀린 것 마냥 화를 내고요. 이건 아직 몰라서 그러는 건가요? 어떻게 가르쳐 줄까요?"

- "42개월 아이예요. 만날 '~가'만 써요. '엄마가 아빠가 해 줬어요.'(엄마가 아빠한테 해 줬어요) '엄마가 동생이가 밥 먹어요.'(엄마가 동생에게 밥 먹여 줘요) 다들 하는 실수라고는 하지만, 오래 가는 것 같아서 걱정되네요."

- "말 느린 40개월이에요. 조금씩 문장이 완성되어 가긴 하는데 들쑥날쑥해요. 가끔은 이상하게 자기가 말을 만들기도 하고요. '엄마 좋아 아이스크림' 하기에 아이스크림을 달라고 하는 줄 알았는데 제가 좋아한다는 말을 하고 싶었나 봐요. '차 주세요, 빨간색 나 거'

하기도 하고 '집이가, 컵이' 같이 통째로 붙여서 하나로 쓰기도 해요. 말이 느려서 이런 걸 알기 어려운 걸까요?"

만 3세 이후 낱말 조합이 늘어납니다. 2개의 낱말을 조합하던 것에서 3개 이상이 됩니다. "엄마, 빵 줘." "엄마, 아가 빵 먹어." 이 단계에서 필요한 것은 조사(예: 아가가, 빵을), 동사의 변화(예: 줬어요, 먹을 거야, 먹여 줘)와 같은 문법적 규칙을 갖는 단위, 즉 문법형태소를 익히는 것입니다. 어순에 의지하였던 단어 조합의 시기에서 우리말 규칙을 정립하고 문법형태소를 습득해 가는 시기로 접어듭니다. 물론 오류, 실수는 나타납니다.

낱말을 조합하면서 생기는 문법구조의 실수

우리말은 상대적으로 어순에서 자유롭습니다. "엄마 주세요, 빵", "빵 없어요? 여기?" 강조하기 위해 일부러 순서를 바꾸기도 합니다. 그러나 어순에만 의존해서 문장을 해석해서는 안 됩니다. "사자를 곰이 밀었어"에서 주체는 곰입니다. "엄마한테 아빠가 준 거야"에서 물건을 받은 사람은 엄마입니다. 조사(은/는/이/가, 도/만, 을/를, 에게/에/한테 등), 말을 끝내는 종결어미(~야, ~다, ~요 등), 연결어미(~고, ~해서, ~므로, ~니까 등), 접속사(그런데, 그래서, 그리고, 그러나 등)와 같은 문장성분을 이해하고 사용할 수 있어야 합니다. 문장 안에서 의미 관계와 격(예: 주격, 목적격)을 명확하게 적용해야 합니다.

우리말 문법형태소는 많고 다양합니다. '을/를, 이/가'와 같이 앞에 오는 말에 따라 달라지는 경우도 있고, '먹다, 먹어요, 먹었어요, 먹었을 텐데, 먹고 싶어요, 먹을까, 먹을래, 먹여 줘요, 먹혔어요' 등 변화도 다양합니다. 그러나 어른들은 아이들에게 이러한 문법구조를 가르쳐 주지 않습니다. 아이들은 맥락 속에서, 대화 안에서 이 복잡한 규칙들을 알아내고 정리하고 적용합니다. 문장 길이가 길어진 만 3세 이후 아이들은 빠르게 문법구조를 습득해 갑니다.

실수에도 패턴이 있습니다. "동생이가, 선생님이가, 먹었다요, 먹어 줘요"에서처럼 변형된 규칙을 적용하지 않고 다 일반화시키는 경우가 있습니다. 연결어미는 조금 더 어려워서 "이거 아파 안 해요/ 아빠 커 좋아/ 싸워 안 돼요/ 안 싸워 좋아요/ 먹어도 안 돼요/ 작아 싫어요"처럼 생략하거나 혼동해서 사용하기도 합니다.

비교적 일찍 발달하는 조사(예: 내가, 엄마가, 집에)는 만 2세 후반부터 실수를 많이 하다가 만 4세 후반이 되면 대부분 습득합니다. 용언(동사, 형용사 등)을 바꾸면서 의미를 변화시키거나(예: 먹혔어, 먹여 줘) 다음 문장과 연결시키는 것(예: 먹으면, 먹어서)은 만 3세 이후부터 시작하여 만 4세 후반까지 종종 실수할 수 있습니다. "근데, 그래가지구, 있잖아, 뭐 했는데"와 같이 습관적으로 사용되는 형태소도 있습니다. 일반적인 문법형태소가 안정적으로 습득되는 시기는 만 5~6세입니다. 이전까지는 충분히 실수할 수 있도록 기회를 주세요. 자연스러운 대화 안에서 아이가 스스로 규칙을 찾고 적용할 수 있는 힘을 길러 주세요.

엄마가 도와주는 문법구조 바로잡기

엄마가 유도하고자 한다면, 고치고 싶은 문법구조가 있다면 아래 방법을 응용해 보세요.

똑똑하게 질문하고 확실하게 반응해 주세요

"선생님이가/ 동생이가/ 책이가"처럼 조사의 과잉일반화(하나의 원리를 비슷한 상황에 모두 적용시키는 것)를 고집스럽게 하는 경우도 있습니다. "선생님이가, 아! 아니 선생님이!! 했나? 선생님이!!" 강조하기 위해 반복만 한다면 오히려 효과가 떨어집니다. 일부러 작게 말할 수도 있고, 실수하고 수정하는 과정을 보여 줄 수도 있고, 틀리게 말하여 아이가 알아차리게 할 수도 있습니다. 해당 단어를 말할 때 표정과 몸짓도 같이 강조해 주면 더 눈에 띄고 더 잘 들립니다.

"어떤 걸로 하지? 칼로~ 할까? 가위로~ 할까?"

이는 아이에게 "'칼이'가 아니라 '칼로'라고 하는 거야"라고 직접 가르쳐 주는 것보다 느리지만 똑똑한 방법입니다. 아이가 규칙을 생각해 내게 하는 방법이니까요.

"누구랑 놀지? 나는 토끼랑 놀래. 너는 누구랑? 누구랑 놀 거야?"

충분히 예시를 들어주고 아이에게도 기회를 줍니다.

인지와 개념이 선행되어야 하는 경우도 있습니다.

"엄마가 이거 먼저 먹었지, 다음에 뭐 먹을까?"

"너는 밥 먼저 먹고 그 다음에 뭐 할 거야?"

관련 어휘(먼저-과거, 다음-미래, 과거 vs 미래)와 함께 의미를 명확히 해 줍니다.

"얼룩말이 사자한테 물렸어, 아야 누가 아파? 얼룩말이 아파."

"모기한테 물렸어, 모기가 물었어, 으악 나 모기한테 물렸어, 여기 봐."

누가 당한 건지, 누가 한 건지를 사물이나 직접 재현을 통해 보여 줍니다.

"이건 먹는 거고 이것도 먹는 거네, 그런데! 그런데!! 이거는 먹는 거 아니야, 먹으면 안 돼~~! 먹으면 안 돼 먹으면 안 돼♩ 먹으면 배가 아파요♬"

이렇게 맥락을 통해 개념을 파악할 수 있도록 도와주세요.

강화할 때는 꾸중보다는 칭찬이 효과적입니다. 잘했을 때 크게 반응해 주어야 합니다. 어쩌다 나온 말도 엄마가 인정해 주면 자기 것이 됩니다. 올바르게 알게 되면 틀림이 없습니다.

"맞아! 엄마는 아이스크림을 좋아해! 너도 아이스크림을 좋아하잖아. 엄마도 너도 우리는 다 아이스크림을 좋아하네~."

칭찬이 곧 강화입니다. 엄마가 아이의 정확한 말을 "그래! 맞아~"와 함께 모방해 보세요.

의도된 활동을 준비하세요

옷 입을 때는 이런 표현을 자주 사용합니다.

"'~을/를' 입어요. '먼저' ~입고, '다음에' ~입어요."

"이거는 '~해서' 못 입어요."(예: 너무 커서, 작아서, 더러워서, 내 것이 아니라서)

"이거는 '~해서' 좋아요."(예: 예뻐서, 치마라서, 분홍색이라서, 따뜻해서)

식사 시간에도 여러 활용으로 말해 보세요.

"이건 내 거야, 엄마만 먹을 수 있어." "이건 아빠만 먹는 거야." "이건 너만 먹어."

"~으로/로 먹어."(예: 손으로, 포크로, 숟가락으로, 젓가락으로)

"아기 때는 먹여 줬는데 형아 되니까 안 먹여 줘도 되네. 혼자서 잘 먹네." "동생 한입만 먹여 주세요~"

어떻게 연습시킬까, 기회를 줄까, 고민하지 않아도 됩니다. 일상적인 활동에서 충분히 활용할 수 있습니다. 반복되는 일상에서 잘 쓰이지 않는다면, 좀 확실히 고쳐 주거나 알려 주고 싶다면, 계획이 필요합니다.

목표 표현이 들어가는 놀이나 활동을 준비하세요.

가게 놀이를 하면서 "~을/를 사도 돼요? ~을/를 사고 싶어요."

주차장이나 자동차 놀이에서는 "~로 가세요, ~에 주차해요, ~에 가요, ~로 출발."

요리 놀이에서는 '~에, ~을/를, ~로'를 유도하여 말하기. "빵을 잘라요/잼을 발라요." "빵에 치즈를 놓아요/빵 위에 치즈를 놓아요." "칼로 잘라요/국자로 퍼요."

선생님 놀이에서는 "~하면 안 돼요, ~해야 해요" 등의 가르치기 표현을 쓸 수 있습니다. 엄마가 그림 자료나 인형/역할 놀이를 통해 상황을 설정하고(예: 손 안 씻고 먹기, 활동 시간에 돌아다니기, 친구 장난감 뺏기 등) 아이가 선생님이 되어 규칙을 설명하도록 해 주세요. "왜 안 돼요? ~해서 안 돼요"(예: 손이 더러워서 안 돼요, 안 보여서 안 돼요)" 표현도 가능합니다.

반복된 구조를 가지는 책도 좋습니다.

"너는 너무 무거워서 안 돼, 더러워서 안 돼, 시끄러워서 안 돼."(《야, 우리 기차에서 내려》, 존 버닝햄 글그림, 비룡소)

"잡으러 갑시다, 수풀을 건너 곰을 잡으러 가자, 강을 건너 곰을 잡으러 가자, 우리는 곰을 잡으러 갈 거야."(《곰 사냥을 떠나자》, 마이클 로젠 글, 시공주니어)

"목이 길어도 괜찮아, 높이 있는 것도 먹을 수 있잖아, 다리가 없어도 괜찮아, 울퉁불퉁한 길도 샤샤삭 갈 수 있잖아."(《괜찮아》, 최숙희 글그림, 웅진주니어)

"늦어서 혼났어요, 사자가 나타나서 늦었어요, 파도가 밀려와서 늦었어요, 고릴라한테 잡혀서 늦었어요."(《지각대장 존》, 존 버닝햄 글그림, 비룡소)

"엄마랑 아가랑 안았어, 사자 엄마랑 아가랑 안았어, 엄마가 아가를 안았어."(《안아 줘!》, 제즈 앨버로우 글그림, 웅진주니어)

"그건 길잖아, 그런데 이건/내 것은 동그래, 빵 같아, 그런데 내 것은 넙적해, 웅덩이 같아, 그런데 내 것은 작아, 콩 같아."(《누가 내 머리에 똥 쌌어?》, 베르너 홀즈바르트 글, 사계절)

두세 장면까지는 엄마가 모델링해 주고 이후부터는 아이에게도 기회를 주세요. 처음에는 엄마가 읽어 주고 다음에는 아이와 역할을 나누어 해도 좋습니다.

수정은 간접적으로, 자연스럽게 해 주세요

아이가 하는 말마다 잘못된 부분을 고치려 들면 아이는 말할 의욕을 잃게 됩니다. 아이가 직접 수정해 보는 방식이 일반화(배운 것, 아는 것을 일상생활 모든 상황에 적용할 수 있는 것)에 유리합니다. "나 거가 아니고 내 거, 나의 것이야, 뭐라고?" "내 거, 엄마의 가방, 아빠의 구두 해봐." 이런 식의 직접적인 지시와 교정은 아이가 물어 볼 때(예: "엄마, 이건 뭐라고 말해요? 어떻게 말해요?") 제한적으로 가능합니다. 말이 느린 아이는 상대적으로 언어적 지식이 낮습니다. 내가 뭘 틀렸는지도 잘 모르는데 지적, 수정, 모방 요구가 통할 리 없습니다.

아이가 "토끼가 엉덩이 밀었대" 하면 "어? 엉덩이를? 아니, 엉덩이로?" 반문하여 아이의 의도를 파악합니다. 그러면 아이가 "엉덩이로 ~ 엉덩이로 뻥 밀었대" 할 수 있습니다. 혹은 아이가 잘 몰라 엉덩이만 들썩대면 엄마가 "아하, 엉덩이로~! 엉덩이로 밀었구나" "토끼가 엉덩이로 밀었어?"라고 말해 주면 됩니다. 아이가 꼭 따라 말하지 않아도, 자기 말을 바로 수정하지 않아도 괜찮습니다.

언어심리학자 조명한 박사는 문법형태소의 출현 순위에 주목했습니다. 자동적으로 끝내는 말(예: 봐), 조사 '~랑, ~에'는 일찍이 표현되었습니다. 반면 진행형(예: 입고 있다, 먹는다), 수동형(예: 입히다, 바뀌다), 특정 조사(예: ~을/를, ~로, ~도, ~만, ~에게)는 늦게 출현하였습니다. 습득 기간도 충분히 주어져야 합니다. 엄마는 쓸 수 있는 환경과 단서에 집중해야 합니다.

"왜 누나 해?" 하면 "왜 누나만 해?"라며 생략되었거나 잘못 말한 부분은 바르게 다시 말해 주세요. "너는 못했는데, 누나만 했구나. 왜 누나만 해?" 이렇게 새로운 정보를 더해 주어도 좋습니다. 상황을 덧붙이면 이해가 쉬워집니다. "친구가 나 쳤어" 하면 "너한테? 친구가 너한테?", "다른 친구에게도 쳤어? 누구한테?"라는 식입니다. 아이가 이해를 잘했나 확인하고 싶다면 살짝 물어볼 수도 있습니다.

아이가 "사자가 호랑이 물었어" 하면 "뭐? 호랑이를~? 호랑이를 사자가 물었다고? 호랑이가 물린 거네? 와~ 사자가 호랑이를 물었구나", "개가 쌌어" 하면 "맞아, 개가 똥 쌌어, 두더지 머리에 쌌어, 개가 두더지 머리에 똥을 쌌어!" 점차 정보를 늘리고 붙이고 떨어뜨리고 다시 붙이면서 문장이 정교해지는 것을 보여 줍니다. 아이도 말하는 것이 재미있어질 것입니다.

"나는? 나도! 왜 나만?" 발끈하여 따지는 아이가 속으로 기특할 뿐입니다. 언제 이렇게 컸나 싶기도 합니다. 하루에도 수없이 듣는 말 속에서 특정 정보를 얻고 익히기란 매우 어려운 일입니다. 저는 어릴 때 영어를 문법부터 배웠는데, 요즘 아이들은 문법 교육 없이도 잘 배웁니다. 모국어 학습 방식이라고 합니다. 외국어 학습에도 모국어 학습 방식이 자연스럽고 효과적인가 봅니다. 그런데 설마 외국어도 아닌 우리말을 가르치고 외우게 하지는 않겠지요?

● 《야, 우리 기차에서 내려》(존 버닝햄 글그림, 비룡소)

동물들이 기차에 타고 싶은데 친구가 못 타게 해요. 그러나 한 마리씩 태우고 기차는 달립니다. '~해서, ~랑/와 ~하면서' 표현을 익히기 좋아요.

● 《곰 사냥을 떠나자》(마이클 로젠 글, 시공주니어)

곰 사냥을 하러 험난한 모험을 떠납니다. '~하러, ~을 해서'(건너서/지나서/헤쳐서 등) 표현을 익히기 좋아요.

● 《괜찮아》(최숙희 글그림, 웅진주니어)

동물들이 자기 신체 중 마음에 안 드는 곳을 이야기합니다. 그러나 누구나 장점은 있어요, 좋은 점이 있어요. '~해도, ~할 수 있다' 표현을 익히기 좋아요.

● 《지각대장 존》(존 버닝햄 글그림, 비룡소)

존이 학교 가는 길에 어마어마한 일들이 벌어져요. 선생님께 말해도 믿지 않아요. 그 다음 날에도 무시무시한 일들이 생겨나요. '~해서, ~했어요, 그런데, 그래서' 표현을 익히기 좋아요.

● 《안아 줘!》(제즈 앨버로우 글그림, 웅진주니어)

아기 고릴라가 엄마를 찾습니다. 다른 동물들은 엄마랑 아가랑 다 서로를 안고 있네요. '~랑, ~와, ~을/를' 표현을 익히기 좋아요.

● 《누가 내 머리에 똥 쌌어?》(베르너 홀츠바르트 글, 사계절)

두더지 머리에 누가 똥을 쌌어요. 화가 난 두더지가 범인을 찾아 나섭니다. 그런데 모두들 똥이 다르네요? '그런데, 내 것/네 것, ~처럼, ~같이, ~와 달라' 표현을 익히기 좋아요.

● 《**꼬리를 돌려주세요**》(노니 호그로지안 글그림, 시공주니어)

할머니의 우유를 몰래 마신 여우가 꼬리를 잘렸어요. 꼬리를 되찾기 위해 여우는 여러 동물에게 도움을 청합니다. '~한테 ~을/를, ~해서' 표현을 익히기 좋아요.

● 《**신기한 사탕**》(미야니시 타츠야 글그림, 계수나무)

아기 돼지가 신기한 상점에 갔어요. 먹으면 신기한 힘이 생기는 사탕을 파네요. 아기 돼지는 신기한 사탕을 어떻게 쓸까요? '~하면, ~해서 ~돼요' 표현을 익히기 좋아요.

31

아이 발음이 뭉개져요,
특정 발음이 안 좋아요

- "36개월 여아인데 쉬운 소리도 잘 못해요. '부세요'(주세요), '하메'(할머니), '헙'(컵)이라고 해요. 때가 되면 나아진다는데 정말 그럴까요?"

- "40개월 남아예요. 혀 짧은 소리가 많이 나요. 설소대 때문일 수도 있다던데 이비인후과에서는 괜찮다고 하더라고요. 가끔은 저도 무슨 말인지 잘 모르겠어서 다시 물어보면 그냥 휙 가 버려요. 언어치료를 받아야 할까요?"

- "45개월 여아예요. 다른 건 다 잘하고 말도 잘해요. 그런데 발음만 안 좋을 수도 있나요? '다뎐거, 나먼, 옥두두, 다돈타'라고 해요. 한 글자는 그래도 하는데 연결해서 시키면 또 도루묵, '스'는 아예 못해요. 원래 그런가요?"

- "47개월 여아예요. [ㅅ, ㅈ] 발음이 잘 안 되어서 [ㄷ]으로 말하고, 다 아기 발음 같아요. 친구들도 잘 못 알아듣고 아기처럼 말한다고 하니, 아이 스스로도 하다가 주저하기도 하고 '어, 어' 그러기도 하네요. 다시 해 보라고 해도 잘 안 되는데 어떻게 하지요?"

아이들의 말이 길어지면서 드러나는 문제는 발음입니다. 낱말 수준에서는 나이도 어렸으니 그러려니 했는데, 36개월 이상, 만 3, 4세를 지나면서 발음 문제가 두드러지는 아이들이 있습니다.

조음 발달과 발음 문제

우리말 소리(음소)는 8개의 단모음(ㅏ, ㅐ, ㅓ, ㅔ, ㅗ, ㅜ, ㅡ, ㅣ), 13개의 이중모음(ㅑ, ㅒ, ㅖ, ㅕ, ㅛ, ㅠ, ㅘ, ㅙ, ㅝ, ㅞ, ㅢ + ㅚ, ㅟ), 19개의 자음(ㄱ, ㄴ, ㄷ~ㅎ)이 있습니다. 자음과 모음이 모여 말소리를 만들어 냅니다. 단어나 문장 안에서 처음, 중간, 끝 어디에 위치하는지, 앞뒤에 어떤 음소들을 만나는지에 따라 소리는 미세하게 변합니다. 귀는 이 소리의 차이를 구별해 내고(변별), 내가 잘 말하고 있는가도 판단해야 합니다(자기점검). 소리를 실현하기 위해 조음기관(입술, 혀, 입천장, 턱 등)은 바삐 움직여야 하고, 공명(구강 내, 비강 내에서의 소리 울림)의 정도도 적당해야 합니다.

아이들의 청각은 일찍부터 발달합니다. 12개월 정도가 되면 말소리의 음향학적 특징인 크기, 높낮이, 억양, 목소리들을 변별합니다. 큰 소리에 놀라고 말뜻은 몰라도 억양만으로 엄마가 화가 났다는 것을 알아차립니다. 엄마 목소리, 아빠 목소리, 낯선 사람의 목소리를 구별해 냅니다. 단어를 말하기 시작하는 12개월 이후부터는 말소리, 그중에서도 가장 작은 단위인 음소(예: ㄱ, ㅏ, ㅁ)를 인식하고 변별하는 능력(음운 인식, 음운 변별)이 발달합니다. 그래서 어휘가 발달합니다. 예를 들면 '감'과 '밤'에서, [ㄱ]과 [ㅂ]은 다른 소리이고, 소리가 달라지면 의미도 달라진다는 것을 알게 되는 것입니다.

옹알이 시기를 거치며 단련한 조음기관은 점차 말소리를 내기 위해 정교해집니다. 말하기 위한 여러 기관(호흡, 발성, 조음)이 적절한 타이밍에 적합한 움직임을 맞추어야 하므로(협응) 조금은 어렵습니다. 우리말 음소가 모두 완성되기까지는 만 6세, 말을 시작한 시기(만 1~2세) 이래 꽤 많은 시간이 요구됩니다.

그래도 엄마들은 아이의 말을 꽤 잘 알아듣습니다. 미국 뉴욕주립대학교 교수팀 코플란Coplan, J과 글리슨Gleason, JR의 연구에 따르면, 친숙한 사람이 아이의 말을 알아듣는 정도(말 명료도)는 만 1세 때 25%, 2세 때 50%, 3세 때 75%, 4세 때 100% 정도였습니다. 친밀하지 않은 성인도 4세 아이의 말은 85%, 5세 아이의 말은 95% 명료하게 알아들었습니다. 국내 연구에서도 유사한 경향을 보이고 있는데, 연구 방법에 따라 조금씩 다르지만 대부분 만 4세 이상에서 70~80% 수준을 보였습니다. 전반적인 명료도뿐 아니라, 자음 하나하나가 정확하게 조음되는지 살펴보는 자음 정확도도 연령이 증가하면서 향상됩니다. 조음 평가에 이용되는 검사의 평균 수치 또한 만 3세가 되면 평균 점수가 90%를 웃돌게 됩니다.

조음 발달이 늦는 아이들에게 나타나는 발음 문제가 눈에 띄는 시기는 그래서 만 3~4세 이후가 가장 많습니다. 정상 발달하는 대다수 아이들은 이 시기에 몇 개의 발음(예: ㄹ, ㅅ, ㅆ)을 제외하고는 꽤 정확한 수준에 도달하기 때문입니다.

아이의 부정확한 발음의 원인을 확인하는 방법

청각을 확인해 봅니다

듣기가 어려우면 소리 변별이 어렵고 조음은 더욱 어렵습니다. 난청의 정도가 심하지 않아도 아이 성향, 환경에 따라 듣기보다 다른 자극의 선호가 높아 조음 발달이 더딜 수 있습니다. 특정 주파수에 난청이 있을 경우 특정 음소 발달에 영향을 받습니다. 예를 들어 고주파수 난청일 경우 고주파수 대역의 소리인 [ㅅ, ㅆ] 발음을 어려워합니다.

텔레비전을 크게 틀고 보거나, 시끄러운 곳에서는 자기 이름을 불러도 반응이 늦거나, 기관에서 혼자 선생님 지시를 놓치는 적이 많거나, 전화를 한쪽으로만 받지는 않는지 전반적인 소리에 대한 반응 정도를 확인해 보세요.

발음이 어려운 소리의 변별을 확인해 보세요. 예를 들어 [ㄱ]을 [ㄷ]으로 발음한다면, '감'을 보여 주며 "이건 '감'일까 '담'일까?"라고 물어 소리를 변별하는지 확인합니다. 또는 [ㅆ]을 [ㄸ]으로 발음하는 경우 "'했어요'가 맞을까 '해떠요'가 맞을까?"라고 물어 보세요. 이상이 감지되면 청력 검사를 받아 보세요. 청력에 이상이 있다면 청력을 얻을 수 있는 방법을 전문가와 상의하여 적극적으로 대처하는 것이 먼저입니다.

조음기관의 기능을 확인해 봅니다

조음에 관여하는 기관은 많습니다. 호흡(폐)부터 발성(성대), 조음
기관(구강구조 내 기관)이 모두 관여합니다. 구개파열은 대부분 출생시
발견되어 수술적 처치를 받습니다. 눈에 띄는 벌어짐은 없어도 아이
가 우유를 먹을 때 코로 나오거나, 불빛을 비추었을 때 입천장이 갈
라진 것이 보이거나, 목젖이 두 개거나, 말할 때 콧소리가 심하거나,
구강이 아니라 목이나 목 뒤쪽에서 발음하는 양상을 보인다면 점막
하구개열과 같은 숨겨진 구개열을 의심할 수 있습니다. 이 역시 정
확한 진단을 받고 수술로 교정받는 것이 우선입니다.

설소대는 혀 아래쪽과 입 안 바닥을 연결하는 근육입니다. 대부분
은 선천적이며 설소대가 짧으면 설소대가 혀를 잡고 있어 혀가 위로
들리는 것이 어렵습니다. 아이가 엄마 젖을 빨기 어렵습니다. 수유
가 어려울 정도면 설소대를 잘라서 간단히 해결할 수 있습니다. 설
소대가 짧을 경우 혀끝이 윗니 뒤에 미쳐야 하는 음소인 [ㄷ, ㅌ, ㄸ,
ㄹ, ㅅ, ㅆ]의 발음이 부정확해질 수 있습니다. [ㄷ]을 발음하기 위해
서는 혀끝이 윗니 뒤에 충분히 닿았다 떨어져야 하는데 혀끝만 살짝
닿거나 더 안쪽에서 닿기 때문에 소위 혀 짧은 소리가 납니다. 이비
인후과에서 조음을 평가할 때는 조음에 필요한 최소한의 범위로 혀
가 윗니 뒤에 닿는지, 입술에 닿을 수 있는지를 봅니다(예: '말'이라고
해 보세요, '메롱'해 보세요, 위아래 입술 안쪽에 묻은 초콜릿을 혀로 닦아 보세요).

교합 상태도 영향을 받을 수 있습니다. 윗니와 아랫니가 맞물리지
않는 심한 부정교합일 경우 혀의 위치 잡기나 입술 다물기에 방해를

318

받을 수 있습니다. 이 역시 씹기나 관절에도 영향을 미치므로 치과 상담을 통해 교정할 수 있습니다.

조음기관, 특히 혀나 입술의 움직임이 제한적인 경우도 있습니다. 평상시 입을 잘 벌리고 있거나, 혀의 움직임이 둔한 아이도 있습니다. 근육 신경계의 어려움이라면 재활이나 구강안면 마사지로 도움을 받을 수 있습니다. 기능적인 습관 혹은 소위 게으른 혀를 가진 아이들은 볼 부풀리기, 입술 우~ 내밀기(입술), 젤리나 쥐포와 같은 음식을 질겅질겅 씹기, 혀 메롱 하기, 혀 상하좌우 빠르게 움직이기(혀), 가글하기, 물 머금고 있기(연구개), 촛불 끄기, 후후 불기, 비눗방울 불기 활동으로 운동 범위와 속도를 향상시킬 수 있습니다.

별다른 이상 없이 발음만 어려운 경우도 물론 있습니다. 언급했듯이 조음기관의 협응은 매우 미세하고 복잡한 운동입니다. 어휘를 생각해 내고 문장을 만들어 내는 언어 과제와는 다른 기전을 가지고 있습니다. 따라서 말은 일찍 하기 시작했는데 발음은 부정확할 수 있습니다. 말이 늦었던 아이, 옹알이가 적었던 아이는 조음기관을 갖고 '놀았던' 경험이 적어 조금 서투를 수 있습니다.

아이가 다른 발달에 비해 조음 발달이 늦고, 의사소통의 단절이나 부정적 반응에 예민하고(예: 어려운 발음은 안 함, 친구들이 못 알아들어서 이야기하기를 꺼림, 자꾸 더 아기처럼 말함), 보통의 아이들이 하지 않는 실수가 많고(예: 만 4세 이후에도 '아무/나무'처럼 첫 음소를 생략함, '채/책'처럼 받침을 생략함, '버시/버스'처럼 모음 오류가 많음), 엄마가 알아들을 수 있는 소리가 50%를 넘지 못한다면, 엄마가 바른 발음을 들려주고 보여 주고 알려 줘도 올바르게 발음(정조음)하지 못한다면 언어 치료를 권고합니다.

아이가 안 하는 것이 아니고 못 하는 것인데 이를 재촉하면 안 됩니다. 빠르고 정확한 방법을 알게 하는 것이 먼저입니다. 부모도 가정에서 훈련할 수 있는 방법을 배울 수 있습니다. 가정에서 먼저 시도해 보고 싶다면, 가능성을 가늠해 보고 싶다면, 정상적인 발달 과정으로 조금 더 촉진시킬 수 있는 방법을 소개합니다.

발음의 정확성을 높이는 방법

아이의 발음 패턴을 관찰합니다

아이가 틀리는 발음을 적어 봅니다. 일정한 패턴이 발견된다면 좋습니다. "다던거, 다돈타, 두데요" 하는 아이의 말은 "다던거, 자곤차, 부세요" 하는 아이보다 알아듣기가 쉽습니다. 왜 그렇게 말하는지 원인을 찾기도 쉽습니다. 이 경우 [ㅈ]을 습득하면 금방 해결될 수도 있습니다. 아이가 잘 틀리는 음소(예: [ㅈ])와 실수 형태(예: [ㅈ]을 [ㄷ]으로 발음한다)를 찾습니다. 물론 아이가 실수 없이 잘하는 음소도 찾습니다. "다던거"는 못 하지만 "좋아"는 잘할 수 있습니다. 잘하는 환경이 있다면 가능성을 찾은 것입니다.

틀리는 단어 중 빈도에 따라 순서를 매겨 봅니다. 아이가 주로 쓰는 말이 고빈도어입니다. 예를 들어 [ㅈ]을 발음하기 어려워하는 아이가 자주 쓰는 말은 '두데요/주세요, 도아/좋아, 다다/자자, 디디/지지' 순서가 될 수 있습니다. 여러 음소에서 실수를 보이는 아동들은 [ㅈ]은 '두데요/주세요, 다던거/자전거, 하디 마/하지 마', [ㄷ]은 '공아/동하(본인 이름), 나고/나도, 카/타' 식으로 정리할 수 있습니다.

패턴과 빈도 정리를 통해 어떤 음소부터 정립해 나가야 할지, 어떤 패턴을 익혀야 할지를 알 수 있습니다. 간단한 문제인지 복잡한 문제인지, 당장 치료를 시작할지 발달 과정이므로 지켜볼지도 가늠이 될 것입니다.

하기 쉬운 것, 잘하는 것부터 시작합니다

아이들이 처음 하는 말은 "엄마, 맘마, 아빠" 등입니다. [ㅁ, ㄴ, ㅃ]는 쉬운 소리입니다. '실수가 많아요, 못해요'라고 문의할 때 많이 등장하는 소리는 [ㅅ, ㅆ, ㄹ] 입니다. 어려운 소리입니다. '모음을 잘못해요'가 적은 이유도 모음은 발음하기 쉬운 소리이기 때문입니다. 습득에 가장 영향을 미치는 것은 연령입니다. 연령이 증가함에 따라 할 줄 아는 소리가 많아지고 실수가 줄어듭니다.

우리 아이가 지금 연령대에서 보일 수 있는 실수를 하고 있다면, 괜찮은 것입니다. 평균보다 느리다면 쉬운 음소부터 잘할 수 있게 도와주어야 합니다. 연령별로 습득되는 조음은 다음과 같습니다.

연령(만)	완전 습득 연령 (정확도 95~100%)	숙달 연령 (정확도 75~94%)	관습적 연령 (정확도 50~74%)	출현 연령 (정확도 25~49%)
2세~ 2세 11개월	ㅍ ㅁ ㅇ	ㅂ ㅃ ㄴ ㄷ ㄸ ㅌ ㄱ ㄲ ㅋ ㅎ	ㅈ ㅉ ㅊ ㅌ	ㅅ ㅆ
3세~ 3세 11개월	+ㅂ ㅃ ㄸ ㅌ	+ㅈ ㅉ ㅊ ㅆ	ㅅ	
4세~ 4세 11개월	+ㄴ ㄲ ㄷ	+ㅅ		
5세~ 5세 11개월	+ㄱ ㅋ ㅈ ㅉ	+ㄹ		
6세~ 6세 11개월	+ㅅ			

(출처: 김영태, 《아동언어장애의 진단 및 치료》, 학지사, 2014)

만 2세에는 대부분의 음소를 다 말합니다. 그러나 정확한 음소는 [ㅍ, ㅁ, ㅇ] 정도입니다. 3세가 되면서 정확하게 말하는 음소는 [ㅍ, ㅁ, ㅇ, ㅂ, ㅃ, ㄸ, ㅌ]가 됩니다. [ㅈ] 계열도 비교적 정확해집니다. 음소들은 점차 발달해 나가 5세 정도에는 [ㅅ, ㅆ, ㄹ] 정도를 제외하고는 정확하며, 6세가 되면 [ㅆ, ㄹ] 정도에서만 실수가 나타납니다 (예: "고예"/고래).

모음의 발달 순서는 '이, 아, 에→오, 어→우, 으' 순이며 만 3~4세 안에 대부분 습득됩니다. 이중모음의 경우 '야, 여, 유, 요'는 만 3세 이전에 습득되나, '위, 와, 워, 의'는 좀 더 어려워 5세에도 어려워할 수 있습니다.

개인차를 고려하더라도 지금은 못할 수 있는 소리인지, 지금쯤은 잘해야 하는 소리인지를 먼저 판단합니다. 잘해야 하는 소리인데 실

수가 있다면 쉬운 소리([ㅂ] 계열, [ㄷ] 계열, 비음 [ㅇ, ㅁ, ㄴ]) 중에서 우선
순위를 정합니다. 실수가 적은 것, 할 수 있는 단어가 많은 소리를 강
화시킵니다. 만 4세가 [ㅅ] 발음을 어려워해 다른 소리로 바꾸거나
변동이 심하면(예: "주떼요", "해떠", "해쪄요") 무리하게 [ㅅ]을 연습시키
기보다 '주세요→줘, 했어→했대/했지, 없어→없네'로 바꾸는 것입
니다. 나쁜 발음을 고착화시키기보다 쉬운 발음으로 바꾸어 주세요.
대신 [스~/ 쉬~]와 같은 쉬운 소리로 놀면서 후에 [ㅅ]이 발달할 수
있도록 준비시켜 주면 좋습니다.

　[ㄱ]에서 계속 실수가 있지만 "가"는 잘한다고 하면, 그 말이 핵심
어가 됩니다. '가, 가지, 가방, 가요, 가자, 갑니다, 응가, 내가'와 같은
말을 할 수 있는 환경을 늘리면 다른 환경으로 전이될 확률이 높아
집니다.

어려운 소리는 쉽고 낮은 단계부터 접근합니다

　한 글자에서는 잘하는데 단어에서는 실수가 있다면, 시간 여유를
줍니다. "가", "방"은 하는데 '가방'을 "다방"이라고 한다면 "가!"를 강
조한 후 "가!방" 하게 합니다. "안…가", "못…가" 소리는 앞 뒤 소리에
영향을 서로 주고받습니다. 영향력을 떨어뜨리기 위해 소리 사이에
시간적 여유를 둡니다. 노래하듯 시를 읊듯 억양을 주면 자연스럽게
속도를 조절할 수 있습니다. 헷갈려 하는 두 소리를 대비하여 말놀
이처럼 연습할 수도 있습니다. 예를 들어 [ㅂ] 옆의 [ㄱ] 실수가 잦다
면 "가바가바, 고보고보, 버거버거" 등을 놀이처럼, 리듬을 넣어 노래

로 연습해 보세요.

한 글자에서도 정조음이 되지 않는다면 맞고 틀림을 구별해 내는지 확인합니다. "가방"에 O, "다방"에 X를 든다면 일단 오케이입니다. 앞서 말했듯이 어디든 [ㄱ]이 나온다면 그 소리를 중심으로 확장하는 연습을 합니다. 어디에서도 [ㄱ]이 관찰되지 않는다면 무의미한 소리부터 연습합니다.

- **[ㄷ] 계열:** 총 놀이, 수박씨 뱉기, 권투 등의 놀이에서 '두두두두두, 투투투투투, 드드드드드' 소리 내기. 같은 위치에 있는 소리 이용하기(예: '앗! 다!'라는 발음은 잘한다면, '앗'은 입모양만, '다'는 소리 내기로 '(앗)다').

- **[ㄱ] 계열:** 가글하기 '그~~~', 물 머금고 고개 뒤로 젖혀 참기 '앙~~', '앙가', 입 벌리고 검지손가락을 넣고 손가락을 물지 않으려 애쓰며 '가' 소리 내 보기.

- **[ㅅ] 계열:** 뱀이 간다 '스~~~', 조용히 해 '쉿', 쉬한다 '쉬~~', 숨어 봐 '샤샤샤', 손놀이 '쎄쎄쎄', 빨대 물고 '스~~' 소리내기.

- **[ㄹ] 계열:** 혀 놀이 '드르르르르', 연결지어 말하기, 천천히 말하기 '아~ㄹ, 바~ㄹ, 모~ㄹ'로 받침 [ㄹ] 연습하기. '물, 발, 알'과 같이 [ㄹ] 받침소리를 낼 수 있다면 '몰라몰라, 알라알라, 발라발라' 말놀이하기. 앞말은 소리 없이 흉내 내고 이어 뒷말은 소리 내기 '(몰)라, (알)라, (발)라'.

단, 주의점이 있습니다. 소리 내기 활동은 놀이식으로 자연스럽게 합니다. 틀려도 수정해 주지 않습니다. 반복해도 스스로 수정할 수 없다면 중지합니다. 그럴 때는 전문가를 통해 아이에게 맞는 방법을 찾는 것이 효과적입니다. 음소별로 조음을 유도하는 방법에는 여러 가지가 있습니다. 아이가 실수를 보이는 양상을 정확히 분석하여 적절한 방법을 선택해야 합니다. 부모가 그 기전을 찾아내고 모든 방법을 시도해 보기란 현실적으로 쉽지 않습니다. 그 사이에 아이도 자신감을 잃고 정상 조음 발달까지 방해를 받을 수 있습니다. 이후에 조음을 교정하려고 하면 아이는 거부감만 높아집니다. 언어 치료가 필요한지, 필요한 시점인지는 그동안의 관찰로도 부모가 충분히 알 수 있을 것입니다.

두 살 아이가 "해쪄요 해쪄요" 하면 참 귀엽습니다. 그러나 단어가 문장이 되는 시점부터는 아이가 아무리 귀여워도 부모는 정확한 발음으로 대응해 주어야 합니다. 아이의 변별 귀가 발달하는 때에 부모가 "잘 해쪄요~, 이렇게 해쪄요?" 하면 아이는 무엇이 바른 것인지 헷갈립니다. 5세 아이가 "해쪄요" 한다고 엄마가 "그랬쪄요!" 하면 아이는 좌절감을 느낍니다. 내가 못하는 것을 엄마가 콕 집어 말했으니까요. 자전거 타는 방법을 아무리 말로 잘 설명해도 타 보지 않는 한 모릅니다. 내가 해 보고 실수하면서 방법을 찾고 연습하면서 익숙해집니다. 발달 과정에서는 실수도 발달입니다. 아이에게 충분한 기회를 주되 부모에게는 적기를 놓치지 않는 판단력이 필요합니다.

우리 아이는 지금	이렇게 놀아요	예
• 역할 놀이나 상상 놀이가 활발해짐 • 세밀한 부분의 묘사가 가능함 • 보았던 것을 놀이에서 표현하기도 함	• 사회적 놀이: 의사/환자, 마트 주인/손님 역할을 적절히 표현함 • 복잡해진 조작 놀잇감: 변신, 작동	• 손 인형, 블록 만들기(혼자 상상대로 만들기 가능), 변신 자동차나 로봇 • 주제 놀이(낚시, 바다속 탐험, 곤충, 동네-유치원, 경찰서, 병원, 마트, 소방서, 우체국, 미용실 등) • 성장도서, 짧은 동화, 상상력이 풍부한 창작동화, 자연 관찰, 수 놀이책

의사소통 능력이 발달하고 사회성도 발달하는 시기입니다. 사회 경험을 통해 관계에 따른 역할도 파악이 가능합니다. 놀이로 표현하면서 사회성도 늘고 관계어, 정서 표현과 같이 관점, 상대적 개념, 추상적인 어휘도 발달하게 됩니다.

병원 놀이를 하며 환자와 의사로 역할을 나눕니다. "어디가 아파요?" "아야아야, 배가 아파요." 진찰, 치료, 조제, 예약과 같이 역할 수행이 점차 세분화되고 정교해질 것입니다. 엄마가 "약 주세요, 주사 놓아 주세요"와 같은 다음 단계의 단서를 주어도 좋습니다.

역할을 바꾸어 가며 조금 전에 했던 상대방의 행동이나 발화를 모델링할 수도 있습니다. 관심 영역이 집 밖으로 확대되고 선호하는 영역(동물, 곤충, 선생님 등)도 생깁니다. 상상력이 풍부해지고 정서 표현이 많아지므로 창작동화, 성장동화도 재미있게 읽을 수 있습니다.

엄마는 구연동화처럼 재미있고 느낌 있게 책을 읽어 주세요. 이 시기의 책 읽기는 내가 알고 있는 것을 더 재미있게 느끼게 해 줍니다. 그래서 같은 책도 여러 번 읽을 수 있습니다. 책 내용을 바탕으로 하는 놀이(인어공주 놀이, 곰돌이 빵집 놀이)는 더욱 재미있습니다. 사실적 내용뿐 아니라 감정 표현도 실감나게 해 주세요(왕자님이 걱정돼요, 나는 다리가 없어서 속상해요, 슬퍼요, 우슐라는 진짜 무서워요). 정서/감정의 적절한 표현은 감정 조절에 도움을 주고 타인의 감정을 이해하는 데도 도움을 줍니다.

Chapter 5

만 4~5세
이야기가 생겨요, 말에 내용이 담겨요

32

말은 많은데
앞뒤가 맞지 않아요

- "56개월 아이예요. 뭔가 하고 싶은 말이 많은데 '그거그거, 그래 가지구, 이렇게 하잖아' 하다가 끝나는 것 같아요. '누가 했어?'라고 물어보면 또 조금 이어가다가 '친구가 블록을 만들었다고?' 하면 또 맞다고 끄덕이네요. 아직은 너무 어려서 그런가요?"

- "50개월 여아예요. 같이 책 읽고 놀이하는 것을 좋아하는데 말하기가 참 안 늘어요. 책 내용은 대부분 아는 것 같은데 말로 표현하는 것은 한 줄로 끝내 버리고, 그것도 자기가 좋아하는 장면 위주로만 말해요. 책에서 본 내용으로 놀이하는 것을 보면 이야기는 꽤 이해하는데 왜 말로는 이렇게 잘 못할까요?"

- "말 느린 57개월이에요. 유치원에서 있었던 일을 말하는데 좀처럼 연결이 안 돼요. 친구들이랑 놀 때도 보면 마음만 급해서 '어 어, 그러니까 어 어' 하다 자기 순서도 놓치고 매번 끌려가기나 해서 답답하고 속상해요."

만 4~5세 아이들은 조잘대며 말을 곧잘 합니다. 어린이집이나 유치원에서 있었던 일을 이야기하기도 하고, 뭔가 억울한 사연에 대해 하소연하기도 하고, 무슨 재미난 일을 전하기도 합니다. 그런데 무슨 말인지 잘 모르겠습니다.

언어 능력을 총체적으로 발휘해야 하는 이야기 만들기

만 4~5세 아이들은 이제 이야기를 만들어 갑니다. 두 개 이상의 에피소드가 나열되기도 하고, 원인과 결말이 있는 사건들도 말합니다. 내가 직접 겪은 일도 있고 친구들에게 들은 이야기, 친구들의 행동을 전하는 이야기, 책이나 놀이와 같이 재미있는 이야기를 전달하기도 합니다. 아이의 언어 능력은 주제가 있는 이야기story, 담화narrative 수준으로 향상되었습니다.

그러나 이야기를 만든다는 것은 조금 어려운 일입니다. 지금까지 쌓아 온 언어 능력을 총체적으로 발휘할 시기입니다. 학령기 언어 수준과 학업 성취를 예측하기에도 유용한 시기입니다.

내용면에서, 주제를 명확히 가져야 하고 이야기의 끝까지 주제를 유지해야 합니다. 주제를 중심으로 시간적 순서, 원인과 결과의 논리적 연결, 경험이나 지식의 배경 정보를 활용해야 합니다. 사건의 전개와 결말뿐 아니라 배경 사건, 등장인물의 관계, 사건의 동기와 내면도 적절히 묘사해야 합니다.

구성면에서, 만 3~4세에 습득한 문법형태소를 정확히 활용해야 합니다. 연결어미, 접속사를 이용하여 문장을 매끄럽고 논리적으로 연결해야 합니다. 점차 화법과 어휘 선택도 화려해집니다.

태도면에서, 상대방을 고려한 말하기가 필요합니다. 듣는 사람 청자가 알고 있는 정보에 근거하여 "그 친구 있잖아/옛날옛날에/엄마 근데 그거 알아?" 식으로 이야기를 전해야 합니다. 말하는 사람인 화자 중심이 아니라 청자 중심으로 전환해야 합니다.

만 3~4세 아이는 관련 없는 일들을 나열하기도 합니다. 짧고 단순한 이야기를 합니다. 모르는 내용이라면 아이의 설명만 들은 어른이 이해하기는 대부분 어렵습니다(예: "내가 했어, 엄마 갔어").

만 5~6세 아이는 단순한 주제에 맞추어 사건들을 연결하기 시작합니다. 체계가 생기고 보다 길어집니다(예: "블록놀이하고 있는데, 친구가 밀었어. 그래서 블록이 다 망가졌어"). 추론이 생깁니다. 무슨 일이 있었는지, 왜 어떻게 되었는지 내용 전달력이 발전합니다. 느낌, 생각에 대한 부분도 질문을 통해 이끌어 낼 수 있습니다.

만 7~8세 아이들은 줄거리가 조직화되고 관점의 수용, 정보의 총합도 보다 안정적입니다. 언어 구조도 세련미가 납니다. 자신의 느낌이나 생각 전달, 평가도 할 수 있습니다(예: "블록 놀이하다가 민이랑 수정이가 싸웠어. 민이는 모르고 했는데 수정이가 오해했대. 그래도 민이가 사과했어. 블록이 무너졌으니까. 조심했어야 했는데, 그치?").

언어가 조금 느린 아이라면 내용의 일부만 전달합니다. 중요 어휘

만 나열하거나 혹은 무관한 내용만 말할 수도 있습니다. 처음을 말하고 바로 결과가 나오기도 합니다. 문법형태소를 쓰는 것이 아직은 미흡하여 수정이 많고 혹은 익숙한 구문을 계속 반복하기도 합니다(예: "그래서~ 그래서~ 그래서~"). 듣는 사람보다 자기중심으로 표현합니다(예: "그거 있잖아", "그런 거야"). 사건 간의 논리적인 연결이나 타인의 의도, 동기, 마음 상태를 표현하는 것을 특히 어려워합니다(예: "블록이 무너졌어, 민이가 울었어, 수정이도 화났어").

이야기를 발달시키는 데 도움이 되는 활동

책은 이야기 구조를 발전시키는 데 좋은 자료입니다

이야기는 일정한 구조를 가지고 있습니다. 일상적으로 말하는 "근데 유치원에서~", "어제 엄마랑 마트 갔는데~", "우리 여행 갔을 때~"와 같은 이야기에도 일정한 뼈대, 구조(예: 이야기의 발단이 되는 계기사건, 이에 대한 감정의 변화, 계획, 시도, 결과, 반응)가 있습니다. 이러한 구조를 잘 갖추어야 말하는 이는 기억하고 재조직하기가 쉽고 듣는 이는 이해와 공감이 잘됩니다. 이야기를 튼튼히 하기 위한 가장 좋은 선생님은 책입니다. 책 속의 이야기에서 우리는 영리하고 단단한 구조들을 만날 수 있습니다.

이제까지 우리는 아이와 많은 책을 읽어 왔습니다. 지금은 아이가 책 이야기만으로도 재미를 느낄 시기입니다. 책 속의 이야기는 점점 복잡해지고 다양해지고 풍부해졌을 것입니다. 반복되는 구조에서 나아가 사건이 벌어지고 사건을 헤쳐 나가는 인물들이 있습니다. 글자를 조금 읽을 수 있게 되어도 학령기 전까지는 엄마 아빠가 소리 내어 읽어 주는 것이 좋습니다. 듣고 읽으며 아이는 청각적 기억력, 이해력, 읽고 이해하는 문해력을 동시에 발달시킬 것입니다.

똑똑한 질문이 있습니다(〈33. 물어보면 모른다, 생각이 안 난다고만 해요〉 참고). 책을 읽을 때도 마찬가지입니다. 좋은 질문을 통해 아이의 기억과 추론을 도울 수 있습니다. 서울대학교 연구팀이 부모의 어떤 언어 전략이 아이의 이야기 구성력에 영향을 미치는지 만 4~5세를 대상으로 연구해 보았습니다.

"제목이 뭐야?" "누가 그랬어?" "곰이 걸어가고 있네, 무서워서 도 망갈 것 같아."

이러한 사실적 정보나 관계를 직접 설명해 주는 말은 효과가 적었습니다.

"곰은 왜 그랬을까?"

"괴물은 기분이 어땠을까? 네가 괴물을 만나면 어떨 것 같아?"

"이 친구도 무서웠나 봐. 너는 어떤 행동이 좋아?"

"기분이 안 좋을 때는 어떻게 하면 좋을까?"

이렇게 추론과 평가에 대한 설명이나 요구를 할 때, 아이가 이야기를 이해하고 사건을 논리적으로 연결하게 도왔습니다. 자신의 배경 지식을 이용할 수 있게 하였습니다.

"이건 무슨 말일까?" "무슨 말이야?"

"어떻게 된 건지 이야기해 줄 수 있어?"

이렇게 아이가 직접 설명해 보고 이야기를 재조직해 보도록 유도하는 질문도 효과적이었습니다. 충북대학교의 연구에서도 내용과 사실에 집중하는 분석적 접근보다 경험을 끌어내고 주인공의 마음을 읽게 하며 사건과의 관계에 집중하는 경험적 읽기가 아동(만 5세)의 이야기 구성력과 사고의 확산을 더 촉진하는 것으로 나타났습니다. 사건을 유발하는 원인, 관계에 주목할 수 있는 질문을 건네야 합니다.

"동생은 왜 형에게 쌀을 가져다주지? 너도 지난번에 동생이랑 서로 양보하고 나누어 먹었던 적 있었는데, 그치? 형과 동생은 이제 어떤 사이가 될까?"

"왜 그랬을까? 나라면 어떻게 했을까? 나도 이런 적이 있었는데, 이때는 어떤 기분/느낌일까?"

이렇게 아이와 대화를 나누어 보세요.

언어가 다소 느린 아이에게는 질문보다 설명이 유익합니다

만 4세 초반, 혹은 언어 발달이 조금 느린 아이에게는 위와 같은 질문과 유추하기가 어려울 수 있습니다. 어휘력이 낮으면 이해력도 낮습니다. "몰라/난 아닌데?/그냥 해/싫어, 어려워서 하기 싫어"로 이어질 수 있습니다. 이 아이들에게는 조금 직접적인 언급, 설명적인 대화가 필요합니다. "곰이 무서워서 그런 거야, 그럼 이제 어떻게 될까? 사자가 도망가지 않게 하려면 무엇이 필요할까?"와 같이 복잡한 이야기를 단순화하여 이해시킨 후 그 안에서 아이가 추론해 볼 수 있도록 조절해 줍니다.

아이가 이야기하면, 그 문장에서 나오는 문법적인 실수를 고쳐서 다시 말해 주거나 필요한 정보를 보충해 주세요.

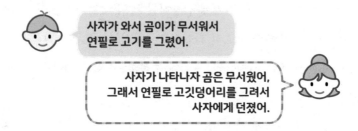

이야기 전개를 어려워할 때는 단서를 주어도 좋습니다. 아이가 나아갈 수 있도록 발판을 하나씩 놓아 주세요.

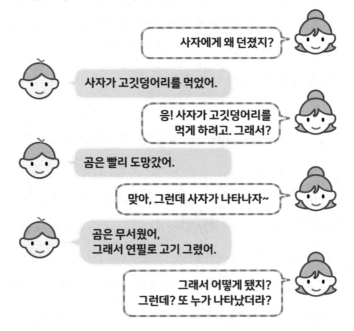

중요한 것은 아이의 반응입니다

물어도, 단서를 주어도, 알려 주어도 아이가 반응하지 않는다면 아무 소용이 없습니다. 앞선 서울대학교 연구에 따르면, 이야기를 잘하는 아이는 그 부모가 추론과 통합을 위한 고급 전략을 사용하는 동시에 아이의 말을 인정하고 동의하는 말을 더 많이 제공했습니다.

"그래 맞아." "그랬구나."

"그렇지, 너도 그렇게 생각하는구나!" "오, 네 생각도 기발하네."

아이가 능동적으로 설명하고 추론하고 평가할수록, 부모의 질문에 호의적이고 긍정적으로 대답할수록, 이야기를 구조화하는 수준이 높았습니다. 부모가 일방적으로 책을 읽어 주는 것이 아니라 서로 내용과 생각을 주고받으며 활동하는 것이 결국 아이가 중요한 것을 기억하고 재조직하게 만들었습니다.

언어 발달이 느린 아이들에게는 "어, 이게 뭐야?" 삽화나 그림 카드로 이해를 돕고 주의를 집중하게 돕습니다. 대화체로 읽어 보고 대상을 나누어서 역할극처럼 번갈아 가며 말해도 좋습니다. 책에 있는 내용을 그대로 읽으려 하기보다 조금 단순화시키면 부담이 줄어듭니다. 그림이 친절하다면 그림만으로도 이야기를 충분히 만들 수 있습니다. 정해진 이야기를 듣고 말하기보다, 아이는 자기만의 이야기를 만들면서 흥미를 느끼고 경험과 상상을 더 많이 이용할 수 있습니다. 이야기를 읽고 난 후 결말을 지어 말해 보거나, '만약에'라고 가정하고 결말을 바꿔 보는 활동도 가능합니다.

책을 통하여 아이는 이야기의 구성 요소를 알게 됩니다. 읽고 들고 이해했다면 '다시 말하기'에서 '부모가 수정 보완하기'로 나아가며 스스로 조직화하는 연습을 합니다. 다시 말하기를 꺼린다면 선생님 놀이(아이가 선생님이 되어 친구들, 가족들에게 이야기해 줌), 아빠에게 이야기 전달, 나의 이야기 동영상 촬영과 같은 활동으로 재미를 더해 줍니다. 그림 자료 또는 질문도 도움이 됩니다(그 다음? 그런데? 그래서? 그리고 어디에 갔더라?). 역할극 하기, 역할 바꾸기(내가 〈토끼와 거북이〉 이야기에서 토끼였다면? 〈흥부와 놀부〉 이야기에서 놀부였다면?) 활동도 이야기 이해에 도움을 줍니다.

발달심리학자 피아제에 의하면 만 4세는 전조작기에서 한 단계 발전하는 시기입니다. 인지적으로 다른 사람의 관점을 수용하고 지식을 통합할 수 있게 됩니다. 나의 이야기에서 남의 이야기를 할 수 있게 됩니다. 이를 통해 아이는 간접 경험이 늘고 세상사에 대한 지식도 넓어지게 될 것입니다. 아이의 이야기에 뼈대가 생기고 살이 붙고 옷도 입혀질 것입니다.

시작이 미약하고 엉뚱해도 좋습니다. 일단은 아이가 이야기를 시작한다는 것이 중요합니다. 아이의 이야기를 잘 들어보세요. 우리 아이가 상상력이 풍부한 아이인지, 대단히 현실적인 아이인지, 마음이 예쁜 아이인지, 엄마보다 아빠를 더 좋아하는 아이인지도 보입니다.

- 《**빨간 풍선의 모험**》(**옐라 마리 그림, 시공주니어**) 이야기 구조 난이도 1

글자 없음. 풍선껌이 점점 커져서 빨간 풍선이 돼요. 나무에 걸려서 사과가 되고, 바닥에 떨어져서 나비가 되고, 꽃에 앉으니 꽃이 됩니다. 관련 사물과 연관 지어 나열할 수 있으면 돼요. 중간에 상상력을 동원한다면 구조를 더 복잡하게 할 수도 있어요.

- 《**토끼와 거북이**》(**이솝우화**) 이야기 구조 난이도 1

토끼와 거북이가 시합했는데 반전이 일어나지요. 토끼는 왜 그랬을까? 내가 토끼라면? 5~10문장으로도 이야기를 쉽게 만들 수 있어요. 《아기돼지 삼형제》도 좋아요.

- 《**눈 오는 날**》(**에즈라 잭 키츠 글그림, 비룡소**) 이야기 구조 난이도 2

눈 오는 날 주인공이 신나서 눈밭으로 나갑니다. 눈이 오는 날 할 수 있는 놀이에는 무엇이 있을까요? 왜 주머니에 눈을 넣었을까요? 눈 놀이 경험을 떠올리면 더 쉽게 이야기 나눌 수 있어요.

- 《**헤엄이**》(**레오 리오니 글그림, 시공주니어**) 이야기 구조 난이도 2

물고기 헤엄이가 바다에서 큰 물고기를 만나 어떻게 했을까요? 하나의 사건과 이를 풀어가는 과정을 감정, 시도, 결과별로 이야기하기 좋아요.

- 《**내 토끼 어딨어?**》(**모 윌렘스 글그림, 살림어린이**) 이야기 구조 난이도 3

주인공이 좋아하는 토끼 인형을 갖고 유치원에 갔어요. 그런데 이런! 친구도 똑같은 것을 갖고 온 것이에요. 그러고 나서 이상한 일들이 생겼어요. 여러 사건의 발생, 주인공들의 감정을 잘 느껴 보세요. 내 소중한 물건이 없어진다면, 나는 어떻게 할까요?

● 《강아지똥》(권정생 글, 길벗어린이) 이야기 구조 난이도 3

강아지똥은 자기가 누구인지 알고 싶어요. 그런데 지나가던 새도 흙덩이도 강아지똥에게 더럽고 쓸모없다 말합니다. 강아지똥은 착하게 살 수 없을까요? 강아지똥의 감정을 이해하고, '나라면 어땠을까? 나는 어떤 소중한 존재일까?' 희생, 가치에 대한 의미도 느껴 볼 수 있어요.

물어보면 모른다,
생각이 안 난다고만 해요

- "59개월 아이예요. 뭐를 물으면 생각하지도 않고 '몰라요, 기억 안 나요, 내가 안 했어요' 이런 식으로 대답해요. 귀찮아서 그러는 건지, 정말 기억을 못하는 건지 걱정이 될 정도예요. '네가 했니? 왜 그랬어?'캐물으면 '네, 네' 하기만 할 때도 있어요. 남자아이라 더 그런가요?"

- "58개월 여아예요. 다른 여자아이들은 집에 와서 이런 일 저런 일 말도 잘한다던데, 우리 아이는 물어도 다 모른대요. 말하기 싫은 건지, 어린이집에서 잘 못 지내는 것 같지는 않은데 왜 그럴까요? 친구 엄마들을 만나면 저만 모르는 일들이 수두룩하네요."

아이가 귀가하면 엄마들은 으레 묻습니다. "잘 지냈니? 어땠니?" 아이들은 간단하게 경험을 말하고 상황을 설명하기도 합니다. 물론 처음부터 쉽지는 않습니다. 엄마의 질문에 성의 있게 답해 주면 좋겠는데 많은 아이가 "응", "잘 지냈어" 한마디만 합니다. 더 묻다 보면 "몰라, 기억 안 나, 안 했어"로 끝납니다. 정말 모르는 걸까요?

"뭐했어? 이건 어떠니? 어떻게 했니? 무슨 일 있었어? 넌 왜 그랬어? 어떻게 할 거야?"와 같은 질문에 대답하지 못하는 아이, 이유가 무엇일까요?

질문에 대답하지 않는 여러 가지 이유

질문이 어려웠을 수 있습니다. 집중이 안 되었을 수도 있습니다. 의문사 질문도 실제로는 수준이 다 다릅니다. 장난감 작동을 묻는 "이거 어떻게 해?"라는 질문에는 대답하기 쉽습니다. "눌러/돌려/이걸 끼우는 거야." 그런데 "자전거는 어떻게 타?"라는 질문에는 대답이 쉽게 나오지 않습니다. 집중하고 이해할 수 있는 질문을 만들어야 합니다(〈22. 이해가 부족해요, 질문을 못 알아들어요〉 참고).

질문의 내용이 본인의 관심사가 아닐 수 있습니다. 그러면 정말로 기억이 나지 않거나 쉽게 잊었을 수도 있습니다. 예전 경험을 물어보았습니다. 아이가 지난 달 다녀온 체험은 모른다, 기억 안 난다 하면서 더 오래 전에 아빠와 종이비행기를 날리며 논 것은 신나서 말합니다. 좋은 곳을 가고 멋진 체험을 한다고 아이가 더 잘 기억하지 않습니다. 아이에게 소중한 기억은 따로 있을 수 있습니다. 매일 가는 어린이집이나 유치원 일상이 아이에게는 별로 특별할 것 없는 하루입니다. 정말 '그냥 잘 지냈어'일 수 있습니다.

대답하는 기술이 부족합니다. 대부분 언어 표현의 문제입니다. 본인이 먼저 말을 꺼내서 경험과 사건을 이야기하는 것은 꽤 가능합니다. 그러나 질문을 받으면 질문에 맞는 답을 찾아야 하고 상대방이 이해할 수 있게 재구성하여야 합니다. 아이는 이러한 조망 수용 능력(타인의 관점을 수용하는 능력)이 아직 부족합니다. 소위 육하원칙에 의거하여 누가, 언제, 어디서, 무엇을, 왜, 어떻게 했는지 모든 정보를 갖추기 버겁습니다.

말하고 싶지 않을 때도 있습니다. 부모의 관심사를 묻는 질문, 훈계를 위한 유도 질문, 캐묻는 질문, 모호하고 두루뭉술한 질문에는 아이도 대답하기 꺼려합니다. 다행히 아직 아이가 "그런 건 왜 물어요, 그만 좀 물어보세요, 그게 왜 궁금한데요, 자꾸 엄마 뜻대로 몰지 마세요, 대답하고 싶지 않아요"라고 대꾸하지 않을 뿐입니다.

그럼에도 질문은 중요한 요소입니다. 호기심을 유발하고 사고를 확장시키며 잠재력을 끌어올립니다. 유대인 질문법, 하브루타 대화법, 똑똑한 질문, 질문 육아는 이미 유아 교육 분야에서도 주목받고 있습니다. 아이의 언어적 사고와 표현을 촉진시킬 질문의 요령에 대해서 알아봅니다.

똑똑한 답을 끌어내는 똑똑한 질문 요령

첫 번째이자 가장 핵심은, 질문이 아닌 대화입니다

질문의 목적은 아이와 대화하기 위해서입니다. 우선 아이의 관심과 의도를 파악합니다. 이를 중심으로 아이에게 어떤 생각과 상상을 하게 할까, 어떤 말을 끌어낼까를 생각하세요. 엄마 아빠는 주로 부모의 관점에서 질문을 시작합니다. 엄마 아빠가 궁금한 것, 알고 싶은 것을 질문합니다. 나이가 어릴수록 언어가 느릴수록 아이는 '부모의' 질문에 '맞추어' 답하기가 어렵습니다. 부모가 아이의 의도와 행동을 예측하여 그에 맞는 질문을 하여야 아이에게서 답이 술술 나옵니다.

아이가 나가고 싶어 할 때 "뭐할까?" 물으면 "놀이터"라는 답이 나올 것입니다. 그러나 아이가 심심하지만 무엇을 해야 할지 몰라 징징댈 때, 또는 아이가 무언가를 하고 있는데 부모가 다음 일정을 확인하고자 "뭐할까?"라고 물으면 아이는 "몰라"라고 대답할 수 있습니다.

평상시 말을 주고받는 연습이 잘되고 대화가 익숙한 가정은 어려운 질문을 해도 아이가 뭐든 답하려 합니다. 엄마에게는 잘 대답하면서 오랜만에 만난 할머니가 "어구 우리 강아지, 잘 지냈니? 어린이집은 잘 다니니? 친구 많아? 이런 멋진 옷은 누가 사 줬니? 과자 뭐 좋아해?" 물어도 배배 꼬고만 있다면 이는 비단 부끄러워서만은 아닙니다. 할머니와의 대화 상황이 익숙하지 않기 때문입니다. 아이가 부모의 질문을 쉽사리 포기한다면 평소 대화의 양을 되돌아보기 바랍니다.

아이들의 바깥 생활이 느는 만 5세를 전후하여 일상을 공유하는 시간을 가져도 좋습니다. 저녁 식사 시간, 자기 전, 아침 시간도 좋습니다. 가족이 둘러 앉아 이야깃거리를 만들고 나눌 수 있습니다.

"엄마는 오늘 햇살이 좋아서 빨래를 했어. 이불에서 좋은 향기가 날 거야."

"오늘 마트에 가다가 네 친구를 만났어. 옆 동에 살고 그때 놀이터에서 만난 친구 이름이 뭐였더라?"

"오늘은 날씨가 흐려서 기분도 좀 흐린 날이었어."

"유치원에서 낙엽 놀이한다고 했잖아? 어땠을지 궁금해."

자기 이야기를 꺼내기 어려워하는 아이와는 우선 아이의 욕구와 관심을 맞추는 것이 필요합니다. 먹는 것을 좋아하는 아이에게는 이렇게 물어 보세요.

"엄마는 점심에 국수 먹었어. 너는 오늘 간식으로 뭘 먹었어?"

친구를 좋아하는 아이와는 이렇게 대화해 보세요.

"오늘도 수정이와 놀았어?" "친구를 만나면 뭐하고 놀까?"

아이가 쉽게 꺼낼 수 있는 것부터 시작합니다. 나의 경험을 함께하는 가족이 있어 즐거워할 것입니다. 유치원에서 가장 재미있는 놀이 세 가지, 친한 친구나 짝꿍하기 싫은 친구 세 명, 오늘 각자 하고 싶은 일 세 가지와 같은 주제 대화도 좋습니다.

질문을 통해서 답을 빨리 얻으려 하지 않아도 됩니다. "뭐 했어?"

했는데 "몰라" 해도 대답한 것입니다. "왜 몰라? 기억 안 나? 생각해 봐"라고 하는 대신에 이렇게 대화해 보세요.

"재미있는 일 없었어? 체육활동 있는 날이라 놀이터 간 줄 알았는데?"

"엄마는 오늘 회사에서 진짜 웃긴 일 있었어."

"아빠도 오늘 별일 없이 그냥 그랬어."

"근데 여기 빨간색은 왜 묻었어? 물감 놀이 했어?"

이렇게 연관된 질문으로 다시 대화의 물꼬를 트면 됩니다. 같이 말할 거리를 찾는 것이 목적이지, 사실적 정보를 얻기 위함이 아닙니다.

반면 목적이 있는 질문도 있습니다. 주변 일에 관심이 적은 아이, 기관에서 집중도가 낮은 아이, 언어 전달을 높여 주고 싶은 아이에게는 구체적인 미션을 줍니다. 오늘 선생님이 가장 많이 한 말 기억해서 엄마에게 말해 주기, 수조작 영역의 놀이를 하나 하고 나면 무슨 놀이였는지 말해 주기, 친구 도와주고 도와준 행동 알려 주기, 오늘 재미있었던 일이든 아쉬웠던 일이든 하나씩 말하기, 간식 기억하기와 같은 과제를 함께 정해 보세요. 단, 주제와 관점은 종종 바뀌어야 하며 아이의 관심사를 따라야 합니다. 목적이 공유되지 않으면 이 또한 아이에게는 피하고 싶은 시간입니다.

질문하고 난 다음도 중요합니다. 잘 듣고, 공감하며 듣고, 아이의 생각과 말을 인정해야 합니다. 조건 없는 질문, 대답을 통해 인정받고 존중받는 대화여야 아이의 언어 표현이 촉진됩니다.

시험은 NO, 답을 찾을 수 있게 질문합니다

"이게 뭐야? 이거 무슨 내용이야?" "책에서 주인공이 무엇을 했지?" "네 생각을 말해야지?"

부모는 시험관, 면접관이 아닙니다. 부모가 궁금한 것, 아이가 말해야 할 것을 정확하게 인지시켜 주세요. "머리 어떻게 할까?"보다 "어떻게 묶을까? 오늘은 날이 더운데 머리를 어떻게 할까?" 하며 아이가 고려해야 할 부분을 먼저 일러주어도 좋습니다.

"여우가 어쩌다 꼬리를 잃어버렸어? 꼬리를 찾으려고 여기 갔다가 저기 갔다가 하던데 결국 누구한테 갔어?"

"아빠는 오늘 네가 유치원에서 뭐했는지 궁금해서 그러지~ 친구들과 뭐하고 놀았는지, 무슨 놀이 했는지 엄청 궁금해~"

"활동사진 보니까 무슨 퍼즐하고 있는 것 같던데?"

아이가 "우리 동물원에 갔다 왔지~"라고 이야기를 꺼낸다면, 아이의 언어 수준과 관심(예: 처음 본 동물이 신기했던 것, 먹이 주기 등 체험해 본 것, 넘어졌거나 인형을 산 것 등의 기억에 남은 일), 의도에 따라 부모의 질문도 달라져야 합니다.

"맞아, 우리 뭐했지?" "우리 어떤 동물 봤지?"

"오! 엄마도 생각난다. 그때 네가 그 동물 보고 진짜 좋아했는데 뭐였더라?"

"동물원에서 우리 정말 많이 놀았는데, 뭐뭐 했더라?"

답정너는 NO, 스스로 깨우치도록 질문합니다

'답은 정해져 있고 너는 대답만 해'의 줄임말, '답정너'를 아시나요? 이런 질문이 유도하는 답은 "네, 엄마, 엄마 뜻대로 하겠습니다"입니다.

"이거 왜 그랬어?" "밥 언제 먹을 거야?" "친구를 때리면 돼?"

"장난감 누가 이렇게 했어?" "치카 안 해도 돼?"

"계속 책만 볼 거야?" "누가 싫다고 그래?"

지시적이고 규범적 대화가 아이의 주도성과 창의성 발달 기회를 뺏는다는 것은 여러 번 언급했습니다. 선택을 강요하는 질문, 자책을 유도하는 질문에는 반사적으로 회피, 자기 방어, 상황 모면, 부정의 반응이 유도될 뿐입니다. 다음과 같이 질문해 보세요.

"우리 놀이 다섯 번 하고 정리하기로 했는데, 그럼 지금은 무엇을 해야 하지?"

"유치원에 늦지 않으려면 어떻게 해야 하지?"

"그때(친구를 때릴 때) 네 마음은 어땠는데?"

"더 놀고 싶지만 잘 시간이 다 되었는데 어쩌지?"

"지금 네가 하고 싶은 건 뭐야?"

아이가 스스로 상황을 파악하고 자신의 행동을 계획하거나 조절하려고 할 것입니다. 물론 아직 아이 스스로 욕구를 자제하고 지금 당장의 즐거움을 포기하기란 쉽지 않은 일입니다. 그러나 이러한 과정을 통하여 아이도 부모도 상대방을 존중하는 마음, 판단하고 책임지는 자세를 배워 나갈 것입니다.

추궁은 NO, 자유롭게 질문합니다

1988년 노벨문학상을 받은 나기브 마푸즈Naguib Mahfouz는 "대답을 보면 그 사람의 영리함을 알 수 있고, 질문을 보면 그 사람의 현명함을 알 수 있다"고 하였습니다. 아이를 위한 똑똑한 질문은 열린 질문입니다. "이거 싫어"라는 아이에게 "그게 왜 싫어? 좋은 거야"(답정너)라거나 "왜 싫은데? 말해 봐"(추궁)보다 이렇게 질문해 보세요.

"싫은 건 뭐야? 어떤 게 싫은 마음이야? 그럼 어떤 마음이 들면 좋겠어? 어떻게 하면 마음이 바뀔 수 있을까?"

혹시라도 아이의 마음을 바꾸기 위해, 부모가 원하는 해결책을 유도하기 위해 질문하고 있다면, 그냥 직접적으로 설명하고 설득하는 것이 낫습니다. "씻을래?" 보다 "씻어!"가 맞다는 겁니다. 질문의 근원은 소통입니다.

"엄마는 오늘 뿌듯하고 감동했어, 너는 어땠어?"

"너는 뭐라고 생각하는데?"

"오늘은 왠지 기분이 좋네, 너는 어때?"

"네가 아빠처럼 어른이 되면 어떤 모습일까?"

"우리 갑자기 어디로 놀러 갈 수 있다면 어디로 가고 싶어?"

어떤 대답이 나와도 좋고 아이가 당장은 답을 못 하더라도 곰곰이 생각한다면 좋습니다. 자기 생각을 표현하고 공유하고 인정하면서 아이도 자랄 것입니다.

그런데 걱정되는 것이 하나 있습니다. 어떤 질문이 좋다, 어떻게 질문해야 한다는 공식에 얽매여 대화하지는 말아야겠습니다. 똑똑한 질문을 간직했다가 야심차게 건넸는데 아이가 "뭐?", "엄마 왜 그래?", "그런 거 왜 물어?", "왜 자꾸 물어?" 하면 당황해서 다시 원상태가 된다는 경우가 많습니다. 소통, 잊지 말아야 할 단 하나의 이유입니다. 질문을 위한 질문을 하려 애쓰지 마세요.

외출하고 돌아오니 남편이 "누구 만났어? 무슨 이야기했어? 뭐 먹었어? 재미있었어?" 묻습니다. 내가 자기 흉을 봤을까 봐 그러나, 엄한 데 돈 썼을까 봐 그러나 싶습니다. 또 어느 날은 "응 왔어?!" 뿐입니다. 왜 관심이 없지? 간만에 외출한 건데 혼자 식사해서 화난 건가 싶습니다. 대화가 아닌 질문이나, 무관심이 다 편하지 않듯이 아이도 마찬가지입니다. 질문하기 전에 아이를 먼저 반겨 주고 서로 눈을 맞춰 보세요. 그러면 무슨 말을 해야 할지 떠오를 것입니다.

엄마가 영리해지기 위해 필요한 것은 아이를 아는 것입니다. 어떤 창의적인 질문을 해 볼까, 어떻게 하면 아이가 말을 잘한다고 소문이 날까 고민하다가 써먹지 못하고 버린 질문 리스트만 수두룩합니다. 아이가 유치원에 다녀오면 두 팔 벌려 환영해 보세요. 아이가 처음 꺼낸 말, 그 말을 잡아야 합니다.

말은 잘 못하면서
글자에 관심을 가지는데
어떻게 하죠?

- "48개월 남아인데 글자에 관심을 가져요. 간판에 있는 것들도 '뭐야?'라고 물어보고 택배 상자 주소에도 '우리 집'이라고 써 있냐며 물어요. 너무 이른 것은 아닌가 싶어요. 말이 그다지 빠른 것은 아니거든요. 그래도 관심 있으니 가르쳐 주면 말도 좀 빨라질까요?"

- "50개월 아이인데, 글도 잘 못 읽으면서 쓰기까지 관심을 보여요. 이게 뭐냐고 물어보기도 하고 자기 이름은 어떻게 쓰는 거냐고 물어요. 한글을 너무 빨리 떼도 상상력 발달에 안 좋다는 이야기를 들어서 그냥 책 읽어 주고 아이가 마음대로 읽어도 '맞아 맞아' 해 주는데 아이는 계속 물어봐요. 한글을 가르쳐야 할까요? 어떻게 가르쳐야 할지도 잘 모르겠고요."

- "학교 입학 전에는 한글을 떼야 하죠? 그런데 아이가 글자에 별 관심이 없어요. 글자라는 것은 알아요. 그런데 아직도 책 읽어 달라고 하고 제가 '이거 무슨 글자야?' 물어보면 모른다고만 하네요. 다들 언제쯤 한글 시작하시나요?"

한때 한글 조기 교육이 유행처럼 번졌습니다. 그러나 최근에는 적기 교육이 대세입니다. 아이가 준비되었을 때 시작하는 것이 더 효과적이라는 것입니다. 그런데 질문이 이어집니다. 지금이 그때인 걸까요? 글자에 전혀 관심이 없는 아이는 어떻게 해야 할까요? 아이들마다 다른 적기를 알아차리기가 쉽지는 않습니다.

내 아이 한글 공부의 적기 알아차리기

글을 깨친다는 것은 글자를 읽고 그 의미를 안다는 것입니다. 글자에는 정보가 있다는 것을 알고 그 정보를 받아들일 수 있어야 합니다. 문자 형태를 가지고 소리를 나타내는 규칙(예: 소리 [ㄱ]과 글자 'ㄱ' 연결하기, 'ㄱ'+'ㅗ'+'ㅁ'='곰'[곰])이 있다는 것을 알아야 합니다. 두 돌, 세 돌 때부터 한글을 열심히 가르쳐 책을 읽고 똑똑해지기를 바랐으나, 이러한 규칙을 이해하기는 인지 발달상 어려웠을 것입니다. 문자로 읽은 것을 정보화하기도 어려웠습니다. 어른들이 영어를 파닉스phonics에 따라 읽어내려 가지만 뜻은 모르는 것과 같습니다.

아이가 한글을 접해도 좋겠다고 보는 시기에는 두 가지 조건이 있습니다.

글자와 소리 관계에 대한 호기심을 보이나요?
문자에 대한 근본적인 호기심이 필요합니다. 글자를 인식했고 글자가 정보를 갖고 있음을 인지하는 호기심을 보여야 합니다. 말에 소통하는 힘이 있다는 것을 알았던 것처럼요. 문 앞에 "화장실" 표시를 보고 "뭐라고 쓰여 있어?"라고 묻습니다. 아이는 직접 문을 열어 보는 대신, 글자로 이 공간의 정보를 얻고자 합니다. 글자가 담고 있는 것에 대한 궁금함, 호기심, 욕구가 생긴 것입니다. 예를 들면 캐릭터 그림과 함께 쓰여 있는 글자를 보고 "이거 '뽀로로'야?" 하고 묻습니다. 알고 있는 정보로 문자를 유추해 내려 합니다. 문자가 의미하는 것과 내가 아는 것을 연결지을 수 있습니다.

"엄마 주유소 가야겠다" 했더니 아이가 세 글자 "세차장" 간판을 보고 "엄마 저기 '주유소' 다" 말합니다. "그거 엄마 거야" 했더니 택배 수신인의 세 글자 이름을 보고 "어엄마" 합니다. 소리와 글자가 대응되는 것을 알고 맞추려 합니다. "엄마, 이거 내 이름이야?" 본인 이름과 같은 글자를 기억하여 찾아내기도 합니다. "내 이름도 써 줘", "뽀로로 어떻게 써?" 말소리가 글자로 표상되는 것을 알며 나타내고 싶어 합니다. 글자 기호에 대한 진정한 호기심이 충만할 때는 채워 주는 것이 맞습니다.

책을 거꾸로 들고 읽는 시늉을 하거나, 내가 좋아하는 '뽀로로'는 찾아서 읽고 다니면서 엄마가 알려 주는 다른 글자에는 '싫어, 아니야' 관심이 없다면 아직은 그때가 아닐 수 있습니다. 언니나 선생님을 흉내 내기 좋아하는 것이고, 자기가 좋아하는 것에 대한 호기심일 수 있습니다. 그것 또한 격려하고 인정하며 글자를 알아 볼 때를 기다립니다.

문자 정보를 이해할 준비가 되었나요?

호기심을 보여서 한글 공부를 시작했는데 막상 아이가 어려워할 때가 있습니다. 통글자만 반짝 잘하는 것 같다가 진도가 나가지 않습니다. 읽기는 하는데 '아버지 가방에 들어간다'(아버지가 방에 들어간다), '나물 좀 줘'(나 물 좀 줘) 식입니다. 뜻 이해도 어려워합니다.

읽기가 발달하려면 말소리를 작은 단위로 나누어 볼 수 있어야 합니다(음운 인식). 이러한 지식은 통글자를 자음, 모음으로 쪼개어 볼 수 있게 합니다. 자모음을 알아야 처음 보는 글자도 읽을 수 있습니다. 동시에 글자를 읽고 내가 아는 것과 연결시켜 의미를 이해할 수 있어야 합니다(단어 재인). '과일'이라는 글자를 읽으면 '사과, 배, 딸기' 등이 생각나고 '먹다, 사다' 등이 연결되어야 합니다. 처음 보는 글자라도 '과일'이라는 말을 들어본 경험이 있으면 '고ㅏ 이ㄹ? 과일!'처럼 읽기가 쉽습니다.

어휘력과 듣기 경험이 충분히 발달해 있어야 합니다. 영국 옥스퍼드대학교의 언어심리학자 브래들리Bradley와 브라이언트Bryant는 많은 연구를 통해 음운 인식 수준을 보면 아동의 읽기 발달 수준을 예측할 수 있다고 말합니다. 초기 발달단계인 글자를 읽고 내가 아는 것과 의미를 연결시킬 줄 아는 단어 재인 역시 음운 인식의 영향을 받습니다. 나아가 음운을 인식하기 어려워한다면 이것이 읽기 장애의 원인이 될 수도 있습니다.

랩을 할 때 흔히 라임을 맞춘다고 합니다. 엄마가 "과자 의자 상자" 하자 아이가 "모자"라고 응수한다면 운율을 맞출 수 있는 것입니다.

"'밥상 의상 상자 화상' 중에서 친구가 아닌 단어는?"이라고 물었을 때 "상자"라고 답한다면 역시 운율 맞추기 개념이 있는 아이입니다.

"'왕'이랑 '잠자리'를 더하면?"(왕잠자리)

"'김'이랑 '밥'을 합치면?"(김밥)

"앞뒤가 똑같은 말은?"(기러기, 일요일, 토마토)

"'김밥'에서 '김'을 빼면?"(밥)

"'바지'에서 '지'가 없어지면?"(바)

"'가'가 가 자로 시작하는/끝나는 말은?"

"'고구마'의 '고'를 맨 끝으로 보내면?"

"'고구마'의 '마'를 맨 앞으로 보내면?"

이러한 말놀이를 통해 아이의 음운 인식 능력을 확인하고 높여 주세요. 이러한 능력은 만 4~5세에 발달하여 6세 정도에 안정됩니다. 어휘 능력도 4세 이후에는 2,000개 이상의 표현 어휘를 갖게 됩니다. 그래서 한글 학습은 빠르면 만 4세, 보통 만 5세 정도가 적절합니다 (《기적의 한글학습법》, 최영환 지음, 길벗스쿨 참고).

글자를 익히기 시작하면 "'입'에서 'ㅂ[브]'를 빼면?"(이), "'감'에서 'ㄱ[그]' 대신 'ㅂ[브]'를 넣으면?"(밤), 자모음 글자 카드, 자석, 퍼즐 등을 이용하여 글자 만들기(예: ㄱ+ㅏ=가, ㄱ+ㅜ=구)와 같이 조금 더 낮은 단위(단어〉음절〉음소)에서 연습해도 좋습니다. 6세 이후에는 음소 수준에서의 음운 인식도 발달합니다. 읽기의 목표는 단순히 글을 소리화하는 것이 아니라 기호에 담긴 의미를 알기 위함입니다.

연령적으로는 보통 만 5세 이후, 내재적으로는 글자와 소리를 이루는 작은 단위들을 인지하고 다룰 수 있으며, 글자가 가진 의미와 소리의 관계를 알고 싶어 하는 시기가 한글을 학습하기에 적기입니다.

글자 읽기의 발달단계 및 유용성

미국 뉴욕대학교 에리Ehri 교수는 읽기의 발달단계를 4단계로 구분하였는데, 그 첫 단계는 시각적 단서를 사용하는 것입니다. 주변에서 많이 접한 단어나 글자 전체를 통으로 기억하는 것입니다. 캐릭터 그림과 함께 '뽀로로'라는 글자를 덩어리째 기억합니다. 익히 알고 있던 '뽀로로' 어휘가 뜻을 유추하고 글자를 기억하는 데 도움을 줍니다. 그래서 처음에는 통글자, 관심 있고 익숙한 사물, 대상의 이름을 그대로 알게 도와줍니다. 물건에 자기 이름 붙이기, 가구나 사물에 이름 스티커 붙이기, 그림 카드 이용하기, 낱말 그림 사전, 책에서 핵심 어휘 표시하기(스티커, 동그라미 등), 가족들의 사랑의 쪽지(예: 사랑해, 고마워, 잘 자) 등의 활동도 좋습니다.

동시에 위에서 언급한 단어 분석, 음운 인식을 위한 놀이를 병행합니다. 전체 이름을 알려 줄 때 한 글자 한 글자 손가락으로 짚어가며 글자 하나(음절)에 관심을 유도할 수도 있습니다. 아이는 점차 통글자 단어에서 한 글자(음절), 하나의 소리(음소)로 세분화할 것입니다. 전체를 이미지화하고 내가 아는 단어와 맞추어 유추해 내던 것에서 나아가, 자모음을 대응시키고 결합 원리와 유형들을 고려하면서 읽어 갈 것입니다. 유아기의 한글 학습은 여기까지도 충분합니다. 학령기 준비 학습으로서의 한글 교육은 쉬운 말, 간단한 문장 읽기가 가능한 정도입니다. 교내 표지판, 교실 안내문, 교과서 지시 사항을 읽고 생활할 수 있는 정도면 괜찮습니다. 불규칙한 철자 규칙 이해와 이야기를 읽고 이해하기는 이후 학령기에 들어서면서 발달해 나갈 것입니다.

글자를 알면서 아이는 더 많은 어휘를 습득할 수 있습니다. 세상사 지식도 확대될 수 있습니다. 주변의 간판, 건물, 안내문 등을 통해 아이는 더 많은 정보를 얻습니다. "○○이 무슨 말이야?" 질문도 많아지고 책의 활용도도 높아질 것입니다. 그러나 아직은 단어나 문장의 뜻을 다 아는 수준이 아닙니다. 글자를 떼었다는 것보다, 글자를 통해 아이의 호기심이 많아졌다는 것이 가장 큰 성과입니다. 질문은 더 많아질 것이고, 책은 여전히 엄마가 소리 내어 함께 읽어 주는 것이 효과적입니다.

너무 늦었다고 걱정할 필요도 없습니다. 어휘가 풍부하고 상상력이 좋으며 언어 표현이 좋다면 글자의 의미를 이해하는 것도 빠릅니다. 음운 인식 능력이 좋으면 세 살 때 1~2년 배울 한글을, 일곱 살 때 3~6개월 만에 이루어 낼 수도 있습니다. 혼자 책을 읽은 아이보다 엄마와 상호작용하며 책을 읽은 아이의 어휘력과 언어 능력이 더 좋습니다. 한글을 뗀 이후의 언어 이해력도 빠른 경향을 보였습니다.

한글 학습을 강요하거나 너무 이른 읽기 독립은 오히려 아이의 집중력과 흥미를 떨어뜨릴 수 있습니다. 평생 할 학습의 동기를 시작도 하기 전에 자르는 것과 같습니다. 우리 아이의 적기를 잘 알아차려야 하는 이유입니다.

말이 늦던 아이가 글을 깨치면서 말도 늡니다. 신기하다 했지요. 그런데 갑자기 아이의 어투가 이상하다고 느껴졌습니다. 원인은 문어체 표현, 잘 쓰지 않는 어휘, 부자연스러운 감탄사에 있었습니다. 망치로 뒤통수를 얻어맞은 느낌이었습니다. 이후 저는 오히려 책을 치웠습니다. 눈을 마주치고 이야기하는 시간을 늘렸습니다. 전래동화, 창작동화의 모든 내용을 옛날이야기, 재미있는 이야기로 전하고, 놀이도 해 보고, "그게 뭐야 이상하다, 웃기다, 나는 그렇게 안 할 거야, 그래? 나는 그랬을지도 몰라" 식의 현실로 가져와 이야깃거리로 삼았습니다. 아이가 초롱초롱한 눈으로 저를 보고 신나서 말을 이어가던 그때를 저는 지금도 잊지 못합니다. 유아기에 글자는 목적이 아니라 수단입니다.

PLUS INFO 글자에 관심을 가질 때 함께 읽으면 좋은 책

● 《고구마구마》(사이다 글그림, 반달)

각운을 이용한 말놀이 책이에요. 고구마는 둥글구마, 길쭉하구마, 크구마, 작구마~ 귀여운 그림과 함께 랩을 하듯이 읊어 보세요. 닭이 없닭/했닭/알을 낳았닭, 엄마 먹었다람쥐/책이 재미있다람쥐 등과 같은 말놀이도 함께 만들어 보세요.

● 《가나다는 맛있다》(우지영 글, 책읽는곰)

'가, 까, 나, 따'부터 '아, 야, 어, 여'로 시작하는 말놀이를 맛있는 음식을 주제로 모았어요. 의성어 의태어 리듬감 있는 말이 익살스럽게 수록되어 있어요.

● 《기차 ㄱㄴㄷ》(박은영 글그림, 비룡소)

한글을 시작한 아이들에게 권하는 고전이에요. ㄱ 기다란 기차가 ㄴ 나무 옆을 지나 ㄷ 다리를 건너…. 삼행시 같기도 하고 시 같기도 해요. 단어와 음소를 연결해 가며 리듬감 있게 읽어 주세요.

● 《생각하는 ㄱㄴㄷ》(이지원 기획, 논장)

ㄱ부터 ㅎ까지 각 자음이 들어가는 단어를 알려 주며 자음 모양을 재치 있는 그림으로 보여 주고 있어요. 다른 단어 찾아서 그려 보기, 몸으로 글자 표현하기 활동도 같이 하면 좋아요.

35

일방적인 자기표현은 하는데 대화가 잘 안 돼요

- "아무 때나 불쑥불쑥 말해요."
- "자기 말만 하고 누가 이야기하고 있어도 '근데, 잠깐만, 아냐아냐' 하며 화제를 확 틀어요."
- "단답형으로 대답해요."
- "갑자기 생각나는지 관련된 말을 하는데 여하튼 자꾸 흐름을 깨요."
- "관심이 없는 건 아예 모른 척하고 안다 싶으면 또 난리 나요."
- "말이 앞뒤가 안 맞아요, 이랬다저랬다 하고, 대화가 아니고 캐묻다 가 끝나요."
- "잘 안 들어요. 남들 이야기할 때 혼자 장난치고 딴 생각하다가 '뭐 라고?' 되묻고 대충 껴들고 아니다 싶으면 자리를 벗어나거나 우기 거나 해요."
- "대화하는 걸 안 좋아하는 것 같아요, 관심도 없고. 물어보면 쑥스 러운 건지 자신이 없는 건지 혼자 놀이가 편한가 봐요."

아이와의 대화는 어렵습니다. "이렇게 말하는 거야"라고 알려 주는 것도 그때뿐 실전에서는 또 엉망입니다. 이런 우리 아이들에게 필요한 능력, 공감과 언어 표현입니다.

대화에 필요한 두 가지 능력 및 발달 방법

공감 능력, 감정 공유에서 인지적 공감까지

공감은 사실 어렵습니다. 내가 아닌데 남을 이해한다는 것이 쉽지 않습니다. 심지어 내 아이를 이해하는 것조차 힘드니까요. 그렇지만 태어나는 순간부터 엄마와 아이의 애착 관계, 상호작용은 매우 중요합니다. 이 관계가 인간의 기본적인 공감 능력을 발달시킵니다. 아이가 엄마를 따라 웃습니다. 같은 행동은 같은 기분, 같은 정서를 유발합니다. 그래서 아이는 엄마가 웃으면 자기도 웃고 자기도 기뻐합니다. 자기가 웃지 않아도 엄마의 웃는 얼굴을 보면 기쁨을 느낍니다. 엄마가 울면 아이도 슬픕니다. 화난 표정은 아이를 두렵게 만듭니다. 이런 과정을 통해 정서적 공감 능력이 발달합니다.

서울대병원 소아정신과 김붕년 교수는 이런 정서적 공감 능력은 무의식적으로 이루어지며, 유년기에 부모와의 정서적, 감정적 교류로 발달한다고 하였습니다. 대화 중에 친구가 웃으면 나도 미소 짓게 되고 화가 나면 같이 화를 낼 준비가 됩니다. 청자가 맞장구 치고 표정으로 반응하고 공감해 줄 때 화자는 힘을 얻고 그 사람과의 대화가 즐겁습니다. 반대로 정서적 공감이 부족하면 "알았어 알았어. 근데 내 생각은 이래" 자기중심으로 대화를 이끌어 가려 합니다. 내가 관심 없는 주제는 재미도 없고 흥미도 없습니다.

공감은 감정의 공유로부터 타인의 상황과 처지, 관점을 이해하고 해석할 수 있는 것까지 나아갑니다. "맞아, 나도 그랬어. 나라도 그랬을 거야. 나도 그런 상황에서는 그럴 수 있어"라고 해석합니다. 인지적 공감 능력입니다.

나의 마음과 타인의 마음이 다르다는 것을 아는 것은 중요합니다. 심리학 실험 중에 유명한 샐리 앤 실험Sally-Anne Test이 있습니다. 앤과 샐리가 공을 갖고 놀다가 샐리가 공을 바구니에 넣고 나갑니다. 그 뒤에 앤이 공을 상자 속으로 옮깁니다. 이 상황을 모른 채 샐리가 돌아와 공을 찾습니다. 샐리는 어디부터 찾을까요? 만 3세 이전의 아이들은 상자를 연다고 대답합니다. 만 4세 아이들은 상자, 바구니 대답이 반반으로 갈립니다. 만 5세 정도면 대부분 바구니라고 말합니다. 샐리의 마음으로부터 출발하면 답은 어렵지 않습니다. 그러나 4세 이전의 아이들은 관점을 바꾼다는 것, 다른 사람의 마음을 상상한다는 것이 어렵습니다. 그래서 마음 이론Theory of mind은 4세 이후 발달한다고 봅니다.

자폐 성향 아이들의 소통의 부족, 사회성의 결여를 마음 이론의 결핍으로 보기도 합니다. 다행히 인지적 공감 능력은 반복과 훈련, 경험으로 촉진할 수 있습니다. '이럴 때 이렇게 해' 설명해 주기, 주변에서 일어날 수 있는 상황 설정과 생각 주머니 열기 활동(예: "내가 책을 보고 있는데, 친구가 와서 책에 대해 물어볼 때 어떻게 하면 좋을까?", "엄마 아빠가 이야기하고 있는데 나도 궁금할 때 어떻게 하면 좋을까?" 등), 주인공의 감정을 느끼며 행동을 설명하기, 감정 어휘 익히기, 역할 바꾸기, 소그룹 활동 등을 통해 타인의 생각을 읽고 자신의 행동을 조절할 수 있는 활동이 도움이 됩니다.

일상생활에서 "그 친구는 왜 그랬을까?" "네가 엄마라면 어떻게 했을 것 같아?"와 같은 주제 대화도 즐겨 보세요. 주제를 유지하며 대화를 지속하는 것, 타인의 의견을 수용하면서 질문하고 대답하는 것, 대화와 소통을 즐기는 것에서 효과가 나타납니다.

언어 표현, 상황에 맞게 자기 의사 표현하기

자기 의사를 분명하게 표현해야 합니다. 반대되는 의견이 있으면 논리를 갖추어야 합니다. 상황을 정확하게 설명해야 합니다. 상대방의 말을 인정하고 공감할 때도 말하기 기술은 필요합니다. 지금은 친구들과의 대화에서 서로가 조금씩 부족한 채로 이해하고 넘어갑니다. 그러면서 상대방을 좀 더 예민하게 살피고 나도 핵심을 명확하게 해야 한다는 것을 배웁니다. 어른들과의 대화에서는 어른들이 아이의 말을 받아 주고 수정해 주기도 합니다. 문장의 표현, 필요한 어휘들을 배웁니다.

다양한 주제로 대화를 나눌 경험을 하도록 기회를 마련해 주세요. 가게에서 물어보고 물건 사오기, 우체국에서 물어보고 택배 보내기, 경비실에서 택배 찾아오기와 같은 활동으로 성공의 경험과 자신감을 심어 주세요.

이전에 언급했던 언어 표현 촉진을 위한 모든 활동이 적용될 수 있습니다. 독후 활동으로 역할극하기도 좋습니다. '그리고, 그런데, 그래서, 그렇지만, 그러니까, 왜냐하면'과 같은 접속 부사 표현을 많이 들려주세요. 주고받을 때 유용하게 쓰입니다. 짧은 문단, 친구의 이야기를 듣고 주제와 핵심 의도 찾기, 숨은 뜻 찾기 활동은 주제 파악과 유지에 도움을 줍니다. 상황은 엄마가 이야기를 만들어도 되고 책에 있는 한 장면을 가져와도 됩니다.

이상한 그림 찾기 활동은 상황을 두루두루 볼 수 있게 해 줍니다 (예: "겨울인데 슬리퍼를 신고 있어, 배에 날개가 있고 새 날개가 지느러미 같아"). 대화 중에 엄마가 아이의 말을 직접 코치해 주기보다, "지금 저 친구가 왜 이런 제안을 했을까? 이대로 가다가는 네가 카드를 뺏길 것 같은데, 이 놀이를 하려면 뭐가 필요하지?"와 같은 질문으로 아이가 전체 상황을 파악할 수 있게 유도해 봅니다.

장벽 게임도 재미있는 놀이입니다. 가림판을 사이에 두고 아이와 엄마가 그림판, 자석판, 빙고판, 레고 세트 등 같은 것을 준비합니다. 상대방의 상황을 모른 채(짐작하면서 유추하면서) 상대방이 알아들을 수 있게 설명하고 지시를 내려야 합니다. 과정이 끝나면 장벽을 걷고 서로 같은 결과가 나온 것을 확인합니다(예: 4번 자리에 별 스티커 붙여(빙고판), 컵은 식탁에 있고 꽃은 책상에 있어(스티커판), 아빠는 밥 먹고 엄마는 자(레고)).

'Guess what?/Guess who?'와 같은 카드놀이, '다빈치 코드'와 같

은 보드 게임도 있습니다. 상대방만 알고 있는 것, 상대방과 내가 서로 알고 있는 것, 나만 알고 있는 것 등을 종합적으로 생각하면서 설명하고 유추하고 또 정보를 얻기 위해 노력(질문)하는 것이 대화입니다.

이외에도 더불어 개선시킬 부분은 경청하기, 차례 지켜 말하기, 협동적으로 말하기, 때로는 경쟁적으로 말하기(토론, 토의, 주장) 자세입니다. 그러나 이 부분 역시 위 공감과 언어 표현 능력을 촉진시킨다면 자연스레 확립될 것입니다. 또 친구들이 좋아하는 놀이, 주 관심사, 회자되는 유행어 등을 아는 것도 도움이 됩니다. 말할 거리가 없고 나만 모르는 내용이라면 대화에 쉽사리 끼지 못할 것이 뻔합니다. 또래와의 경험과 놀이 공유가 필요한 이유입니다. 엄마가 아이와 함께하는 시간과 놀이 경험이 많아야 아이를 잘 이해하고 도움을 줄 수 있는 이유이기도 합니다.

대화할 때 가져야 할 기본 태도는 측은지심惻隱之心과 역지사지易地思之이지만, 동시에 나의 소신과 의견도 지켜야 합니다. 그런데 최근의 엄마와 아이의 대화는 소통이기보다 교육, 트레이닝 같습니다. 엄마들은 항상 아이를 바르게 이끌고 수정하고 가르치고자 합니다. 친구들과의 수다는 시간 가는 줄 모르겠으나 아이와의 대화에서는 왜 진이 빠질까요? 엄마가 대화의 원칙을 지키지 않은 것은 아닌지 다시 생각해 봅시다.

책을 안 좋아해요, 그림만 보려 해요

- "48개월 남아예요. 말이 느려서 책을 많이 읽어 주려 하는데 통 집 중을 못해요. 활동적이기도 해서 금방 돌아다니고 딴소리하고, 가만히 잡아두면 눕고…. 어떤 책이 좋을까요?"

- "50개월이에요. 책을 많이 안 읽어 줘서 그런지 책을 안 좋아해요. 그림만 대충 보고요. 다른 집에는 전집도 많던데 제가 너무 소홀했나 봐요. 좋아할 만한 전집이 있을까요?"

- "57개월이에요. 요즘 밖에서 노는 시간이 많아졌어요. 집에서는 제가 바빠서 동영상을 보여 주었더니 책에 관심이 더 없어졌어요. 빠른 아이는 혼자서도 읽던데 책 읽자 하면 도망가기 바빠요."

- "59개월이에요. 글자를 일찍 떼긴 했는데 혼자서 책을 안 읽어요. 같이 읽으면 좋아하는데 혼자 읽으라 하면 싫어하네요. 번갈아 가며 하자고 해도 싫다 하고 무조건 읽어 달라고 하는데 저만 이렇게 걱정이 되나요?"

엄마들은 참 책을 좋아합니다. 솔직히 말하면 본인은 책 읽기를 좋아하지 않지만 우리 아이는 책을 좋아하면 좋겠습니다. 독서 교육 시기도 일러졌습니다. 돌도 되기 전에 교재, 교구, 전집 하나씩은 들여놓아야 안심이 됩니다. 어린아이가 책을 보고 있으면 그렇게 흐뭇할 수가 없습니다. 우리 아이도 책을 좋아하는 아이가 될 수 있을까요?

연령을 막론하고 유익한 독서

책은 엄마와의 교감입니다. 아이들은 책의 내용보다 책을 읽어 주는 엄마의 목소리, 엄마의 숨소리를 더 많이 느낍니다. 그 시간이 아이의 마음을 채워 줍니다. 그래서 책은 엄마와 꼭 붙어서, 아이를 안고 읽어 주는 것이 좋습니다. 책을 읽다 잠이 들어도 좋을 만큼 편안해야 합니다. 글자를 알게 되어도 아이는 엄마가 읽어 주는 것이, 엄마와 함께하는 것이 좋습니다.

책은 경험입니다. 세상사 다 보고 겪을 필요 없습니다. 초기 경험을 통해 사물 인지가 생기고 행동의 원인을 파악하게 되면서 책 속의 그림과 사물도 지각하게 됩니다. 먹어 보지 못했어도 '솜사탕은 맛있어'라고 말하고, 코끼리를 보지 못했어도 코끼리 코가 긴 것을 압니다. 비행기를 타면 하늘 높이 날아간다고, 나도 비행기를 타 보고 싶다고 말합니다. 지식이 많아집니다. 뽕뽕이가 양치를 안 해서 충치 벌레가 생겼으니 나는 양치를 잘하겠다고 합니다. 투덜대는 것보다 예쁘게 말하는 것이 좋다고 말합니다. 데이빗이 왜 말썽꾸러기인지, 친구가 왜 동물들을 기차에 태우지 않았는지 생각합니다. 사고가 넓어지고 깊어집니다. 상상력과 호기심이 자극됩니다.

책은 언어입니다. 해당 연령대에 요구되는 어휘가 모두 들어 있습니다. 이야기가 있습니다. 듣기, 읽기, 말하기, 쓰기가 모두 책에 있습니다. 특히 어휘력 발달에 책 읽기는 효과적입니다. 이야기 안에서 뜻을 알게 되고 문맥 안에서 쓰임을 보게 됩니다. 이야기가 발달합니다. 책을 통해 새로운 이야기를 만나고 새로운 것을 알게 되는 것이 재미있습니다. 어릴 때의 독서 습관과 태도는 학령기 자기 주도 학습, 학업 수행력으로 이어집니다.

그래서 엄마들은 아이 곁에 책을 가까이 둡니다. 거실에 텔레비전을 없애고 책장으로 채웁니다. 책을 가까이 두는 것을 환영합니다. 손을 뻗으면 닿을 거리에 심심하면 책을 들쳐보게끔 하는 것이 좋습니다. 엄마 아빠가 책 읽는 모습을 자주 보여 주고, 그보다 책을 함께 읽는 시간이 많아야 합니다. 책을 선택할 때는 '아이의 발달과 관심'만 고려하면 됩니다.

아이의 연령에 맞는 책 선택하기

12개월 전: 만지고 놀 수 있는 책

그림 인식이 어렵습니다. 그림보다 실제 사물, 움직이는 실체가 좋습니다. 이때의 아이들에게 책은 놀잇감입니다. 물거나 잡을 수 있는 헝겊책, 소리 나는 사운드 북sound book은 갖고 놀기 좋습니다. 징검다리, 도미노, 병풍으로 삼아도 좋습니다.

만 1~2세: 소리나는 책

동시주목이 가능하고 청각과 시각의 협응도 좋아집니다. 엄마가 읽어 주는 책에 주목할 수 있고 보면서 듣는 것에도 익숙해집니다. 소근육이 발달하여 책장을 넘길 수 있습니다. 익숙한 물건이나 동물, 사람의 사진 혹은 선명한 색감의 그림이 좋습니다. 동물 울음소리, 자동차 경적 소리, 변기 물 내려가는 소리, 냠냠 씹는 소리가 나면 재미도 있고 인지에도 도움이 됩니다. 플랩 북flap book은 호기심과 탐구심을 자극합니다. 엄마와의 상호작용이 다양해지면서 어휘가 늘어날 것입니다.

만 2~3세: 일상생활을 다룬 내용의 책

사물뿐 아니라 행동, 주변 환경을 보는 시각이 발달합니다. "꿀꿀이 비행기 타"라고 표현하고 "이거이거" 질문하기도 합니다. 이야기는 일상생활 내용, 현실감 있는 대상들이 좋습니다. 아이의 이해가 빨라집니다. 먹고 자고 싸고 씻고 놀이하는 생활 동화는 자기 일처럼 받아들입니다. 좋은 습관 들이기에도 좋습니다. 감정 표현이 다양해지는 시기에 정서 표현, 감정 어휘가 많은 도서는 정서 발달에도 도움이 됩니다.

만 3~4세: 스토리가 있는 책

상상력과 호기심이 왕성한 때입니다. 꾸며 낸 이야기, 창작동화의 재미에 푹 빠집니다. 관심 분야의 윤곽이 드러나면서 공주, 동물, 공룡, 곤충, 괴물과 같이 즐겨보는 책이 생깁니다. 아이가 평상시 물어보는 질문을 잘 기억해 두세요. 어떤 책을 좋아할지 알 수 있습니다. 행동과 결과에 대한 이해도 생기므로 전래동화나 명작동화, 이솝우화를 시도해 보아도 좋습니다. '왜 이렇게 했을까? 이렇게 해서 어떻게 되었나?'를 생각해 볼 수 있습니다.

만 4~5세: 사회성을 키우는 책

책 보는 즐거움이 커집니다. 다양한 이야기를 접하고 이야기 속의 재치, 유머, 반전의 뉘앙스도 즐길 수 있습니다. 기관을 다니거나 사회생활을 시작하기도 하므로 인성 동화, 사회성 동화를 통해 사회화를 준비할 수도 있습니다. 이야기 속에 사건이 있고 풀어가는 과정을 통해 이야기 구조를 알게 하고 논리성, 생각하는 힘의 기초를 쌓습니다.

만 5~6세: 말놀이, 숫자놀이 책

문제 해결 능력이 보다 향상됩니다. 이야기를 듣고 결말을 지어내거나 엄마와 이야기해 보기도 좋습니다. 운율이 있고 같은 말이 반복되는 동시, 말놀이 책은 음운 인식 발달에 도움이 됩니다. 수, 과학, 분류와 같은 인지적 내용 이해도 가능합니다. 글자에 관심 있는 아이들은 가나다 말놀이, 받침 없는 글자책으로 스스로 한글을 떼기도 합니다.

만 6~7세: 정보나 교훈이 담긴 책

빠른 아이는 혼자서 띄엄띄엄 글을 읽습니다. 글을 읽고 이해했는지 알아보는 것이 중요합니다. 전래동화, 우화를 이해하는 폭이 넓어지고 이야기 속에서 정보나 교훈을 얻는 것도 가능합니다. 다양한 문화나 역사, 과학을 담고 있는 책들도 엄마 아빠와 읽고 이야기 나눌 기회를 가져 보세요. 쉬기 위해, 궁금한 것을 찾기 위해, 재미를 위해 아이 스스로 책을 찾기도 합니다.

이것이 대략적인, 표준 발달 순서에 맞추어 권장되는 책 읽기 방법입니다. 그러나 우리 아이는 다를 수 있습니다. '아이의 발달과 관심'에서 주체는 아이입니다. 아이가 좋아하는 책이 현재 아이의 발달 상태에 가장 맞는 것입니다. 부모가 파악하는 아이의 발달(인지, 언어) 수준보다 아이가 선택한 것을 먼저 고려하세요. 대신 함께 읽을 때는 아이의 언어 수준에 따라 아이가 이해할 만한 수준으로 풀어서 이야기해 주세요. 다양한 독후 활동으로 책의 재미를 더해줄 수도 있습니다.

물론 목적 있는 독서도 있습니다. 어휘 습득, 문장 표현, 문법 규칙, 이야기 구조를 배우기 위해 책을 활용할 수 있습니다. 그러나 책을 학습 교재로 생각한다면 본질적으로 독서는 오래 가지 못합니다. 책의 여러 가지 장점 중 학습 효과에 궁극적인 목적을 둔다면 엄마는 아이의 독서 문제로 좀 더 오래 싸워야 할지도 모릅니다. 초등학교만 들어가도 책 읽기가 싫다고 합니다. 책을 읽으라고 하면 또 공부시키느냐고 투덜댑니다. 학령 전기에는 책과 함께하는 시간 그 자체를 즐길 수 있는 힘이 필요합니다.

어렸을 때 저희 엄마는 교육에 누구보다 열정적이었습니다. 그중 주력 종목은 독서였습니다. 일하느라 집을 비우는 시간이 많고 저녁에는 피곤하여 책을 읽어 주다 잠이 들곤 하셨습니다. 엄마가 생각해 낸 방법은 녹음 테이프였습니다. 엄마는 카세트테이프에 수십 권의 책을 녹음해 놓았습니다. 저는 심심하거나 무서울 때마다 엄마가 들려주는 이야기를 들었습니다. 어린 마음에 테이프에서 나오는 엄마 목소리가 마냥 신기하고 또 마치 엄마가 옆에 있는 것 같았습니다. 몇 십 년이 지난 지금도 그때 엄마의 나지막한 목소리가 기억납니다. 저에게 남은 것은, 저를 키운 것은 책의 내용이 아니라 그때의 엄마였습니다.

Q&A 아직도 궁금해요

Q. 그림만 봐요. 집중 시간이 짧아요. 책을 싫어해요.

A. 아동발달학자이자 인지신경학자인 매리언 울프Maryanne Wolf는 저서《책 읽는 뇌》에서 독서는 후천적인 결과물이라고 말합니다. 말하기, 듣기는 때로 선천적이며 본능적이지만 독서는 "뇌가 새로운 것을 배워 스스로 재편성하는 과정에서 탄생한 인류의 기적적인 발명"이라고 말합니다. 즉, 독서는 어려운 것입니다. 언어적인 정보를 해독해야 하고 정보를 추적해야 하며 내가 아는 지식과도 비교해야 합니다. 감정의 흐름도 놓쳐서는 안 됩니다. 유아기 독서도 수준의 차이는 있으나 유사한 과정을 밟습니다.

아이가 몰입하지 못한다면 쉽게 풀어 주어야 합니다. 책의 내용을 그대로 따르지 말고 아이의 언어 수준에 따라 간결하고 명확한 문장, 직접적인 설명으로 이해를 도와야 합니다. 삽화, 동작도 활용합니다. 이 시기의 책은 대부분 동화책, 그림책입니다. 무미건조하게 읽을 수가 없습니다. 재치를 담아 실감나게 표현해 주세요. 얼굴 표정, 몸짓 모두 좋습니다. 책을 볼 때의 즐거운 감정이 집중도를 높여 기억이 잘됩니다. 엄마와의 긍정적 상호작용은 아이가 책과 내용에 대해서 자유롭게 말하고 탐색하게 합니다. 주의력이 짧고 연령이 어릴수록 억양에 변화를 주고 뮤지컬처럼 노래 부르듯 읽어 주는 방식이 효과적입니다.

관심이 적고 책 보기 습관이 덜 형성된 아이와는 그림을 보며 이야기해 보세요.

"뭐가 있어? 이 중에서 엄마가 말하는 거 찾아볼까?"

"뭐 하는 걸까? 표정이 왜 이래?"

"이거 맛있겠다."

"와, 여기 정말 멋진데?"

또는 아이 이름을 책 속 등장인물에 대입해서 이야기하기, 좋아하는 캐릭터가 나오는 책 함께 보기, 아이가 궁금한 것을 물어볼 때 책에서 찾아보기와 같이 짧고 간단한 책 활동부터 시작해 봅니다.

매리언 울프는 저서 《다시, 책으로》에서 디지털 시대를 살면서 자신조차도 깊이 읽기 능력이 감퇴되고 뇌의 읽기 회로가 사라졌다고 고백합니다. 아직 읽기 관문에 들어서지도 않은 아이들에게 미디어 노출(동화 동영상 포함)은 '과도하게' 어려운 사고의 필요성을 느끼지 못하게 합니다. 독서를 통해 머리 쓰는 즐거움이 뇌에 배도록 해 주세요.

Q. 같은 책만 계속 읽어 달라고 해요.

A. 명작은 두고두고 읽을수록 감흥이 다릅니다. 아이들은 상상력이 더 풍부합니다. 여러 번 읽어도 다른 느낌입니다. 고정관념이 없으므로 읽을 때마다 새로운 것이 보이고 새롭게 재미있습니다. 설마 글을 읽나 했는데 얼마나 많이 봤으면 내용을 줄줄 외웁니다. 이해가 안 되고 어려워서 이해가 될 때까지 계속 읽어 달라고 하는 아이는 없습니다. 재미있으니까 또 읽어 달라고 하는 것입니다. 계속 재미있게 읽어 주세요.

아이는 익숙한 것을 좋아하고 편안해합니다. 다 알고 있어서 다음에 나올 것이 더 스릴 있고 긴장감 넘칠 때도 있습니다. 이럴 경우 변화를 주기보다 똑같이 읽어 주는 것이 좋습니다. 아이에게 다음을 물어봐서 "오, 어떻게 알았어~, 이야, 우리 딸이 이야기도 잘하네"라고 칭찬해 주어 자신감을 심어 주어도 좋습니다.

Q. 혼자 보는 것을 좋아해요.

A. 글자를 읽기 전까지는 책만 보고 이야기를 파악하거나 알아차리기가 쉽지 않습니다. 물론 좋아하는 장면이 있거나 스스로 이야기를 유추해 내며 보는 아이도 있습니다. 그러나 엄마가 읽어 주는 것을 꺼리는 아이들의 대다수는 엄마와의 독서가 즐겁지 않다고 말합니다. 우울하거나 정서적으로 불안정한 엄마는 책을 읽을 때 더 강하고 높은 억양으로 말한다고 합니다. 그런 엄마의 불안정성이 목소리를 통해 아이에게 전달될 수 있다고 합니다. 질문을 많이 하고 정보 전달을 강조하는 읽기 방법도 아이의 흥미를 떨어뜨립니다. 언어 발달이 느려 상호작용이 서툴거나 듣기 이해가 낮을 경우에도 차라리 혼자 보는 것을 택할 수 있습니다.

Q. 언제까지 읽어 줘야 하나요?

A. 아이가 글을 읽기 시작했다고 읽기 독립을 선언하기는 이릅니다. 아이가 글자는 읽어도 내용은 아직 이해하지 못합니다. 학습지를 풀 때도 혼자 문제를 읽고 풀 때와 엄마가 문제를 읽어 주고 풀 때가 다릅니다. 아이가 엄마에게 의존하게 될까 걱정하지 마세요. 글자를 읽기 시

작했다면 엄마가 책 내용을 그대로 읽어 주어도 좋습니다. 아이는 듣기와 읽기를 통해 소리-글자 체계를 더 빠르게 습득해 나갈 것입니다. 자신이 생기면 엄마와 한 줄씩, 한 장씩, 등장인물별로 나누어 읽어도 좋습니다. 이 시기는 저절로 찾아옵니다. 엄마가 조바심을 낼 필요가 없습니다. 아이는 아직 엄마와 함께하는 것이 좋고 엄마의 목소리를 좋아합니다. 유아기 독서의 근원은 지식의 추구보다 관계 맺음에 있습니다. 아이가 책을 가지고 엄마에게 올 때 언제나 환영해 주세요.

Q. 책만 봐요. 책을 너무 많이 읽어요.

A. 책을 통해 언어 발달, 인지 발달, 정서 발달, 사회성 발달을 꾀할 수 있습니다. 그러나 이는 책에서 얻는 경험과 생각이 자기 안에서 내면화되고 사회 속에서 적용될 때입니다. 책에서 본 내용, 알아낸 지식을 활용할 기회도 충분히 주어져야 합니다. 뇌 발달이 아직 완성되지 않은 연령에 과도한 학습, 문자의 과잉 주입은 과독증過讀症, hyperlexia을 낳습니다. 읽기 장애의 한 유형인 과독증은 단어 읽기 능력은 뛰어나지만 문장 이해력은 읽기 수준에 훨씬 못 미치는 증상입니다. 글자를 빨리 익히고 책의 문장을 줄줄 외우지만 이해는 못합니다. 문어체 표현을 많이 쓰고 어려운 단어를 말하지만 대화가 되지 않습니다. 자폐와 비슷하고 후천적으로 유발되었다고 하여 '유사자폐'라고도 합니다. 책 속의 세상에서 빠져 나와야 합니다. 책은 매개체일 뿐입니다. 엄마와의 놀이, 외출이나 산책, 또래와의 경험을 늘려야 합니다.

Q. 책을 추천해 주세요.

A. 인지/언어 발달 특성에 맞는 책을 고르세요. 각 장에서 언급한 책들도 좋습니다. 어린이도서연구회에서 매년 연령별 추천하는 도서를 참고하여도 좋습니다. 그러나 가장 좋은 것은 아이와 함께 서점이나 도서관에 가 보는 것입니다. 아이가 고르는 것의 유형을 파악해 봅니다. 아이가 지금 보이는 행동, 관심 있는 영역과 겹치는 도서를 골라 봅니다. 편중될까 걱정하지 마세요. 전집을 사도 아이가 즐겨보는 책은 정해져 있기 마련입니다. 엄마가 읽히고 싶은 책이 있다면 8:2 정도의 비율로 조금씩 시도해 보세요. 단, 정말 재미있게 읽어 주어야 합니다.

왕이랑 잠자리랑 더하면?

왕잠자리

우리 아이 첫 외국어 공부는
어떻게 시켜야 하나요?

- "59개월 말이 느린 여아인데, 언니가 하는 영어 공부에 관심을 가지고 따라 합니다. 노래도 흥얼거리고 영어책도 말도 안 되게 흉내를 냅니다. 우리말이 늦어서 영어에 욕심 부리지 않으려고 하는데 좋아하는 것도 막아야 할까요?"

- "58개월이고 영어 유치원에 다닙니다. 그런데 우리말을 할 때 말더듬이 생겼습니다. 유치원에서는 하나도 더듬지 않는다고 하더라고요. 영어 때문인 건지, 차라리 영어를 더 배우게 해야 하는 건지 궁금합니다."

- "56개월인데, 발음이 안 좋아 언어 치료를 받고 있습니다. 그런데 내년부터는 유치원에 보내려고 합니다. 영어도 일찍부터 하는 것이 좋겠어서 영어 시간이 많은 유치원을 보내고 싶은데 발음에 더 문제가 생길까요?"

엄마들의 영어 고민은 끝이 없습니다. 또 너무 다양합니다. 외국어 교육, 현재 대한민국 외국어 교육은 대부분 영어를 지향하므로, 영어 교육이라 명시하겠습니다. 아마도 고민의 시작은 그래도 어쨌든 영어를 놓치고 싶지 않아서일 것입니다. 그래도 혹시나 영어를 일찍 시작하는 것이 쉽지 않을까 해서일 것입니다. 우리말 언어 발달이 한창인 지금, 영어도 시작해 볼까 한다면 고려해야 할 점은 무엇일까요?

외국어 교육의 결정적 시기 vs 적기

조기 교육의 열풍은 결정적 시기critical period를 놓치지 말아야 한다는 관점에서 시작되었습니다. 언어학자이자 신경학자인 레네버그는 언어를 습득하는 데는 결정적 시기가 있다고 하였습니다. 유아기 뇌는 끊임없이 발달하다가 만 12~13세 무렵에는 좌뇌와 우뇌가 각각의 역할을 확정 짓고 분업화가 이루어집니다. 그래서 이후에는 외국어를 모국어처럼 자연스럽게 습득하기가 어렵다고 하였습니다. 실제로 사춘기 이전에 이중 언어에 노출된 아이는 모국어나 제2 언어를 쓸 때 모두 같은 영역의 뇌가 활성화되었고 자유로이 전환이 가능하였습니다.

반면 사춘기 이후 혹은 성인기에 제2 언어를 배운 경우, 각 언어를 쓸 때 활성화되는 뇌의 영역이 달랐습니다. 제2 언어를 할 때는 전두엽(사고, 계획)이 더 활성화되었습니다. 모국어는 자연스럽게 나오지만 제2 언어는 생각해서 말해야 한다는 것입니다. 그래서 자연스러운 언어 습득을 위해서는 일찍이 노출되어야 한다고 말합니다. 극단적인 경우, 성인기에는 아무리 영어를 열심히 공부해도 원어민 수준에 도달하지 못한다는 주장도 있었습니다.

발음의 경우는 더 민감하여 어릴 때에 노출될수록 유창하고 원어민 발음에 가깝다고 합니다. 출생시 아이는 모든 언어의 발음을 듣고 구분할 수 있으나, 12개월 정도가 되면 이미 모국어 발음에 특화됩니다. 필요 없는 정보를 해석하는 기능은 뇌의 효율성을 떨어뜨리므로 퇴화됩니다. 그래서 '민감한 시기sensitive period'라고도 말합니다. 이 시기를 놓치면 다른 언어를 배우기란 어렵고 힘들다고 하였습니다.

반면, 결정적 시기의 이론은 이민자들의 영어 교육 시기에 대한 논란에서 출발했음에 주목합니다. 미국을 비롯해 이중 언어 환경이 자연스럽고 권장되기도 하는 나라가 있습니다. 부모의 국적과 언어가 다른 가정(예: 다문화 가정)이 많고, 부모가 사용하는 언어와 학교/사회에서 쓰는 언어가 다른 경우(예: 이민자)도 많습니다. 이 경우 자연스럽게 2~3개 언어에 동시에 노출되고 사용하게 됩니다.

그러나 우리나라에서는 영어가 학습입니다. 부모가 우리말과 영어에 능통하여 가정에서 충분히 영어를 노출시키고 자연스레 의사소통할 수 있는 가정이 현실적으로 많지 않습니다. 영어로 특화된 기관 또한 시간적으로 노출이 많고 놀이, 생활을 통해 의사소통할 수 있도록 권하지만, 실제로 아이들은 파닉스를 배우고 노래를 외우며 상황에 필요한 표현들을 배우게 됩니다.

무엇보다 사고/인지가 확장되고 언어로 다양하게 표현되어야 할 시기에, 아이들의 뇌가 서로 다른 언어에 배정받습니다. 표현의 욕구가 충족되지 못하고 유치원에서도 가정에서도 충분히 소통하지 못하여 답답한 상황들이 발생합니다. 또는 부족한 우리말 표현과 한글 수업 등을 위하여 별도의 시간이 과중되기도 합니다. 따라서 아이가 외국어를 받아들일 능력이 충분히 채워지고 준비되었을 때 즉, 적기에 영어를 학습하는 것이 더 효과적이라는 주장이 나옵니다.

실제로 7~8세에 영어를 처음 배운 아이와 3~4세부터 영어를 접한 아이를 비교해 보니, 늦게 배운 아이가 성취도 증가가 더 빠르고 만족도와 동기도 더 높았습니다. 학습에 대한 준비가 되어 있고 배경정보(인지, 어휘)가 많아 더 빨리 익혔습니다. 극단적인 예로 중학교 때 지필평가 시험 성적은 영어의 노출 시기와 관련이 적었습니다. 시기보다는 양이 더 중요했는데, 늦게 배운 아이도 공부를 많이 한 경우 성적이 좋았습니다. 우리말을 잘하는 외국인 연예인들을 보면 대학 때 유학을 오거나 여행 와서 우리말을 접한, 소위 결정적 시기를 훌쩍 지나 외국어로서 학습한 경우도 많습니다.

모국어 vs 외국어 교육

영어를 시작하기에 앞서 목표 수준을 설정해야 합니다. 원어민과 같은 발음으로 영어권 나라에서도 대화하는 데 문제가 없을 수준을 원하는가, 학교 시험에서 좋은 성적을 얻기 위함인가, 다른 아이들도 다 하니 우리 아이도 자존심 상하지 않을 정도로 했으면 좋겠는가, 우리 아이의 꿈이 외교관이므로 미리 준비해야 하는 것인가 등 구체적인 목표가 있어야 합니다. 왜냐하면 일반적인 한국 사회에서 적어도 초등학교부터 고등학교까지는(국제학교, 특수목적고 제외) 영어가 외국어이기 때문입니다. 두 언어를 동시에 사용하는 제2 언어가 아닌 외국어로서 배우고 익혀야 합니다. 잊지 않기 위해, 소위 '감'을 잃지 않기 위해 학원을 다니거나 과외를 하거나 회화나 독서와 같은 별도의 시간을 할애하여야 하기 때문입니다.

따라서 모국어 실력이 우선입니다. 우리말이 완전하지 않은 상태에서 다른 언어와 충돌한다면 어느 하나가 초급 수준에 머무를 수도 있습니다. 언어학자 및 뇌신경 과학자들은 뇌의 결정적 시기도 있지만 학습에 의한 뇌신경의 재조직 즉, 뇌의 가소성plasticity도 강조합니다. 뇌는 평생 발달합니다. 물론 빠르게 급성장하는 시기가 있으나, 평생 학습과 적극적인 노력을 통하여 우리 뇌는 새로운 것을 익히고 적응해 나갑니다. 이러한 인지적 요소는 외국어 학습뿐 아니라, 외국어 학습으로 인해 모국어에도 영향을 미칩니다.

어린 시기에 외국어는 머릿속에서 우리말 번역과 통역을 거치지 않고 빨리 문장을 만들고 대화를 이어가는 것이 중요합니다. 그러나 점차 적절한 어휘 선택과 문법구조 적용이 중요합니다. 또한 어떤 내용과 생각을 담고 있느냐가 중요합니다. 소통의 능숙도proficiency 입니다. 모국어가 충분히 완성되지 않은 상태에서 외국어 학습은 수

박 겉핥기와 같습니다. 우리말 수준에서 추상적인 사고, 상위 언어, 개념화가 잘 이루어져 있다면 이를 다른 방법 즉, 다른 언어로 표현하는 것도 무리 없이 이루어질 수 있습니다. 언어 전이transfer가 잘 됩니다. 독일의 본Bonn국제학교에서는 비영어권 학생들에게 자국어 언어와 문화를 교육하는 프로그램을 운영합니다. 비영어권 학생들이 모국어를 계속 유지하고 발전시켜 나갈 때 영어 획득 능력이 개선되고 학업 수행력도 비영어권 출신 학생들보다 우수했다는 연구 결과에 따른 것이죠.

그렇다면 모국어가 완성되는 시기는 언제일까요? 만 5~6세면 대부분의 일상적인 대화가 가능합니다. 이후부터 초등학교 입학 전까지는 이야기가 발달하며(논리 구조 발달, 추상적 개념 확장) 읽기를 위한 기초 능력도 발달하는 시기라고 하였습니다. 아이에 따라 시기는 다르나 다른 언어 학습을 위한 모국어 발달 기준으로 삼을 만합니다. 뇌의 가변성이 낮아지는 결정적 시기인 만 12~13세에도 아직 못 미치는 연령입니다. 연구자에 따라 만 3~5세 이전에는 영어 교육 금지, 5~7세는 선택, 7~12세가 적절하다고 권고하기도 합니다.

아이의 언어 발달 속도에 맞춘 외국어 교육

언어 발달이 느린 아이

언어 발달이 느린 아이는 좀 더 신중해야 합니다. 말소리 기능에

장애를 가진 아동들을 대상으로 이루어진 국내 연구에서, 조음 발달이 느린 아이들은 말소리를 기억하는 능력(음운단기기억)이 낮았고, 우리말 어휘도 부족하였으며, 영어 어휘를 학습할 때에도 어려움을 보였습니다. 말더듬에 대한 연구에서는, 만 4~6세에 이중 언어를 할 줄 아는 아동들은 부모가 이중 언어를 사용하거나 외국에 거주한 경험이 있는 등 비교적 자연스럽게 이중 언어에 노출되고 습득했음에도, 모국어(한국어)만 사용하는 아이에 비하여 비유창성(말더듬)이 많이 나타나고, 특히 우세하지 않은 언어로 말할 때 더 많이 더듬었습니다. 즉 언어 능력이 부담을 가중시키고 말더듬으로 이어질 수 있음을 시사합니다.

우리말이 느린 아이는 지속적으로 우리말에 노출되어 왔고 사용해 왔음에도, 의미 연결, 소리 체계 인식, 어휘 습득, 문법구조를 확립하는 것을 어려워합니다. 이 상태에서 다른 언어를 접한다면 우리말을 익히는 데 필요한 시간과 노력을 나누게 됩니다. 다른 언어로 인해 모국어 체계가 더욱 혼동되고, 두 언어가 서로 충돌할 수 있다는 것입니다. 자전거 바퀴 두 개 모두 공기가 꽉 차 있어야 잘 갑니다. 한 쪽에 바람이 빠져 있으면 자전거는 비틀댑니다. 우선은 모국어의 중심을 잡고 영어를 도입하더라도 늦지 않습니다.

만약 아이가 영어에 관심을 갖고 좋아한다면 적절히 노출시키는 정도는 가능합니다. 영어 동요를 들려주거나 'Hello/Bye-bye' 정도는 아이도 빨리 익힐 수 있습니다. 현재 우리말에도 외래어가 많습니다. 중요한 것은 각 언어 간 균형과 중점을 두는, 언어에 들이는 시간과 노력의 정도입니다. 아이가 영어를 좋아한다고 해서 우리말이 느린데도 영어에 더 오랜 시간을 들인다면 제1 언어가 바뀔 수도 있음을, 혹은 두 언어 모두 일정 수준을 넘지 못할 수 있음을 받아들여야 할 수도 있습니다.

언어 발달이 빠른 아이

언어 능력이 좋은 아이들이 있습니다. 부모의 특별한 노력 없이도 우리말이나 글을 스스로 빨리 깨치는 아이가 있습니다. 이런 경우 영어를 비롯한 외국어 습득도 빠를 수 있습니다. 이른바 언어 뇌가 좋은 아이입니다. 영어는 우리말과 어순이 다르고 언어적 사고방식도 다릅니다. 미국의 외교관 양성 기관(FSI: Foreign Services Institute)에서는 언어 간 학습 난이도에 따라 1~5레벨로 분류하였습니다. 1레벨 기준은 (미국인이)약 6개월에 거쳐 600시간(하루에 약 3시간) 수업을 들으면 능숙해질 수 있는 (미국인에게)쉬운 언어입니다. 이 기준에서 한국어는 5단계에 해당합니다. 영어권의 사람들에게 한국어는 배우기가 매우 어렵다는 의미입니다. 즉 영어와 한국어의 거리는 매우 어렵고, 차이가 크고, 많은 시간을 투자하고 집중해야 할 언어입니다. 그렇다면 언어 습득이 좋은 아이들, 혼자서 영어를 터득했다는 아이라면 영어와 유사한 프랑스어, 스페인어, 독일어 등도 비교적 쉽게 습득할 수 있다는 의미기도 합니다.

이때의 원칙도 자연스럽고 재미있게 '습득'되어야 오래 갈 수 있다는 것입니다. 언어는 그 자체가 중요한 것이 아니라 의사소통을 위한 수단으로서 가치가 있습니다. 가르쳐지는 것(학습)이 아니라 모국어처럼 익혀지는 것(습득)입니다. 물론 앞서 학습을 통한 외국어 발달의 가능성도 강조한 바 있지만, 이른 시기에 외국어를 접하게 한다면 오랫동안 언어로서의 의미를 다할 수 있도록 다양한 의사소통 상황에서 쓰일 수 있는 환경을 만드는 것이 중요합니다.

빈익빈 부익부는 참 가혹합니다. '건강하게만 자라다오' 했던 처음 부모 마음이 말도 잘했으면, 성품도 고왔으면, 운동도 잘했으면 등 '그랬으면'으로 한없이 뻗어가면서 괴로움도 커 갑니다. 조바심이 납니다. 아이의 부족함만 보입니다. 그러다 다시 원점으로 회귀하여 지금의 아이를 바로 보게 될 때가 있습니다. 영어가 우리 아이들 시대에 중요하고 마치 기본처럼 요구되고 있음은 분명합니다. 그러나 동시에 영어가 유창한 것이 특별한 능력으로 대접받지 못하는 시대이기도 합니다. 말 속에 담긴 내용을 확보하는 것, 생각의 폭을 넓히고 사고를 깊게 하는 것이 먼저입니다. 늦게 출발한다고 돌아가는 것은 아닙니다.

말이 늦은 아이는 기관을 빨리 다니면 도움이 될까요?

- "말이 느린 48개월입니다. 기관을 정해야 하는데 어떻게 해야 할지 모르겠어요. 말도 느리고 주로 혼자 놀고 얌전한 아이예요. 친구들과 어울리다 보면 말이 트일까요? 한 기관은 인원수가 적은 대신 뭔가 우리 아이만 못 따라갈 것 같아요. 인원수가 많은 곳은 또 너무 치여서 오히려 더 혼자 놀고 소심해지면 어쩌나 걱정됩니다."

- "말이 늦어서 언어 치료를 받고 있는 54개월 아이예요. 지금 어린이집을 다니고 있는데 내년에는 유치원으로 옮겨야 할 듯해요. 그냥 어린이집이 나을지, 동네 유치원은 기관이 크고 친구들도 많아서 그게 아이에게 좋을지, 나쁠지 잘 모르겠네요."

- "59개월 남아입니다. 말이 늦는데 제가 직장맘이기도 하여 유치원에 보냈습니다. 그런데 말이 늦어서 그런지 또래와 갈등이 많습니다. 던지고 밀고 때리기도 하여 만날 조마조마해하며 유치원에 보냅니다. 친구들과의 관계는 계속 안 좋아지는 것 같고 아이는 아이대로 스트레스를 받는데 어쩌지요?"

아이가 만 4세가 지나면 대부분은 기관에 다닙니다. 말 늦은 아이라서 가정에서 보육하자니 너무 심심해하고 친구도 없고, 자극이 없어서 말이 더 늦게 발달할 것 같습니다. 그렇다고 기관에 보내자니 말썽을 부리지는 않을까, 다른 친구들에게 치이지는 않을까 걱정됩니다. 어떻게 해야 할까요?

아이들은 만 5세 정도가 되면 기본 대화를 나눌 수 있는 수준에 이릅니다. 매번 정확하지 않더라도 질문하고 대답하고 요구하고 제안할 수 있습니다. 상대방의 마음을 신경 쓰기 시작하고 나의 욕구 조절이나 감정 표현도 다듬어 가기 시작합니다. 사회적 규칙에 따르거나 질서를 지키는 것도 배울 수 있습니다. 협력 놀이도 가능합니다. 또래와의 관계에서 의견 교환, 협동, 양보, 경쟁, 놀이를 하며 필요한 언어를 배우고 다양한 정서가 발달하며 도덕성과 사회성이 발달합니다. 부모 이외의 성인(교사)과의 관계와 활동도 넓어져 학습적, 인지적, 언어적으로 성장하는 시기입니다. 본격적인 사회화가 시작됩니다.

어린이집에 처음 입소하던 날, 마냥 아가 같은 아이가 엄마와 떨어져 지낸다는 사실 하나만으로 마음이 아렸습니다. 직장맘이었던 탓에 아이들은 두 돌이 되기 전부터 사회생활을 시작하였습니다. 아이가 잘 지낼 때는 엄마가 해 줄 수 없는 것들을 보고 배우면서 자라는 것이 고마웠고, 아이가 힘들어할 때는 엄마가 직접 돌보아 주지 못해서 미안했습니다. 첫째 아이는 점점 적응하여 기관 생활을 재미있게 해 나갔습니다. 둘째 아이는 이상할 만큼 매일이 전쟁 같았습니다. 기관 입소, 아이의 첫 사회생활의 성공적인 적응을 위해 고려해 두어야 할 것이 있을까요?

아이의 성공적인 사회생활을 위한 준비

아이들에게, 또래와의 상호작용 경험이 주어지고 학습적으로도 자극을 받는 어린이집, 유치원은 좋은 기회입니다. 잘 적응한다면 언어와 인지 발달의 폭이 넓어지고 사회성도 발달합니다. 기관에 적응하는 데 영향을 미치는 요인을 분석해 보았더니, 실행 기능(목표 달성을 위해 자신의 행동과 사고를 조절하는 인지적 능력—자기 조절 기능, 사회 적응 기능)이 좋은 아이가 기관에 다니면서 언어와 정서에도 긍정적인 변화를 보였습니다. 또래와 상호작용이 좋은 아이, 방해하거나 단절되지 않고 타협하고 이끌 줄 아는 아이가 인기가 많고, 자기 유능감도 높아졌습니다.

그런데 이러한 실행 기능과 또래와의 상호작용은 모두 언어 능력과 관련이 있었습니다. 즉, 언어 이해 및 표현 능력이 좋은 아이가 실행 기능이 높아서 단체 활동에서 자기 욕구와 행동을 조절하며 규칙을 따랐습니다. 이를 통해 긍정적인 피드백을 받고 교사와도 좋은 상호작용을 유지하여 학습 자극과 지지도 많이 받았습니다. 남의 마음을 잘 이해하고 나의 기분과 의도를 적절히 표현할 수 있는 아이는, 또래 관계에서 다툼이 적고 주도하는 경향이 많습니다. 다양한 또래 경험을 할 수 있고 이를 통해 유능감, 자존감이 높아지고 대화 기술이 더욱 발달하였습니다.

반면, 기관에서 생활할 때 더 영향력 있는 관계는 또래 관계보다 교사와의 관계였습니다. 또래들은 나이가 어릴수록 서로 미숙하고 상호 이해도 부족합니다. 그러나 교사가 개입하여 바람직한 방향성을 제시하고 관계를 이끌어 줄 때 또래 간 상호작용도 촉진되었습니다. 언어 발달을 위한 모델링과 언어 자극 역시 또래보다 교사의 어휘 선택, 적당한 길이의 문장, 창의적인 질문들을 통해서 이루어졌습니다.

아직 아이들은 어립니다. 또래와의 갈등 상황에서 대처하기가 어렵고 자기 욕구 조절도 오래가지 못합니다. 또래와의 상호작용이 스트레스로 작용할 수 있고 재원 시간이 길수록(시간 연장제〉종일제〉반일제) 아이의 일상적인 스트레스는 많아집니다. 축적될 경우 발달상의 제한, 스트레스 행동(예: 신체적, 언어적 공격성), 주의집중의 저하, 불안함의 정서 장애를 유발할 수 있다는 연구도 있습니다. 적응력은 떨어지고 또래 관계에서 적절하게 기능하지 못하여 악순환이 거듭됩니다.

아이 발달에 맞는 기관 선택하기

우리 아이가 기관에 잘 적응하기 위해, 장점을 극대화하기 위해서는, 기관에 입소하기 전에 목표를 명확히 하고 아이에 맞는 기준을 설정해야 합니다.

언어 발달이 전반적으로 늦거나 연령이 어린 아이라면
전체 인원수가 적거나 교사 대 원아 비율이 낮은 기관이 좋습니다.

연령이 어릴수록 교사와의 관계에서 애착 형성, 긍정적인 상호작용 경험, 양질의 언어 자극을 받는 환경이 유리합니다. 사회성 발달 측면보다 정서 발달, 언어 발달 측면을 더 고려하세요. 상황 이해가 미숙하여 내가 왜 여기 있는지 적응이 더딜 수도 있고, 언어 표현이 더디어 울거나 떼쓰거나 칭얼거림이 많을 수도 있습니다. 가정에서나 기관에서 따뜻하게 안아 주고 눈을 마주쳐 주거나 말을 걸어 줄 성인이 더 필요할 때입니다. 이를 바탕으로 아이는 또래에게도 관심을 갖고 어울릴 수 있는 힘을 기를 것입니다.

언어 표현이 미숙한 아이라면

이해 능력에 비해 표현이 더딘 아이가 있습니다. 맞벌이 가정이거나 형제가 많을 경우 충분한 언어 자극이 부족해서 그럴 수 있습니다. 아이가 또래에게 관심을 보여 놀이터에서도 또래 주위를 맴돌고 또래들이 하는 행동을 유심히 보고 따라 하려 한다면 기관 생활이 언어 자극, 사회 기술을 제공하는 기회가 될 수 있습니다. 친구들과 놀이하고 대화에 끼기 위해 필요한 언어 표현들을 익히고, 활동과 수업을 하면서 인지와 언어 발달이 촉진될 수 있습니다.

반면 표현 언어 발달이 느린데 소극적이고 내성적이며 때로는 불안이나 공포가 높은 아이도 있습니다. 이 경우 또래 집단에서 소외되거나 스스로 단절되려는 경향도 보입니다. 그러면 또래와의 경험이 사회성으로 이어지기 어렵습니다. 오히려 혼자 놀려고 하거나 친구들을 외면하면서 자존감은 더 낮아지고 부정적인 자아상이 형성

될 수도 있습니다. 이런 아이에게는 보조 교사가 중재자 역할을 할 수 있는 환경이면 좋습니다. 혹은 소그룹, 사회성 그룹 활동을 위주로 한 곳으로 보내고, 이를 통해 자신감, 언어 능력이 촉진되면 대그룹, 기관 활동으로 옮기는 것도 좋습니다. 언어 치료나 가정 내 활동으로 기본적인 애착과 정서 안정, 자신의 가치를 단단히 잡은 후 또래 집단으로 나아가도 늦지 않습니다.

언어 이해와 표현이 모두 늦은 아이라면

인지 발달이나 정서 발달(주의 집중 부족, 충동 조절 등)에도 어려움을 보인다면 특수 교육 대상자를 선정하거나 특수 교사가 배치된 곳의 통합반 수업이 유용할 수 있습니다. 수준이 다른 아이들의 언어는 우리 아이에게 좋은 모델링이나 언어 자극으로 작용하지 않습니다. 우리 아이가 다른 친구들에게 긍정적인 피드백을 받지 못할 수도 있습니다. 아이에게 적절한 교육과 수업, 또래와의 상호작용이 병행되는 환경을 권합니다. 무작정 또래와의 관계를 늘리기보다 교사의 개입이 보다 많은 환경이 좋습니다. 기관 순회/전담 언어 치료도 받을 수 있습니다. 일반 어린이집이나 유치원을 이용하고 있다면, 아이의 발달 특성을 고려하여 놀이, 인지, 언어 등의 상담을 별도로 받을 수도 있습니다.

또래와의 부정적인 상호작용은 반복됩니다. 귀찮게 하거나, 약을 올리거나, 방해하는 등 부적절하거나 옳지 못한 방법으로 상호작용을 시도하는 아이는 친구들이 꺼리거나 거부합니다. 그러면 아이는 자신의 방법을 수정하기보다, 더 악화된 방법인 훼방이나 폭력, 울음을 사용하려 합니다. 사실은 이로 인해 '나는 말썽꾸러기다', '친구들은 나를 안 좋아한다'는 식의 부정적인 자아 인식을 갖게 되는 것이 더 위험합니다. 사회성은 이후에도 충분히 발달시킬 수 있습니다.

언어 능력이 또래보다 차이가 난다면 만 6, 7세 반으로 갈수록 개인차가 크게 나타날 수 있습니다. 3~4세 때야 사실 개인차를 고려하더라도 큰 차이가 없습니다. 언어보다는 신체 놀이, 놀잇감을 매개로 하는 놀이가 많습니다. 그러나 연령이 높아질수록 언어가 관계를 결정하는 비중이 커집니다. 발음이 안 좋으면 대화가 자주 끊기고, 내 주장을 잘하지 못하면 놀이에서 서운한 일이 자주 발생합니다. 언어 이해가 느리면 규칙이 있는 게임을 따르거나, 아이들끼리의 농담을 즐기는 것이 어렵습니다. 연령이 높아질수록 교사의 개입보다는 아이들 스스로 활동하고 역할을 하는 시간이 많습니다. 언어 발달이 느린 아이들은 계속 소외되고 처질 수밖에 없습니다.

모방 의지가 높고 또래 관계 지향적인 아이들은 그래도 열심히 참여하며 자극을 받습니다. 그러나 반대 성향의 아이는 격차가 커질 뿐입니다. 또래 자율 활동이나 모둠 활동 시간이 많은 기관보다는 교사의 개입이 많고 정해진 프로그램에 따라 인지적 활동, 개별적 활동, 체험적 활동이 많은 기관이 도움이 됩니다. 단, 아이의 인지 수준, 집중 정도 등을 미리 파악하고 교사와 협의하는 것이 필요합니다.

일반적으로 언어 발달이 느린 아이에게는 기관의 환경이 아이의 언어 발달 수준에 맞추어 적절한 자극을 줄 수 있는가, 적극적이고 관대한 교사의 협조가 가능한가가 중요한 부분입니다.

　이를 바탕으로 입소 연령은 빠른 것보다 가정 내에서 상호작용의 경험을 충분히 쌓은 후, 아이 내면의 힘이 충분히 갖추어진 후가 좋습니다. 또래가 많은 것보다 적은 것이 교사와의 상호작용을 도모한다는 점에서 초기 적응에 유리합니다. 같은 지역 내 기관이 접근성은 물론 하원 후 친구와 만나기 쉽고, 초등학교 친구로 이어진다는 측면에서도 좋습니다. 최근에는 기관 입소도 쉽지 않습니다. 그러나 내 아이에 맞는 기관을 찾기 위해 충분히 상담하고 둘러보는 것이 무엇보다 필요합니다.

　저희 아이는 기관을 다니며 얻는 것도 많았지만 잃는 것도 많았습니다. 다시 그때로 돌아간다면 저는 아이를 좀 더 끼고 키웠을지도 모릅니다. 언어가 빨랐고 소통과 배려에 일찍이 철들었던 큰아이는 소위 공부를 더 시키는 유치원을 보냈다면 어땠을까 하는 아쉬움도 남습니다. 그때는 최선이라 생각했던 것들이 지금에 와서는 아쉽기도 하고 후회이기도 합니다. 그러나 매 순간 아이들을 위해 가장 필요한 선택을 했다고 생각합니다. 저 역시 낮 동안 엄마의 빈자리가 크게 느껴지지 않도록 집에서 아이들과 함께 있을 때 최선을 다하려 했습니다. 남들 다 간다고 따라 가지 말고 남들이 좋다고 하니 믿고 맡기지 않으면 좋겠습니다. 내 아이에게 맞는지 유용한지 살펴볼 준비가 되어 있으면 좋겠습니다.

우리 아이는 지금	이렇게 놀아요	예
• 규칙을 이해하고 따르기 가능 • 사회성 놀이 증가	• 또래와 함께하는 놀이를 즐거워함 • 규칙에 따라 놀기, 차례 지키기, 경쟁이나 협동 놀이	• 도미노, 보드 게임(간단한 메모리게임, 할리갈리, 도블), 카드놀이, 캐릭터 장난감 • 색연필, 물감, 종이접기 • 창작 동화, 받침 없는 글자책, 감정 표현 동화

어린이집이나 유치원 등에서 사회생활을 시작하면서 규칙을 이해하고 따르기가 중요해집니다. 언어적으로도 충분히 이해할 수 있고 일상 대화도 가능해진 아이에게 또래와의 관계가 중요해져서 제안, 타협하기 위한 기초가 마련되는 시기입니다.

이때는 간단한 보드게임, 카드놀이와 같이 다른 사람과 함께하는 놀이를 할 수 있습니다. 엄마가 먼저 규칙을 설명하고, 몇 번 지난 후에는 아이에게 '이럴 땐 어떻게 하지?' 물어볼 수도 있습니다. 간단한 경험도 말할 수 있습니다. 기관에서 찍은 사진이나 알림장을 기초로 물어보면 "색종이를 접었어, 꽃 만들었어, 근데 잘 안 됐어, 자꾸 찢어져서 속상했어, 울었어"와 같이 간단한 이야기를 할 수도 있습니다. "뭐했어?"라는 질문보다는 "색종이 만들었어? 근데 왜 울었어?"와 같이 구체적으로 묻는 것이 좋습니다. 처음에는 중요한 결말만, 단순한 시간 나열만 할 수도 있습니다. 사진 보고 이야기하기, 그날의 기록책 만들기(사진 혹은 그림으로 표현)로 아이의 이야기 발달을 촉진해 보세요.

연령별 발달 지표

활용 방법: 전체적인 발달 순서를 익혀 둡니다. 영역 간 발달 관계를 짝지어 봅니다. 우리 아이의 연령과 발달 단계를 살펴봅니다.

연령 (개월)	운동	인지	정서-사회	수용 언어	표현 언어
0 ~ 3	• 고개 가누기 • 뒤집기	• 주변을 살핌 • 자신의 손을 가지고 놀기	• 신체적 접촉에 안정감을 느낌 • 눈맞춤	• 소리가 나면 놀라거나 멈춤 • 목소리가 나면 울음을 그치거나 조용해짐	• 울음 • 목구멍소리
3 ~ 6	• 뒤집기 되집기 • 도움받으면 앉기 • 손바닥 쥐기	• 손, 발 가지고 놀기 • 손이나 입으로 탐색, 감각적 탐구하기	• 낯가림, 낯선 사람을 구별 • 사회적 미소 • 기분 표현, 관심 요구: 표정, 몸짓, 울음, 쿠잉	• 엄마 목소리의 억양, 높낮이, 크기를 앎 • 자기 이름에 반응함	• 소리 내어 웃음 • 다른 사람의 말에 목소리로 반응함 • 모음 소리를 냄
6 ~ 9	• 배밀이, 기기 • 혼자 앉기 • 물건을 향해 팔을 뻗고 손으로 잡기	• 움직이는 사물의 움직임을 따름 • 감추는 것을 보고 사물을 찾음 • 관심 있는 놀잇감이 생김	• 거울 속의 자신을 보고 미소 지음 • 엄마를 알아보고 분리되면 불안을 보임	• 말하면 듣고 있음 • 몸짓으로 간단한 요구에 반응함 • 익숙한 소리나 이름을 인식하는 듯함	• 옹알이가 다양해짐 • 억양이 생기고 일부 자음(ㅁ,ㅂ) 소리가 생김 • 주의를 끌기 위해 옹알이를 사용함
9 ~ 12	• 기기 • 잡고 서기 • 잡고 걷기 • 잠깐 동안 혼자 서거나 걷기	• 몸짓 모방 • 사물을 갖기 위해 적극적으로 시도함 • 책을 봄	• 차례 지키기 • 특정 사람, 사물, 상황에 대한 선호도가 생김 • 새로운 행동이나 장난 시도함	• "아니, 안 돼"를 이해함 • 간단한 지시를 이해함 • 친숙한 단어, 관습적 행동, 몸짓 언어를 이해함	• 자음 소리가 명확해지고 다양해짐 • 특정 언어 (예: 빠이빠이)에 적절한 몸짓으로 반응함 • 욕구를 표현하기 위해 행동과 발성을 사용

12
~
18
	• 혼자 걷기
	• 계단을 기어
	  올라가기
	• 커다란
	  장난감을
	  들고 걷기
	• 막대를
	  구멍에 꽂기
		• 사물 짝짓기
		• 도형 맞추기
		• 거울 속의 자신
		  을 인지함
		• 상징 놀이 출현
			• 혼자하고 싶어
			  함, 독립적인
			  행동
			• 훈육이 어렵거
			  나 고집을 부리
			  는 일이 생김
			• 쉽게 방해받음:
			  짧은 집중력
			• 자기중심적
				• 간단한 언어
				  요구에 반응
				• 신체 부위
				  식별
				• 명사 이해가
				  많아짐
				  (약 50개)
				• 심부름 가능
					• 목적을 가지고
					  음성을 사용함
					• 성인과 유사한
					  억양 패턴을 보임
					• 정확히 사용하는
					  단어가 생기고 점
					  점 늘어남: 엄마,
					  맘마 등 3~10개
					• 반향어, 자곤이
					  생기기도 함

18
~
24
	• 난간을 잡고
	  한 계단을
	  두 발씩
	  올라가기
	• 달리기
		• 움직이는
		  장난감을
		  작동시킴
		• 사물과 그림
		  짝짓기
		• 사물을 분류,
		  기억하기
		• 동물과 소리
		  짝짓기
			• 다양한 감정
			  표현
			• 독립 놀이
			• 평행 놀이
				• 형용사 이해
				• 동요를 즐김
				• 2단계 지시를
				  수행함
				• 알고 있는 어휘
				  300개 이상
					• 자곤보다 낱말
					  사용이 증가함
					• 낯선 사람이
					  알아듣는 정도
					  약 25~50%
					• 어휘 폭발기:
					  말할 수 있는
					  어휘 50~100개

24
~
36
	• 제자리에서
	  두 발 뛰기
	• 도움 받아 한
	  발 서기
	• 공차기
	• 책 한 장씩
	  넘기기
		• 그림책이나
		  그림 속의 사물
		  식별하기
		• 관계있는
		  사물을
		  짝지어서
		  사용하기
		• 상징놀이 발달
		• 모양과 색깔
		  인지
		• 개념(예: 길이)
		  이해 시작
			• 다른 아이들의
			  놀이에 짧게
			  참여함
			• 소유(내 거)
			  주장
			• 간단한 집단
			  활동 참여
			  가능(예: 노래)
			• 간단한 규칙을
			  따름
				• 이름을 듣고
				  그림에서 찾을
				  수 있음
				• 물건의 기능을
				  이해
				• 부정문 이해
				• 대부분의 의문
				  사 이해
				• 알고 있는 어휘
				  500~900개
					• 낯선 사람이
					  알아듣는 정도 약
					  50~75%
					• 두 낱말 조합
					• '뭐, 어디'를
					  활용한 의문사로
					  질문
					• 2~3회 정도
					  차례 지키며 대화
					  가능
					• 말할 수 있는 어휘
					  약 250개

**36
~
48**
	• 선 위로 걷기
	• 한 발로 잠깐
	  서기
	• 뛰기
	• 머리 위로
	  공 던지거나
	  받기
	• 뛰어 내리기
	• 종이 접기
	• 선 따라
	  그리기
		• 색깔, 크기,
		  모양, 수를 알고
		  분류, 짝짓기
		• 자신의 나이와
		  성을 인지
		• 자신에게 의미
		  있는 그림을
		  그림
			• 다른 아이들과
			  놀이에 참여
			• 호기심 증가
			• 상호작용 시작
			• 장난감을
			  나누어 쓰고
			  차례를 지킴
			• 집단 활동에서
			  협력, 게임 가능
				• 시간 개념을
				  이해
				• 크기 비교,
				  상대적인 의미
				  이해
				• '만일,
				  왜냐하면' 등의
				  표현에 의한
				  관계 이해
				• 알고 있는 어휘
				  1,200~
				  2,400개
					• 세 단어 이상의
					  문장을 사용
					• 문법형태소를
					  익힘
					• 과거의 경험을
					  말하고 미래를
					  인식
					• 동요를 부름
					• 발음상의 실수는
					  있으나 낯선 사람도
					  대부분 알아들음
					• 말할 수 있는 어휘
					  800~1,500개

**48
~
60**
	• 뒤로 걷기
	• 점프
	• 혼자 계단
	  오르내리기
	• 보고 그리기
		• 친숙한 사물과
		  그림 짝짓기
		• 세 개의
		  간단한 그림을
		  순서대로
		  나열하기
		• 과제 수행
		  시간이 길어짐:
		  집중력이 높아짐,
		  두 가지에 집중
		  가능
			• 상호작용
			  활발해짐
			• 다른 사람의
			  바람에 따라
			  행동 가능:
			  조절력
			• 집단의 결정에
			  따름
			• 공감, 마음 이론
			  발달
				• 3단계 지시를
				  수행
				• 비교를 이해
				• 긴 이야기를
				  들음
				• 사건의 순서
				  이해
					• '언제, 어떻게,
					  왜'를 활용한
					  의문사로 질문
					• 원인에 대해 표현
					• 문장 사용이
					  활발해짐
					• 문법규칙을
					  다양하게 적용

**60
~
72**
	• 양발 건너
	  뛰기
	• 줄넘기
	• 모양 자르기
	• 숫자나 글자
	  쓰기
		• 몇 개의 글자와
		  숫자 알기, 쓰기
		• 10까지 세기
		• 기준에 따라
		  사물 분류
		• 시간 개념 가능
		• 그림의 정확성,
		  세분화가 보임
			• 경쟁 게임, 협동
			  놀이 가능
			• 재미를 추구함
			• 희생 혹은 연기
			  가능
			• 복잡한 상징
			  놀이 가능
				• 추상적인 개념
				  이해
				• 이야기 이해
					• 대화 중 적절한
					  차례를 유지하고
					  정보를 주고받음
					• 가족, 친구, 낯선
					  사람들과의
					  의사소통을 즐김
					• 과거와 현재의
					  사건을
					  논리적으로
					  이야기함

김기예, 이소은(2003), 〈경험적·분석적 동화책 읽어주기 접근방법이 유아의 이야기 구성력과 확산적 사고에 미치는 영향〉, 미래유아교육학회지 10(3), pp.27~56.

남효정, 장경은(2015), 〈어머니 애착수준 및 언어통제유형과 영아의 언어발달 간의 관계〉, 아동학회지 36(4), pp.143~161.

박성연, 서소정, M. Bornstein(2005), 〈어머니-영아간의 상호작용방식이 영아발달에 미치는 영향〉, 아동학회지 26(5), pp.15~30.

오지현, 임시형(2018), 〈아버지와 어머니의 놀이성, 공감적 정서반응과 유아의 놀이성이 유아의 정서조절에 미치는 영향: 매개된 조절효과〉, 아동학회지 39(6), pp.113~130.

이금진(2001), 〈부모교육을 통한 아동중심의 놀이지도가 어머니의 상호작용행동 및 아동의 의사소통 능력 발달에 미치는 영향〉, 언어청각장애연구 6(1), pp.1~11.

이수복, 심현섭, 신문자(2007), 〈취학전 이중언어아동의 비유창성 특성 연구〉, 언어청각장애연구 12(2), pp.296~316.

이윤경, 설아영(2012), 〈영유아-어머니 상호작용에서의 언어발달지체 영유아 어머니 의사소통 행동 특성〉, 언어청각장애연구 17(2), pp.263~273.

이지영, 이현숙, 장문영, 성지현(2019), 〈어머니의 양육효능감이 36개월 유아의 정서 지능에 미치는 영향: 어머니의 정서표현과 유아의 언어발달 수준의 매개효과〉, 아동학회지 40(3), pp.1~12.

한유진(2000), 〈그림 동화책 읽기에서 유아와 어머니의 언어적 상호작용 전략과 유아의 이야기 구성능력〉, 서울대학교 대학원 박사학위논문.

홍경훈, 김영태(2005), 〈종단연구를 통한 '말늦은아동(late-talker)'의 표현어휘발달 예측요인 분석〉, 언어청각장애연구 10(1), pp.1~24.

Chen Yu, Sumarga H. Suanda, Linda B. Smith(2019), 〈Infant sustained attention but not joint attention to objects at 9 months predicts vocabulary at 12 and 15 months〉, Developmental Science 22(1):e12735.

J.Gavin Bremner(1985), 〈Object tracking and search in infancy: a review of data and a theoretical evaluation〉, Developmental Review 5(4), pp.371~396.

0~5세 언어 발달
엄마가 알아야 할 모든 것

1판 1쇄 2020년 6월 5일 발행
1판 6쇄 2024년 11월 1일 발행

지은이 · 정진옥
펴낸이 · 김정주
펴낸곳 · ㈜대성 Korea.com
본부장 · 김은경
기획편집 · 이향숙, 김현경
디자인 · 문 용
영업마케팅 · 조남웅
경영지원 · 공유정, 임유진

등록 · 제300-2003-82호
주소 · 서울시 용산구 후암로 57길 57 (동자동) ㈜대성
대표전화 · (02) 6959-3140 | 팩스 · (02) 6959-3144
홈페이지 · www.daesungbook.com | 전자우편 · daesungbooks@korea.com

ⓒ 정진옥, 2020
ISBN 979-11-90488-10-5 (13590)
이 책의 가격은 뒤표지에 있습니다.

Korea.com은 ㈜대성에서 펴내는 종합출판브랜드입니다.
잘못 만들어진 책은 구입하신 곳에서 바꾸어 드립니다.